应用型本科机电类专业"十三五"规划精品教材

工程材料及热处理

GONGCHENG CAILIAO JI RECHULI

主　审　金崇源

主　编　王虹元　王海文

副主编　李　燕　罗文军　周　

　　　　韩　蓉　邓佳玉

U0279026

华中科技大学出版社
http://www.hustp.com
中国·武汉

内 容 介 绍

本书从满足教学要求和工程实际应用出发,以工程材料的基础知识为主线,以工程材料的选用为重点,加强理论与实践相结合的训练,针对"中国制造2025"发展实际和需要,注重新材料的讲解,侧重应用型人才的培养。全书主要内容包括:工程材料基础、金属材料基础知识、二元合金相图、钢的热处理、工业用钢、铸铁与铸钢、有色金属及粉末冶金材料、非金属材料、新型材料、工程材料的合理选用。

本书注重理论和实际应用相结合,内容由浅入深、通俗易懂,各章配有适量的习题,既便于教学又利于自学。本书可以作为大专院校教科书,也可作为工程技术人员、科技工作者学习使用工程材料及热处理的自学用书。

为了方便教学,本书还配有电子课件等教学资源包,任课教师和学生可以登录"我们爱读书"网(www.ibook4us.com)免费注册并浏览,或者发邮件至 hustpeiit@163.com 免费索取。

图书在版编目(CIP)数据

工程材料及热处理/王虹元,王海文主编.—武汉:华中科技大学出版社,2017.6(2023.1 重印)
ISBN 978-7-5680-2861-5

Ⅰ.①工… Ⅱ.①王… ②王… Ⅲ.①工程材料-高等学校-教材 ②热处理-高等学校-教材
Ⅳ.①TB3 ②TG15

中国版本图书馆 CIP 数据核字(2017)第 108399 号

工程材料及热处理
Gongcheng Cailiao ji Rechuli

王虹元　王海文　主编

策划编辑:康　序
责任编辑:舒　慧
责任监印:朱　玢
出版发行:华中科技大学出版社(中国·武汉)　　电话:(027)81321913
　　　　　武汉市东湖新技术开发区华工科技园　　邮编:430223
录　排:武汉正风天下文化发展有限公司
印　刷:武汉科源印刷设计有限公司
开　本:787mm×1092mm　1/16
印　张:16
字　数:417 千字
版　次:2023 年 1 月第 1 版第 3 次印刷
定　价:38.00 元

只有无知，没有不满。

Only ignorant, no resentment.

迈克尔·法拉第（1791—1867）：英国著名物理学家、化学家，在电磁学、化学、电化学等领域都做出过杰出贡献。

应用型本科机电类专业"十三五"规划精品教材

审稿委员会名单

（按姓氏笔画排列）

前言

PREFACE

本书是根据高等教育基础课程教学基本要求，围绕培养高等应用型人才的目标而编写的，主要是为机械类专业学生编写的，同时也可以用于材料类专业"工程材料"课程的教学。

高等教育正处于全面提升质量与加强内涵建设的重要阶段。本着突出高等教育的特色这一原则，在编写过程中，本书汲取了各高等院校近年来机械工程材料课程改革的成功经验，并汲取了其他同类教材的优点。本书的内容强调基础性，重视概念的准确性。作为技术基础课，工程材料的基本理论、基本概念、基本知识和取材都必须是基础的，并且是成熟的。本书充分体现了这一特点。

本书重点介绍各类工程材料的成分、组织结构、热处理工艺、性能特点和应用范围，以实例说明零部件在不同工作条件下的失效方式和如何对零部件进行合理选材，并介绍机械设计者和制造者必须具备的材料知识和有关的基本理论。除绪论外，本书共10章：第1章介绍了工程材料基础；第2章介绍了金属材料的基础知识及工程材料的其他性能，要了解金属材料的特性，必须要从本质上了解金属的组织结构和金属的结晶过程，掌握其规律，才能更好地控制其性能，正确选用材料，并指导人们开发新型材料；第3章主要介绍了二元合金相图；第4章主要介绍了钢的热处理，其中包括钢热处理时的组织转变，钢的退火、正火、淬火、回火，钢的表面热处理，还介绍了其他热处理的工艺简介及热处理的技术要求标注、工序位置安排与工艺分析；第5章介绍了工业用钢；第6章介绍了铸铁与铸钢；第7章介绍了有色金属及粉末冶金材料；第8章介绍了非金属材料；第9章介绍了新型材料；为了突出、强化机械零件的选材及热处理，单独设置了第10章工程材料的合理选用及一些应用举例，实用性很强。为了便于学生归纳和总结所学知识，各章均安排了一定量的思考与练习题。本书引用最新国家标准，并力求做到加强基础、突出重点、注重应用和适应面广。为了培养学生理论联系实际、解决实际问题的能力，书中给出了必要的关于理论、工艺和材料的数据、资料和实例。

本书由大连工业大学艺术与信息工程学院王虹元、大连工业大学王海文担任主编，由青岛理工大学琴岛学院李燕、桂林航天工业学院罗文军、皖西学院周宇、哈尔滨石油学院韩蓉和邓佳玉担任副主编。具体编写分工如下：王虹元编写了绪论、第1、2、3章及第4章中第4.1、4.2小节，王海文编写了第4章中第4.3至第4.8小节及第10章，李燕编写了第5章，罗文军编写了第6章，周宇编写了第7章，韩蓉编写了第8章，邓佳玉编写了第9章。李政莹、于佳兴、叶沛鑫、王艺菲协助进行了资料的整理工作。

本书在编写过程中参阅了大量相关文献与资料，从中获益匪浅，在此，谨向所有参考文献的作者表示衷心的感谢。

为了方便教学，本书还配有电子课件等教学资源包，任课教师和学生可以登录"我们爱读书"网（www.ibook4us.com）免费注册并浏览，或者发邮件至 hustpeiit@163.com 免费索取。

本书虽然经反复推敲和校对，但由于编者水平有限，书中难免存在错误或不足之处，恳请读者批评指正，以便我们及时改进。

编　者
2017 年 3 月

目录

绪论 …………………………………………………………………………………… （1）

第1章　工程材料基础 …………………………………………………………… （3）
　1.1　材料科学概要 ………………………………………………………… （3）
　1.2　工程材料的分类 ……………………………………………………… （5）
　1.3　静载荷下材料的力学性能 …………………………………………… （5）
　　1.3.1　强度与塑性 …………………………………………………… （6）
　　1.3.2　硬度 …………………………………………………………… （8）
　1.4　动载荷下材料的力学性能 ………………………………………… （12）
　　1.4.1　冲击韧度 …………………………………………………… （12）
　　1.4.2　疲劳 ………………………………………………………… （14）
　1.5工程材料的物理、化学及工艺性能 ………………………………… （15）
　　1.5.1　物理性能 …………………………………………………… （15）
　　1.5.2　化学性能 …………………………………………………… （16）
　　1.5.3　工艺性能 …………………………………………………… （16）

第2章　金属材料基础知识 …………………………………………………… （17）
　2.1金属的特性 …………………………………………………………… （17）
　　2.1.1　金属键 ……………………………………………………… （17）
　　2.1.2　金属的特性 ………………………………………………… （17）
　2.2金属与合金的晶体结构 ……………………………………………… （18）
　　2.2.1　纯金属的晶体结构 ………………………………………… （18）
　　2.2.2　金属的实际晶体结构 ……………………………………… （20）
　　2.2.3　合金的晶体结构 …………………………………………… （23）
　2.3　金属与合金的结晶 ………………………………………………… （25）
　　2.3.1　纯金属的结晶 ……………………………………………… （25）
　　2.3.2　合金的结晶 ………………………………………………… （29）
　2.4　金属的塑性变形与再结晶 ………………………………………… （29）

1

  2.4.1 弹性变形与塑性变形 ……………………………………………… (29)
  2.4.2 金属的塑性变形 ……………………………………………………… (30)
  2.4.3 塑性变形对金属组织和性能的影响 ……………………………… (32)
  2.4.4 冷变形金属在加热时组织和性能的变化 ………………………… (35)
  2.4.5 金属的热加工 ……………………………………………………… (37)
 2.5 工程材料的其他性能 …………………………………………………… (38)

第3章 二元合金相图 ………………………………………………………… (43)
 3.1 二元合金相图的建立 …………………………………………………… (43)
 3.2 二元合金相图的分析与使用 …………………………………………… (43)
  3.2.1 相图的分析步骤 ……………………………………………………… (43)
  3.2.2 合金的性能与相图之间的关系 …………………………………… (44)
 3.3 铁碳合金的基本组织与性能 …………………………………………… (46)
 3.4 铁碳合金相图 …………………………………………………………… (47)

第4章 钢的热处理 …………………………………………………………… (56)
 4.1 钢热处理时的组织转变 ………………………………………………… (56)
  4.1.1 钢加热时的组织转变 ……………………………………………… (56)
  4.1.2 钢冷却时的组织转变 ……………………………………………… (58)
 4.2 退火 ……………………………………………………………………… (65)
 4.3 正火 ……………………………………………………………………… (67)
 4.4 淬火 ……………………………………………………………………… (67)
  4.4.1 淬火加热介质 ………………………………………………………… (67)
  4.4.2 钢的淬火加热 ……………………………………………………… (68)
  4.4.3 钢的淬火介质 ……………………………………………………… (69)
  4.4.4 钢的淬火冷却方法 ………………………………………………… (71)
  4.4.5 钢的淬透性 ………………………………………………………… (72)
 4.5 回火 ……………………………………………………………………… (74)
  4.5.1 钢回火时的组织和性能变化 ……………………………………… (75)
  4.5.2 回火的分类和应用 ………………………………………………… (76)
  4.5.3 回火脆性 …………………………………………………………… (76)
 4.6 表面热处理 ……………………………………………………………… (77)
  4.6.1 表面淬火 …………………………………………………………… (78)
  4.6.2 化学热处理 ………………………………………………………… (79)
 4.7 其他热处理工艺简介 …………………………………………………… (82)
  4.7.1 真空热处理 ………………………………………………………… (83)
  4.7.2 可控气氛热处理 …………………………………………………… (83)
  4.7.3 形变热处理 ………………………………………………………… (83)
  4.7.4 超细化热处理 ……………………………………………………… (83)
  4.7.5 高能束热处理 ……………………………………………………… (84)
 4.8 热处理技术要求标注、工序位置安排与工艺分析 …………………… (85)

　　4.8.1　热处理技术要求标注 ……………………………………………… (85)

　　4.8.2　热处理工序位置安排 ……………………………………………… (85)

　　4.8.3　热处理工艺举例与分析 …………………………………………… (86)

第5章　工业用钢 ……………………………………………………………… (89)

　5.1　钢中常见杂质元素的影响 …………………………………………… (89)

　5.2　碳素钢的分类、牌号和用途 ………………………………………… (91)

　　5.2.1　碳素钢的分类 ……………………………………………………… (91)

　　5.2.2　碳素钢的牌号及用途 ……………………………………………… (91)

　5.3　合金钢 ………………………………………………………………… (96)

　　5.3.1　合金元素在钢中的作用 …………………………………………… (96)

　　5.3.2　合金钢的分类与牌号 ……………………………………………… (101)

　　5.3.3　低合金结构钢 ……………………………………………………… (103)

　　5.3.4　机械结构用合金钢 ………………………………………………… (108)

　　5.3.5　合金工具钢与高速钢 ……………………………………………… (119)

　　5.3.6　特殊性能钢 ………………………………………………………… (128)

第6章　铸铁与铸钢 …………………………………………………………… (141)

　6.1　铸铁的石墨化 ………………………………………………………… (141)

　　6.1.1　铁碳合金双重相图 ………………………………………………… (141)

　　6.1.2　铸铁的石墨化 ……………………………………………………… (141)

　　6.1.3　影响铸铁石墨化的因素 …………………………………………… (142)

　6.2　灰口铸铁 ……………………………………………………………… (143)

　6.3　球墨铸铁 ……………………………………………………………… (146)

　6.4　其他铸铁 ……………………………………………………………… (150)

　　6.4.1　可锻铸铁 …………………………………………………………… (150)

　　6.4.2　蠕墨铸铁 …………………………………………………………… (151)

　　6.4.3　合金铸铁 …………………………………………………………… (152)

　6.5　铸钢 …………………………………………………………………… (153)

　　6.5.1　铸钢的分类 ………………………………………………………… (153)

　　6.5.2　铸钢的牌号 ………………………………………………………… (153)

　　6.5.3　碳素铸钢(铸造碳素钢) …………………………………………… (155)

　　6.5.4　合金铸钢 …………………………………………………………… (155)

第7章　有色金属及粉末冶金材料 …………………………………………… (157)

　7.1　铝及铝合金 …………………………………………………………… (157)

　　7.1.1　铝及铝合金的性能特点 …………………………………………… (158)

　　7.1.2　工业纯铝 …………………………………………………………… (158)

　　7.1.3　铝合金 ……………………………………………………………… (158)

　7.2　铜及铜合金 …………………………………………………………… (162)

　　7.2.1　工业纯铜 …………………………………………………………… (162)

7.2.2 铜合金 ………………………………………………… (163)

7.3 钛及钛合金 …………………………………………………… (166)

7.3.1 纯钛 …………………………………………………… (166)

7.3.2 钛合金 ………………………………………………… (167)

7.4 镁及镁合金 …………………………………………………… (168)

7.4.1 纯镁 …………………………………………………… (169)

7.4.2 镁合金 ………………………………………………… (169)

7.5 轴承合金 ……………………………………………………… (170)

7.5.1 滑动轴承的性能与组织特征 ………………………… (170)

7.5.2 常用轴承合金、牌号及应用 ………………………… (172)

第8章 非金属材料 ………………………………………………… (174)

8.1 高分子材料 …………………………………………………… (174)

8.1.1 工程塑料 ……………………………………………… (174)

8.1.2 橡胶 …………………………………………………… (178)

8.2 陶瓷材料 ……………………………………………………… (180)

8.2.1 陶瓷的组织结构 ……………………………………… (181)

8.2.2 陶瓷的性能 …………………………………………… (181)

8.2.3 陶瓷的分类 …………………………………………… (182)

8.3 复合材料 ……………………………………………………… (183)

8.3.1 复合材料的命名 ……………………………………… (184)

8.3.2 复合材料的分类 ……………………………………… (184)

8.3.3 复合材料的性能特点 ………………………………… (184)

8.3.4 常用的复合材料 ……………………………………… (185)

第9章 新型材料 …………………………………………………… (191)

9.1 形状记忆合金 ………………………………………………… (191)

9.1.1 形状记忆效应原理 …………………………………… (191)

9.1.2 形状记忆合金及应用 ………………………………… (192)

9.2 非晶态金属 …………………………………………………… (195)

9.2.1 非晶态金属的结构特点 ……………………………… (196)

9.2.2 非晶态金属的性能特点及应用 ……………………… (197)

9.3 超导材料 ……………………………………………………… (199)

9.3.1 超导材料的基本性质 ………………………………… (199)

9.3.2 超导材料的分类及性能 ……………………………… (201)

9.3.3 超导材料的应用 ……………………………………… (202)

9.4 储氢合金 ……………………………………………………… (203)

9.4.1 储氢技术原理 ………………………………………… (203)

9.4.2 储氢合金的条件 ……………………………………… (204)

9.4.3 储氢合金的分类及研究现状 ………………………… (204)

9.4.4 储氢合金的应用 ……………………………………… (205)

9.5　纳米材料 ……………………………………………………………………（206）
　　9.5.1　纳米材料的性质 ……………………………………………………（207）
　　9.5.2　纳米材料的分类 ……………………………………………………（208）
　　9.5.3　纳米材料的性能及应用 ……………………………………………（210）

第10章　工程材料的合理选用 ………………………………………………（212）
10.1　机械零件选材的一般原则 ………………………………………………（212）
　　10.1.1　材料选择原则 ………………………………………………………（212）
　　10.1.2　材料选择步骤 ………………………………………………………（213）
10.2　机械零件的失效 …………………………………………………………（213）
　　10.2.1　失效的概念 …………………………………………………………（213）
　　10.2.2　零件失效类型及原因 ………………………………………………（214）
10.3　常用零件选材的原则方法 ………………………………………………（216）
　　10.3.1　以防止过量变形为主的选材 ………………………………………（216）
　　10.3.2　以抗磨损性能为主的选材 …………………………………………（216）
　　10.3.3　以抗疲劳性能为主的选材 …………………………………………（217）
　　10.3.4　以综合力学性能为主的选材 ………………………………………（217）
　　10.3.5　选材时应注意的事项 ………………………………………………（217）
10.4　轴类零件的选材及热处理 ………………………………………………（218）
　　10.4.1　轴类零件的工作条件与失效形式 …………………………………（218）
　　10.4.2　轴类零件的主要性能要求 …………………………………………（219）
　　10.4.3　轴类零件的选材与工艺路线实例 …………………………………（219）
10.5　齿轮零件的选材及热处理 ………………………………………………（223）
　　10.5.1　齿轮的工作条件与失效形式 ………………………………………（223）
　　10.5.2　齿轮的主要性能要求 ………………………………………………（223）
　　10.5.3　齿轮的选材与热处理 ………………………………………………（223）
　　10.5.4　齿轮的选材与工艺路线实例 ………………………………………（224）
10.6　弹簧类零件的选材及热处理 ……………………………………………（227）
10.7　其他常见零件的选材及热处理 …………………………………………（228）
10.8　工具类零件 ………………………………………………………………（229）
10.9　模具零件的选材及热处理 ………………………………………………（230）
　　10.9.1　冷作模具 ……………………………………………………………（230）
　　10.9.2　热作模具 ……………………………………………………………（237）
　　10.9.3　塑料模具 ……………………………………………………………（239）
10.10　工程材料的应用举例 …………………………………………………（240）
　　10.10.1　汽车零件用材 ……………………………………………………（240）
　　10.10.2　机床零件用材 ……………………………………………………（240）
　　10.10.3　仪器仪表用材 ……………………………………………………（242）

参考文献 …………………………………………………………………………（244）

绪 论

工程材料是机械产品制造所必需的物质基础,是工业的"粮食"。工程材料的使用与人类进步密切相关,标志着人类文明的发展水平。所以,历史学家将人类的历史按使用材料的种类划分成了石器时代,陶器、铜器时代和铁器时代等。早在公元前 2000 年左右的青铜器时代,人类就开始对工程材料进行冶炼和加工制造。公元前 2000 多年的夏代,我国就掌握了青铜冶炼术,到距今 3000 多年的殷商、西周时期,该技术达到当时世界高峰,用青铜制造的生产工具、生活用具、兵器和马饰得到普遍应用。河南安阳武官村发掘出来的重达 875 kg 的后母戊鼎,不仅体积庞大,而且花纹精巧、造型美观。湖北江陵楚墓中发现的埋藏 2000 多年的越王勾践的宝剑仍金光闪闪,说明人们已掌握了锻造和热处理技术。春秋战国时期,我国开始大量使用铁器,白口铸铁、灰铸铁、可锻铸铁相继出现。公元 1637 年,明代科学家宋应星编著了闻名世界的《天工开物》,该书详细记载了冶铁、铸造、锻铁、淬火等各种金属加工制造方法,是最早涉及工程材料及成型技术的著作之一。在陶瓷及天然高分子材料(如丝绸)方面,我国也曾远销欧亚诸国,踏出了举世闻名的丝绸之路,为世界文明史添上了光辉的一页。19 世纪以来,工程材料获得了高速发展,到 20 世纪中期,金属材料的使用达到鼎盛时期,由钢铁材料所制造的产品约占机械产品的 95%。今后的发展趋势是传统材料不断扩大品种规模,不断提高质量并降低成本,新材料特别是人工合成材料等将得到快速发展,从而形成金属、高分子、陶瓷及复合材料三分天下的新时代。另外,功能材料、纳米材料等高科技材料将加速研究,逐渐成熟并获得应用。工程材料已成为所有科技进步的核心。

材料的种类有很多,其中用于机械制造的各种材料,称为机械工程材料。生产中用来制作机械工程结构、零件和工具的机械工程固体材料,分为金属材料、非金属材料、复合材料等。

目前金属材料仍是最主要的材料,它包括铁和以铁为基的合金(俗称黑色金属),如钢、铸铁和铁合金等;非铁金属材料(俗称有色金属),如铜及铜合金、铝及铝合金等。金属材料的性能与其化学成分、显微组织及加工工艺之间有着密切的联系,了解它们之间的关系,掌握它们之间的一些变化规律,是有效使用材料所必需的。本书在概括地阐述合金的一般规律的基础上,以最常用的金属材料——钢为实例,较详细地介绍了钢的性能与化学成分、显微组织和热处理工艺之间的关系。

当今,机械工业正向着高速、自动、精密方向快速发展,机械工程材料的使用量越来越大,在产品的设计与制造过程中,所遇到的有关机械工程材料和热处理方面的问题日益增多。实践证明,生产中往往由于选材不当或热处理不妥,机械零件的使用性能不能达到规定的技术要求,从而导致零件在使用中因发生过量变形、过早磨损或断裂等而早期失效。所以,在生产中合理选用材料和热处理方法、正确制订工艺路线,对充分发挥材料本身的性能潜力、保证材料具有良好的加工性能、获得理想的使用性能、提高产品质量、节约材料、降低成本等都起着重大作用。

本课程的主要内容由金属的力学性能、金属学基础知识、钢的热处理、常用金属材料、非金属材料、复合材料,以及工程材料的选用等部分组成。

"工程材料及热处理"是机械类专业必修的技术基础课,其教学目的和任务是使学生获得常用机械工程材料的基础知识,为学习其他有关课程和将来从事生产技术工作奠定必要的基础。

学完本课程后应达到下列基本要求:

(1)熟悉常用机械工程材料的成分、组织结构、加工工艺与性能之间的关系及变化规律;

(2)掌握常用机械工程材料的性能与应用,具有选用常用机械工程材料和改变材料性能方法的初步能力;

(3)了解与课程有关的新材料、新技术、新工艺及其发展概况。

本课程的实践性和实用性都很强。为了保证教学质量,本课程应安排在金工实习后学习。书中热处理方法的选择及热处理工序位置的确定、工程材料的选用等内容,尚需在有关后续课、课程设计和毕业设计等中反复练习、巩固与提高,才能达到基本掌握与应用的要求。

第1章 工程材料基础

 ## 1.1 材料科学概要

材料是人类用于制造物品、器件、构件、机器或其他产品的物质,是人类赖以生存的基础。20世纪70年代,人们把信息、物质和能量誉为当代文明的三大支柱。80年代,以高技术群为代表的新技术革命,又把新材料、信息技术和生物技术并列为新技术革命的重要标志。这主要是因为材料与国民经济建设、国防建设和人民生活密切相关。

人类发展的历史证明,材料是社会进步的物质基础,是人类进步程度的主要标志,所以人类社会的进步以材料作为里程碑。纵观人类发现材料和利用材料的历史,每一种重要材料的发现和广泛利用,都会把人类支配和改造自然的能力提高到一个新的水平,给社会生产力和人类生活水平带来巨大的影响,把人类的物质文明和精神文明向前推进一步。

早在一百万年以前,人类就开始用石头做工具,进入旧石器时代。大约一万年以前,人类学会了对石头进行加工,使之成为精致的器皿或工具,从而迈入新石器时代。在新石器时代,人类开始用皮毛遮身。8000年前中国就开始用蚕丝做衣服,4500年前印度人开始种植棉花,这些都证明了人类使用材料促进文明进步。在新石器时代,人类已知道使用自然铜和天然金,但这些自然金属毕竟数量有限、分散细小,没有对人类社会产生重要影响。

大约在8000~9000年前,人类还处于新石器时代时,就已发明了用黏土成型,再火烧固化而成为陶器。陶器不但用作器皿,而且可成为装饰品,是对精神文明的一大促进,历史上虽无"陶器时代"这一名称,但其对人类文明的贡献是不可估量的。在烧制陶器过程中,人们偶然发现了金属铜和锡,当然那时还不明白它们是铜、锡的氧化物在高温下被碳还原的产物,进而又生产出色泽鲜艳且能浇铸成型的青铜,从而使人类进入青铜时代。这是人类较大量利用金属的开始,也是人类文明发展的重要里程碑。世界各地进入青铜时代的时间各不相同。希腊约在公元前3000年,埃及约在公元前2500年,巴比伦约在公元前19世纪中叶,印度约在公元前3000年,已广泛使用青铜器。中国的青铜器在公元前2700年已经出现,至今约有5000年的历史,到商周(公元前17世纪~公元前3世纪)进入了鼎盛时期,如河南安阳出土的达875 kg的后母戊鼎、湖北随县(今随州市)的编钟、西安兵马俑青铜车马都充分反映了当时中国冶金技术水平和制造工艺的高超。

由使用青铜器过渡到使用铁器是生产工具的重大发展。在公元前13~14世纪,人类已开始使用铁器。3000年前,铁工具比青铜工具更为普遍,人类开始进入铁器时代。我国早在周代就开始冶炼铁,这比欧洲要早2000年。到春秋战国时期(公元前770年~公元前221年),开始大量使用铁器。从兴隆战国铁器遗址中挖掘的浇铸农具的铁模,说明当时的冶铸技术已由泥砂造型阶段进入了金属造型的高级阶段。在西汉时期,炼铁技术又有了很大发展,采用煤作为炼铁燃料,这比欧洲要早1700多年。此外,在采用先炼铁后炼钢的两步法炼钢技术方面,我国要比其他国家早1600多年。相应地,在金属加工技术方面,我国古代也有高度的发展,留下了大量的文物和历史文献。在17世纪以前,在材料的生产、加工和使用方面,我国一直处于世界领先地位。我们勤劳智慧的祖先为材料科学的发展做出了巨大的贡献。

公元前 1000 年以后,铁器逐渐从亚洲大陆传到了文明古国巴比伦、埃及和希腊,并得到了广泛的应用。炼铁技术经过许多个世纪的传播和发展,在西欧和俄国创造了不少冶炼技术,使以钢铁为代表的材料生产和应用跨入了一个新的阶段。但是人们对材料的认识仍然是表面的、非理性的,仍然停留在工匠、艺人的经验水平上。

随着世界文明的进步,18 世纪发明了蒸汽机,19 世纪发明了电动机,对金属材料提出了更高的要求,同时,对钢铁冶金技术产生了更大的推动作用。1854 年和 1864 年先后发明了转炉和平炉炼钢,使世界钢产量有了一个飞跃。例如,1850 年世界钢产量为 6 万吨,1890 年达 2800 万吨,大大促进了机械制造、铁道交通及纺织工业的发展。电炉冶炼随之出现,不同类型的特殊钢相继问世,如 1887 年的高锰钢、1900 年的 18-4-1($W_{18}Cr_4V$)高速钢、1903 年的硅钢及 1910 年的奥氏体镍铬($Cr_{18}Ni_8$)不锈钢,把人类带进了文明时代。在此前后,铜、铝也得到了大量应用,而后,镁、钛和很多稀有金属都相继出现,从而使金属材料在整个 20 世纪占据了结构材料的主导地位。

随着现代科学技术和生产水平的飞速发展,传统的金属材料已经不能满足日益增长的要求,因而促进了非金属材料的迅猛发展,并使非金属材料得到了广泛的应用。20 世纪初人工合成有机高分子材料相继问世,如 1909 年的酚醛树脂(电木)、1920 年的聚苯乙烯、1931 年的聚氯乙烯及 1941 年的尼龙等,因其具有性能优异、资源丰富、建设投资少、收效快等优点而得到迅速发展。目前世界三大有机合成材料(树脂、纤维和橡胶)年产量逾亿吨,而且有机合成材料的性能不断提高,附加值大幅度增加,特别是特种聚合物正向功能材料的各个领域进军,显示出了其巨大的潜力。陶瓷本来用作建筑材料、容器或装饰品等,但由于其具有资源丰富、密度小、高模量、高硬度、耐腐蚀、膨胀系数小、耐高温、耐磨等特点,到了 20 世纪中叶,通过合成及其他制备方法做出各种类型的先进陶瓷(如 Si_3N_4、SiC、ZrO_2 等),成为近几十年来材料科学中非常活跃的研究领域。不过,由于其脆性问题难以解决,且价格过高,作为结构材料没有得到如钢铁或高分子材料一样的广泛应用。

金属、陶瓷、聚合物等材料虽然仍在不断地发展,但是,以上这些材料由于其各自固有的局限性而不能满足现代科学技术发展的需要。例如,金属材料的强度、模量和高温性能等几乎已开发到了极限;陶瓷的脆性,有机高分子材料的低模量、低熔点等固有的缺点极大地限制了其应用。这些都促使人们研究开发并按预定性能设计新型材料,也就是复合材料。复合材料综合了金属、陶瓷和高分子材料的优点。例如,玻璃纤维增强环氧树脂(俗称玻璃钢)的强度、刚度和耐蚀性已经超过很多普通钢铁材料。人们曾经预言,复合材料有可能成为 21 世纪的"钢"。但目前只有树脂基复合材料得到了较为广泛的应用,而金属基复合材料与陶瓷基复合材料则因其成本过高、制备工艺复杂,仅在宇航、航空、军事等领域有重要的应用。

目前,在工程中应用最广泛的仍然是金属材料,特别是钢铁材料。这不仅是由于金属材料的来源丰富、生产成本相对较低,而且它的性能优良,尤其是它具有较好的综合力学性能,即具有较高的强度、硬度和足够的塑性、韧性。金属材料强度大、硬度高,在较大的外力作用下不易变形和断裂,也不易磨损,而且塑性和韧性好,脆性小,不易突然断裂或破坏,安全可靠。

随着材料科学的发展,金属、陶瓷、高分子材料之间的界限将会越来越模糊。未来材料的发展趋势将是三者之间相互渗透、复合并相互促进。

1.2 工程材料的分类

所谓的工程材料,指的是用于工程制造的材料。工程材料的性能是影响产品或设备使用性能的重要因素,因此在现代工程技术的各个领域中,工程材料一直受到人们的重视。

工程材料的分类方法有很多种。比较科学的方法是按照化学成分、结合键的特点来分类。一般而言,工程材料分为金属材料、高分子材料、陶瓷材料和复合材料四大类。

金属材料是以金属键为主要键合的材料,在工业上应用最为广泛。一般将金属材料分为两类。第一类是黑色金属,它包括铁、锰、铬及其合金。需要说明的是,黑色金属都不黑,纯铁是银白色的,锰是银白色的,铬是灰白色的。因为铁的表面常常生锈,盖着一层黑色的四氧化三铁与棕褐色的三氧化二铁的混合物,所以铁看上去是黑色的。常说的"黑色冶金工业"主要是指钢铁工业。又因为最常见的合金钢是锰钢与铬钢,这样,人们就把锰与铬也算成是"黑色金属"了。第二类是有色金属,是指除黑色金属以外的所有金属及其合金。按照性能特点,有色金属可分为轻有色金属(铝、镁等)、重有色金属(铜、镍)及稀有金属等多种。

高分子材料是指主要由分子量特别大的高分子化合物所组成的有机合成材料,其主要成分是碳和氢,按照用途可分为塑料、橡胶和合成纤维。塑料是以合成树脂或化学改性的天然高分子为主要成分,再加入填料、增塑剂和其他添加剂制得的,其分子间次价力、模量和形变量等介于橡胶和纤维之间,通常按合成树脂的特性分为热固性塑料和热塑性塑料。橡胶是一类线型柔性高分子聚合物,其分子链间次价力小、分子链柔性好,在外力作用下可产生较大形变,除去外力后能迅速恢复原状。橡胶分为天然橡胶和合成橡胶两种。合成纤维以天然高分子或合成高分子为原料,经过纺丝和后处理制得。纤维的次价力大、形变能力小、模量高,一般为结晶聚合物。

陶瓷材料属于无机非金属材料,也就是说,它是不含碳、氢的化合物,主要由金属氧化物和金属非氧化物组成。陶瓷按照成分和用途可分为普通陶瓷、特种陶瓷和金属陶瓷。

复合材料是由两种或两种以上不同种类的材料复合而组成的。它不仅保留了组成材料各自的优点,而且具有单一材料所不具备的优异性能。

工程材料也可以按照它的功能进行分类,可分为结构材料、功能材料两大类。结构材料本身不具有什么特殊的功能,只是起到一个结构的作用。作为功能材料,除了结构本身之外,它还有特殊的功能。比如磁性材料,它是一块东西,但是同时又具有磁性,又比如发光材料、液晶材料等。

 ## 1.3 静载荷下材料的力学性能

金属材料具有许多良好的性能,因此被广泛地应用于制造机械零件、日常生活用具。生产实践中,往往由于选材不当而造成设备、零件达不到使用要求或过早失效,因此了解和熟悉材料的性能成为合理选材、充分发挥工程材料内在性能潜力的主要依据。

金属材料的性能包括工艺性能和使用性能。工艺性能是指在制造机器零件过程中,金属材料适应各种冷、热加工工艺要求的能力,包括铸造性能、锻造性能、焊接性能、切削加工性能和热处理工艺性能等;使用性能是指为保证机械零件能正常工作,金属材料应具备的性能,包括力学性能、物理性能(如热学性能、电学性能、磁学性能等)及化学性能(如耐蚀性、抗氧化性等)。

机械零件在加工及使用过程中都要受到载荷的作用。根据载荷作用性质的不同,可将载荷分为静载荷、冲击载荷、疲劳载荷等。其中,静载荷为大小不变或变动很慢的载荷,如车床主轴箱对床身的压力;冲击载荷为加载速度很快而作用时间很短的突发性载荷,如空气锤锤头下落时锤杆所承受的载荷;疲劳载荷为大小和方向随时间作周期性变化的载荷,如弹簧在使用过程中所承受的载荷。

金属材料在各种载荷作用下所表现出的性能,称为力学性能,包括强度、硬度、塑性、冲击韧度、疲劳强度等。材料的力学性能是零件设计、材料选择及工艺评定的重要依据。

1.3.1 强度与塑性

1. 拉伸试验

金属材料的强度、塑性是依据国家标准 GB/T 228.1—2010 通过静拉伸试验测定的,它是把一定尺寸和形状的试样装夹在拉伸试验机(见图 1-1)上,然后对试样逐渐施加拉伸载荷,直至把试样拉断。

1)拉伸试样

国家标准对试样的形状、尺寸及加工要求均有规定。标准试样的截面有圆形和矩形两种,圆形试样用得较多。圆形试样有短试样($l_0 = 5d_0$)和长试样($l_0 = 10d_0$)。拉伸前后的试样如图 1-2 所示(图中 d_0 为试样直径,l_0 为原始标距)。

图 1-1 拉伸试验机

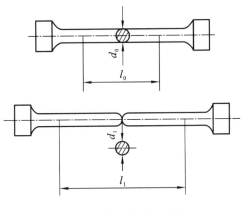

图 1-2 拉伸前后的试样

2)力-伸长曲线

在拉伸试验过程中,试验机可自动记录载荷与伸长量之间的关系,并得出以载荷为纵坐标、以伸长量为横坐标的图形,即力-伸长曲线。图 1-3 所示为退火后的低碳钢的力-伸长曲线。

由图 1-3 可看出,低碳钢在拉伸过程中,其载荷与伸长量关系可分为以下几个阶段。

(1)弹性变形阶段(Oe 段)。此阶段试样的伸长量与载荷成正比,试样随载荷的增大而均匀伸长,此时若卸除载荷,试样能完全恢复到原来的形状和尺寸。

(2)微量塑性变形阶段(es 段)。当载荷超过 F_e 后,试样将继续伸长。但此时若卸除载荷,试样将有少量变形而不能完全恢复到原来的尺寸。这种不能恢复的变形称为塑性变形或永久变形。由于此阶段塑性变形量较小,故称为微量塑性变形阶段。

(3)屈服阶段(ss' 段)。当载荷增大到 F_s 时,曲线出现水平(或锯齿形)线段,即表示载荷不增加,试样却继续伸长,此现象称为"屈服"。

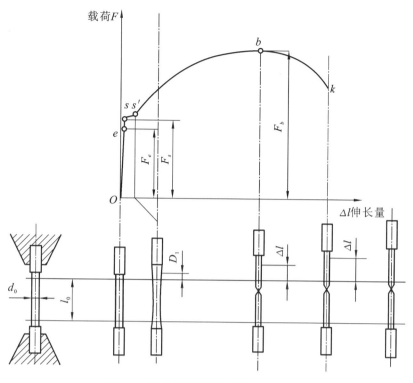

图 1-3　退火后的低碳钢的力-伸长曲线

（4）均匀塑性变形阶段（$s'b$ 段）。当载荷超过 F_s 时,载荷的增加量不大,而试样的伸长量却很大,表明当载荷超过 F_s 后,试样已开始产生大量的塑性变形。并且当载荷增加到 F_b 时,试样的局部截面缩小,产生颈缩现象。

（5）局部塑性变形及断裂阶段（bk 段）。当试样发生颈缩现象后,以后的变形就局限在缩颈部分,故载荷会逐渐减小,当达到曲线上的 k 点时,试样被拉断。

2. 强度

1）屈服点与屈服强度

金属材料开始产生屈服现象时的最低应力值称为屈服点,用符号 σ_s 表示。

$$\sigma_s = \frac{F_s}{A_0}$$

式中,F_s 为试样发生屈服现象时的载荷,N;A_0 为试样的原始横截面面积,mm^2。

有些金属材料在拉伸时没有明显的屈服现象,无法测定其屈服点 σ_s,按 GB/T 228.1—2010 规定,可用屈服强度 $\sigma_{0.2}$ 来表示该材料开始产生塑性变形时的最低应力值,如图 1-4 所示。

$$\sigma_{0.2} = \frac{F_{0.2}}{A_0}$$

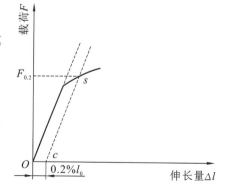

图 1-4　屈服强度的测定

式中,$F_{0.2}$ 为塑性变形量为试样长度的 0.2% 时的载荷,N;A_0 为试样的原始横截面面积,mm^2。

σ_s 和 $\sigma_{0.2}$ 是表示材料抵抗塑性变形的能力。零件工作时一般不允许产生塑性变形,否则零件会因塑性变形丧失尺寸和公差的控制而导致失效。因此,σ_s 和 $\sigma_{0.2}$ 是机械零件设计和选材的依据。

2)抗拉强度

金属材料在断裂前所能承受的最大应力称为抗拉强度,用符号 σ_b 表示。

$$\sigma_b = \frac{F_b}{A_0}$$

式中,F_b 为试样在断裂前所承受的最大载荷,N;A_0 为试样的原始横截面面积,mm^2。

σ_b 是表示塑性材料抵抗大量均匀塑性变形的能力。脆性材料在拉伸过程中一般不产生颈缩现象,因此抗拉强度 σ_b 就是材料的断裂强度。用脆性材料制造机器零件或工程构件时,常以 σ_b 作为选材和设计的依据,并选用适当的安全系数。

低碳钢的屈服点 σ_s 约为 240 MPa,抗拉强度 σ_b 约为 400 MPa。

工程上所用的金属材料,不仅希望其具有较高的 σ_s,还希望其具有一定的屈强比(σ_s/σ_b)。屈强比越小,结构零件的可靠性越高,万一超载,也能由于塑性变形而使金属的强度提高,不至于立即断裂。但如果屈强比太小,则材料强度的有效利用率就会很低。

3. 塑性

金属材料在载荷作用下,断裂前产生不可逆的永久变形的能力称为塑性。塑性的大小用伸长率 δ 和断面收缩率 φ 表示。

$$\delta = \frac{l_1 - l_0}{l_0} \times 100\%$$

$$\varphi = \frac{A_0 - A_1}{A_0} \times 100\%$$

式中,l_0 为试样原始标距,mm;l_1 为试样拉断后标距,mm;A_0 为试样的原始横截面面积,mm^2;A_1 为试样拉断后颈缩处最小横截面面积,mm^2。

应该指出,伸长率的大小与试样尺寸有关。试样长短不同,测得的伸长率是不同的。长、短试样的伸长率分别用 δ_{10} 和 δ_5 表示,习惯上,δ_{10} 也常写成 δ。对于同一材料而言,短试样所测得的伸长率(δ_5)比长试样测得的伸长率(δ_{10})大一些,两者不能直接进行比较。比较不同材料的伸长率时,应采用尺寸规格一样的试样。通常,试验时优先选取短试样。

金属材料的塑性对零件的加工和使用都具有重要的意义。塑性好的材料不仅能顺利进行锻压、轧制等成型工艺,而且在使用时万一超载,也会由于塑性变形而能避免突然断裂,从而提高材料使用的安全可靠性。所以,大多数机器零件除了要求具有足够的强度外,还必须具有一定的塑性。一般来说,伸长率达 5% 或断面收缩率达 10% 的材料,即可满足绝大多数零件的要求。

1.3.2 硬度

硬度是指金属材料抵抗局部变形,特别是塑性变形、压痕或划痕的能力。它是衡量金属软硬程度的判断。通常,材料的硬度越高,其耐磨性越好,故常将硬度值作为衡量材料耐磨性的重要指标之一。由于测定硬度的试验设备比较简单,操作方便、迅速,又属于无损检验,故测定硬度的试验设备在生产和科研中应用都十分广泛。

测定硬度的方法比较多,其中常用的测定方法是压入法,它是用一定的静载荷,把规定的压头压入金属材料表层,然后根据压痕的面积或深度确定其硬度值。根据压头和压力的不同,常用的硬度指标有布氏硬度 HBW、洛氏硬度(HRA、HRB、HRC)和维氏硬度 HV。

1. 布氏硬度

1）试验原理

布氏硬度试验原理如图 1-5 所示，布氏硬度计如图 1-6 所示。将直径为 D 的硬质合金球，在规定的试验力下压入试样表面，保持规定的时间后卸除试验力，在试样表面留下球形压痕。用球面压痕单位面积上所承受的平均压力表示布氏硬度值。布氏硬度用符号 HBW 表示。

$$HBW = \frac{F}{A} = 0.102 \frac{2F}{\pi D(D - \sqrt{D^2 - d^2})}$$

式中，F 为试验力，N；A 为压痕表面积，mm^2；d 为压痕平均直径，mm；D 为硬质合金球直径，mm。

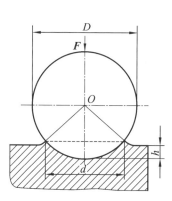

图 1-5　布氏硬度试验原理

图 1-6　布氏硬度计

布氏硬度试验时，应根据被测金属材料的种类和试件厚度，选用不同直径的压头、试验力及试验力保持时间。按 GB/T 231.1—2009 规定，压头有四种（10 mm、5 mm、2.5 mm 和 1 mm）；F/D^2 的比值有六种（30、15、10、5、2.5 和 1），可根据金属材料种类和布氏硬度范围选定，如表 1-1 所示。对于试验力保持时间，钢铁材料为 10～15 s，有色金属为 30 s，布氏硬度值小于 35 时为 60 s。

表 1-1　布氏硬度试验规范

材　料	布氏硬度	F/D^2	备　注
钢及铸铁	＜140	10	
	≥140	30	
铜及其合金	＜35	5	F 单位：N
	35～130	10	D 单位：mm
	＞130	30	
轻金属及其合金	＜35	2.5	
	35～80	10	
	＞80	10	
铅、锡	—	1	

由布氏硬度计算公式可知，当所加载的试验力 F 和压头直径 D 选定后，硬度值只与压

痕直径 d 有关。d 值越大,硬度值越小;d 值越小,硬度值越大。试验时布氏硬度不需要计算,只需根据测出的压痕直径 d 查表即可得到硬度值。

2)表示方法

布氏硬度的单位为 MPa,但习惯上只标明硬度值,而不标注单位,其表示方法为:在符号 HBW 前写出硬度值,符号后面依次有相应数字注明压头直径、试验力和保持时间(10~15 s 不标注)。

如:600 HBW/30/20 表示用直径为 1 mm 的硬质合金球作为压头,在 30 kgf(294 N)试验力作用下,保持 20 s 所测得的布氏硬度值为 600。

3)试验优缺点及应用范围

布氏硬度试验压痕面积较大,能反映出较大范围内材料的平均硬度,测得结果较准确、稳定,但操作不够简便,又因压痕大,对金属表面的损伤大,故不宜测试薄件或成品件,目前主要用来测定有色金属和退火、正火、调质钢的原材料、半成品及性能不均匀的材料(如铸铁)。

2. 洛氏硬度

1)试验原理

洛氏硬度试验原理如图 1-7 所示,洛氏硬度计如图 1-8 所示。用顶角为 120° 的金刚石圆锥体或直径为 ϕ1.588 的淬火钢球作为压头,以规定的试验力使其压入试样表面。试验时,先加初试验力,然后加主试验力。在保留初试验力的情况下,根据试样表面压痕深度,确定被测金属材料的洛氏硬度值。

图 1-7 中,0—0 为压头与试件表面未接触时的位置;1—1 为在初试验力作用下压头所处的位置,压入深度为 h_1,目的是消除试样表面不光洁对试验结果的精确性造成的不良影响;2—2 是在总试验力(初试验力+主试验力)作用下压头所处的位置,压入深度为 h_2;3—3 是卸除主试验力后压头所处的位置,由于金属弹性变形得到恢复,此时压头实际压入深度为 h_3。因此,由主试验力所引起的塑性变形使压头压入的深度为 $h = h_3 - h_1$。洛氏硬度值便由 h 的大小来确定。压入深度 h 越大,硬度越低;反之,硬度越高。一般来说,按照人们习惯上的概念,数值越大,硬度越高。因此,采用一个常数 K 减去 h 来表示硬度的高低,并用每 0.002 mm 的压痕深度作为一个硬度单位,由此获得的硬度值称为洛氏硬度,用符号 HR 表示。

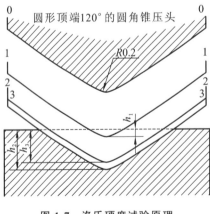

图 1-7 洛氏硬度试验原理

图 1-8 洛氏硬度计

$$HR = \frac{K - h}{0.002}$$

式中,K 为常数(用金刚石作为压头时,K 取 100;用钢球作为压头时,K 取 130)。

2)常用洛氏硬度标尺及适用范围

为了能用一种硬度计测量较大范围的硬度,洛氏硬度采用了常用的三种硬度标尺,分别以 HRA、HRB、HRC 表示,其中 HRC 应用最广,一般经淬火处理的钢或工具都采用 HRC 测量。常用的洛氏硬度的试验条件和应用范围如表 1-2 所示。

表 1-2　常用的洛氏硬度的试验条件和应用范围

标　尺	硬度符号	所用压头	总试验力 F/N	适用范围 [1] HR	应用范围
A	HRA	金刚石圆锥体	588.4	20～88	碳化物、硬质合金、淬火工具钢、浅层表面硬化钢
B	HRB	ϕ1.588 的钢球	980.7	20～100	软钢、铜合金、铝合金、可锻铸铁
C	HRC	金刚石圆锥体	1471	20～70	淬火钢、调质钢、深层表面硬化钢

注:[1]HRA、HRC 所用刻度盘满刻度为 100,HRB 所用刻度盘满刻度为 130。

3)表示方法

洛氏硬度值没有量纲,它置于符号 HR 的前面,HR 后面为使用的标尺。如:60 HRC 表示用 C 标尺测定的洛氏硬度值为 60。实际测量时,硬度值一般从硬度计的刻度盘上直接读出。

4)试验优缺点

洛氏硬度试验测量硬度范围大,操作简便、迅速,效率高,可直接从硬度计上读出硬度值;由于压痕小,不会损伤试件表面,故可直接测量成品或较薄工件。但因压痕小,对于内部组织和硬度不均匀的材料,所测结果不够准确。因此,需在试件不同部位(一般为 3 处以上)测定数次,取其平均值作为该材料的硬度值。

3. 维氏硬度

布氏硬度试验不适用于测定硬度较高的材料,洛氏硬度试验虽然可用于测定软材料和硬材料,但其硬度值不能进行比较。为了测量从软到硬的各种材料以及金属零件的表面硬度,并有连续一致的硬度标尺,特制订维氏硬度试验。

1)试验原理

维氏硬度试验原理与布氏硬度试验原理相似,也是根据压痕单位表面积的试验力大小来计算硬度值的,区别在于维氏硬度试验采用的压头是锥面夹角为 136° 的金刚石正四棱锥体。试验时,在规定的试验力 F 的作用下,压头压入试件表面,保持一定时间后,卸除试验力,测量压痕两对角线长度,如图 1-9 所示。压痕单位表面积所承受试验力的大小即为维氏硬度值,用符号 HV 表示,单位为 MPa。图 1-10 所示为维氏硬度计。

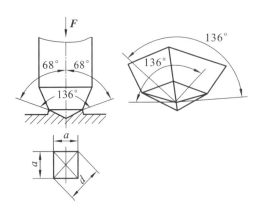

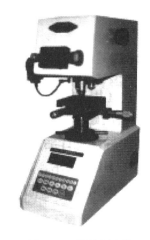

图 1-9 维氏硬度试验原理   图 1-10 维氏硬度计

2）表示方法

维氏硬度习惯上也只标注硬度值而不标出单位,通常是在 HV 符号前面写出硬度值,HV 符号后面依次用数字注明试验力和保持时间(10～15 s 不标注)。例如:640 HV/30/20 表示在 30 kgf（294.2 N）试验力作用下保持 20 s 测得的维氏硬度值为 640。

3）试验优缺点及应用范围

维氏硬度试验所用试验力小、压痕深度浅、轮廓清晰、数字准确可靠,故广泛用于测量金属镀层、薄片材料和化学热处理后的表面硬度。又因其试验力可在很大范围（49.03～980.7 N）内选择,所以可测量从很软到很硬的材料。但维氏硬度试验不如洛氏硬度试验简便、迅速,不适用于成批生产的常规试验。

1.4 动载荷下材料的力学性能

1.4.1 冲击韧度

前面讨论的都是在静载荷条件下测得的力学性能指标,实际上许多机械零件在工作中往往要受到冲击载荷的作用,如冲模、锻模、锤杆、活塞销等。制造这些零件的材料,其性能不能单纯用静载荷作用下的指标来衡量,而必须考虑材料抵抗冲击载荷的能力。

金属抵抗冲击载荷而不破坏的能力称为冲击韧度。目前常用一次摆锤冲击弯曲试验来测定金属材料的韧度。

1. 冲击试验的方法及原理

一次冲击弯曲试验通常是在摆锤式冲击试验机（见图 1-11）上进行的,其试验原理如图 1-12 所示。

试验时将带有缺口的标准试样（按 GB/T 229—2007 规定,冲击试样有夏比 V 形缺口试样和夏比 U 形缺口试样两种。两种试样的尺寸及加工要求如图 1-13 所示）背向摆锤方向放在试验机两支座上,将质量为 m 的摆锤抬到规定高度 H,使摆锤具有的势能为 mgH。摆锤落下冲断试样后

图 1-11 摆锤式冲击试验机

升至 h 高度，这时摆锤具有的势能为 mgh。根据功能原理可知，摆锤冲断试样所消耗的功为 $A_K = mg(H-h)$，A_K 称为冲击吸收功。

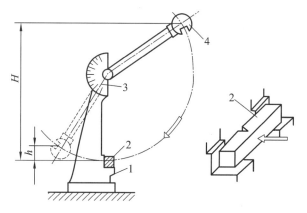

图 1-12 冲击试验原理
1—支座；2—试样；3—指针；4—摆锤

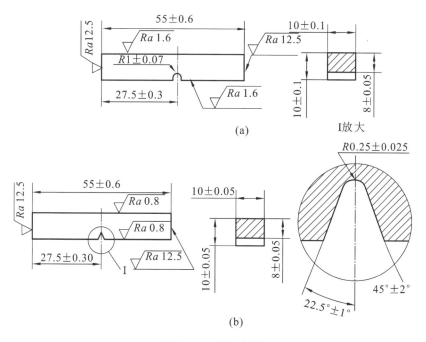

图 1-13 冲击试样

用试样缺口处的横截面面积 A 去除 A_K，所得的商即为该材料的冲击韧度值，用符号 α_k 表示，单位为 J/cm²，即

$$\alpha_k = \frac{A_K}{A}$$

冲击吸收功的值可从试验机的刻度盘上直接读出。A_K 值的大小代表了材料的冲击韧度的高低。一般把 A_K 值低的材料称为脆性材料，把 A_K 值高的材料称为韧性材料。A_K 值越大，材料的韧性越好，受冲击时越不易断裂。

一般来讲，强度、塑性均好的材料，其韧性值也高。但材料 A_K 值的大小受很多因素影响，不仅与试样形状、表面粗糙度、内部组织有关，还与试验时的温度密切相关。因此，冲击韧度值一般只作为选材时的参考,而不能作为计算依据。

工程实际中,在冲击载荷作用下工作的机械零件,很少因受大能量一次冲击而破坏,大多数机械零件是经过千百万次的小能量多次重复冲击,最后导致断裂的,如冲模的冲头、凿岩机的活塞等。试验证明,材料在多次冲击下的破坏过程是裂纹产生和扩展的过程,它是多次冲击损伤积累发展的结果。因此,材料的多次冲击抗力取决于材料的强度和塑性的综合性指标。冲击能量高时,材料的多次冲击抗力主要取决于塑性;冲击能量低时,材料的多次冲击抗力主要取决于强度。

2. 冲击试验的实际意义

A_K 值的大小与试验温度有关。有些材料在室温 20 ℃ 左右试验时并不显示脆性,但在较低温度下,则可能发生脆性断裂。所谓脆性断裂,是指骤然发生、传播很快的断裂,断裂前(裂纹产生)及伴随着断裂过程(裂纹扩展)都缺乏明显的塑性形变。

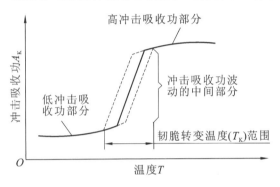

图 1-14 温度对 A_K 的影响

温度对 A_K 的影响如图 1-14 所示。从图中可以看出,A_K 值随着试验温度的下降而减小。材料在低于某温度时,A_K 值急剧下降,使试样的断口形态由韧性断口转变为脆性断口,此温度称为韧脆转变温度(T_K)。这一温度值的高低对评价钢的脆性倾向(尤其是低温脆性)非常重要。材料的韧脆转变温度可通过冲击试验来测定。

韧脆转变温度是金属材料的质量指标之一,韧脆转变温度越低,材料的低温冲击性能就越好。韧脆转变温度对在寒冷地区和低温下工作的机械和工程结构,如机械、运输桥梁、输送管道等尤为重要,因此必须具有更低的韧脆转变温度才能保证工作正常进行。

1.4.2 疲劳

1. 疲劳的概念

许多机械零件是在交变应力的作用下工作的,如机床主轴、连杆、齿轮、弹簧、各种滚动轴承等。所谓交变应力,是指零件所受应力的大小和方向随时间作周期性变化。例如,受力发生弯曲的轴,在转动时材料要反复受到拉应力和压应力,这属于对称交变应力循环。零件在交变应力作用下,当交变应力值远低于材料的屈服强度时,经长时间运行后材料也会发生断裂,这种断裂称为疲劳断裂。疲劳断裂往往突然发生,无论是塑性材料还是脆性材料,断裂时都不产生明显的塑性变形,具有很大的危险性,常常造成事故。据统计,机械零件断裂中有 80% 是由疲劳引起的。疲劳断裂往往起始于零件表面,有时也可能在零件的内部某一薄弱部位产生裂纹。随着应力的交变,裂纹不断向截面深处扩展,以至在某一时刻,未裂的截面面积承受不了所受的应力时,便产生突然断裂。

2. 疲劳曲线与疲劳强度

为了防止疲劳断裂,零件设计不能只以 σ_b、$\sigma_{0.2}$ 作为依据,必须制订出疲劳抗力指标。材料疲劳抗力指标是由疲劳实验测得的。通过疲劳实验,把被测材料承受的交变应力 σ 与材料断裂前的应力循环次数 N 的关系曲线称为疲劳曲线,如图 1-15 所示。从图中可以看出,

随着应力循环次数 N 的增大,材料所能承受的最大交变应力不断减小。当应力降低到某一数值时,疲劳曲线与横坐标平行,表明材料可经受无数次应力循环而不发生疲劳断裂。材料能够承受无数次应力循环的最大应力称为疲劳强度。材料的疲劳强度用 σ_r 表示,r 表示交变应力循环系数,对称应力循环时的疲劳强度用 σ_{-1} 表示。由于无数次应力循环难以实现,因此规定钢铁材料经受 10^7 次循环,有色金属经受 10^8 次循环时的应力值为 σ_{-1}。图 1-16 所示为纯弯曲疲劳试验机。

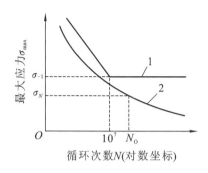

图 1-15　疲劳曲线

1—钢铁材料;2—有色金属

图 1-16　纯弯曲疲劳试验机

3. 疲劳断裂的原因与提高材料疲劳强度的途径

1)产生疲劳断裂的原因

一般认为,产生疲劳断裂的原因是材料的内部缺陷,如夹杂物、气孔等。在交变应力作用下,缺陷处首先形成微小裂纹,裂纹逐步扩展,导致零件的受力截面减小,以致突然产生断裂。此外,零件表面的机械加工刀痕和构件截面突然变化部位,均会产生应力集中。交变应力下,应力集中处易产生显微裂纹,这也是产生疲劳断裂的主要原因。

2)提高材料疲劳强度的途径

由疲劳断裂过程可知,凡使零件表面和内部不容易生成裂纹,或裂纹生成后不容易扩展的任何因素,都可不同程度地提高疲劳强度,主要表现为以下几个方面。

(1)设计方面。尽量使零件避免有尖角、缺口和截面突变,以避免应力集中及其所引起的疲劳裂纹。

(2)材料方面。通常应使晶粒细化,减少材料内部存在的夹杂物和由于热加工不当而引起的缺陷,如气孔、疏松和表面氧化等。晶粒细化使晶界增多,从而对疲劳裂纹的扩展起更大的阻碍作用。材料内部缺陷,有的本身就是裂纹,有的在循环应力作用下会发展成裂纹。没有缺陷,裂纹就难以形成。

(3)机械加工方面。要降低零件表面粗糙度,因为表面刀痕、碰伤和划痕等都是疲劳裂纹的起源地。

(4)零件表面强度方面。可采用化学热处理、表面淬火、喷丸处理和表面涂层等方法,使零件表面产生压应力,以抵消或降低表面拉应力引起疲劳裂纹的可能性。

 1.5 工程材料的物理、化学及工艺性能

1.5.1　物理性能

密度、熔点,以及电、磁、光、热性能等都是材料的物理性能。由于机器零件的用途不同,对其物理性能的要求也不同。例如,飞机零件常选用密度小的铝、镁、钛合金及复合材料来制造;金属的导电性、导热性好,设计电机、电器零件时,常要考虑采用金属材料;陶瓷是良好的绝缘体,耐高温性能好;高分子材料密度小、导热性差、耐热性差,通常也是绝缘体。绝缘体、耐高温零件可采用陶瓷制造。

材料的物理性能对加工工艺也有一定的影响。如耐热合金钢的导热性较差,锻造时应采用较缓慢的加热速度升温,否则易产生裂纹;又如锡基轴承合金、铸铁和铸钢的熔点不同,所选的熔炼设备、铸型材料等均应有所不同。

1.5.2　化学性能

材料的化学性能主要是指在常温或高温时抵抗各种介质侵蚀的能力,如耐酸性、耐碱性、抗氧化性等。

对于在腐蚀介质中或在高温下工作的构件,应选用化学稳定性高的材料,如化工设备、医疗器械等常采用高分子材料、不锈钢来制造,而内燃机排气阀和电站设备的一些零件则常选用耐热钢来制造,宇航工业上常采用高温合金、复合材料等。

1.5.3　工艺性能

材料的工艺性能是指材料适应某种加工的能力。按工艺方法的不同,工艺性能可分为液态成型工艺性、塑性成型工艺性、焊接性、热处理工艺性和可加工性等。

思考与练习题

1. 以低碳钢力-伸长曲线为例,在曲线上指出材料的强度、塑性指标。

2. 哪些因素影响材料的强度?分析材料比强度(强度/密度)对结构设计有何实际意义。

3. 一个紧固螺栓使用后出现塑性变形(伸长),试分析材料有哪些性能指标没有达到要求。

4. 布氏硬度测定法和洛氏硬度测定法各有什么优缺点?库存钢材、铸铁轴承座毛坯、硬质合金刀头、台虎钳钳口各应采用哪种硬度测定法来检验其硬度?

5. 什么是疲劳强度?如何防止零件产生疲劳破坏?

6. 甲、乙、丙、丁四种材料的硬度分别为 45 HRC、75 HRA、70 HRB、300 HBW,试比较这四种材料硬度的高低。

7. 将钟表发条拉直是弹性变形还是塑性变形?怎样判断它的变形性质?

第2章 金属材料基础知识

金属材料在性能方面所表现出的多样性、多变性和特殊性使它具有远比其他材料优越的性能,这种优越的性能是其固有的内在因素在一定外在条件下的综合反映。不同成分的金属具有不同的组织结构,因而其表现出的性能各不相同;即使成分相同的金属,当其由液态转变为固态的结晶条件不同时,所形成的内部组织也不尽相同,因而表现出来的性能也各有差异。所以,要了解金属材料的特性,必须要从本质上了解金属的组织结构和金属的结晶过程,掌握其规律,才能更好地控制其性能,正确选用材料,并指导人们开发新型材料。

2.1 金属的特性

2.1.1 金属键

元素周期表中Ⅰ、Ⅱ、Ⅲ族元素的原子在满壳层外有一个或几个价电子。满壳层在带正电荷的原子核和价电子之间起屏蔽作用,原子核对外面轨道上的价电子的吸引力不大,所以原子很容易丢失其价电子而成为正离子。当大量这样的原子相互接近并聚集为固体时,其中大部分或全部原子都会丢失其价电子。同离子键或共价键不一样,这里被丢失的价电子不为某个或某两个原子所专有或共有,而是为全部原子所公有。这些公有化的电子叫作自由电子,它们在正离子之间自由运动,形成所谓的电子气,正离子则沉浸在电子气中。在理想情况下,价电子从原子上脱落而形成对称的正离子,其核外的电子云呈球状且高度对称地规则分布。正离子与电子气之间产生强烈的静电吸引力,使正离子按一定的几何形式在空间规则地结合起来,并各自在其所占的位置上作微小的热振动。这种使金属正离子按一定方式牢固地结合成一个整体的结合力叫作金属键,由金属键结合起来的晶体叫作金属晶体,如图2-1所示。

在金属晶体中,价电子弥漫在整个体积内,所有的金属离子皆处于相同的环境之中,全部离子(或原子)均可看成是具有一定体积的圆球,所以金属键无所谓的饱和性和方向性。

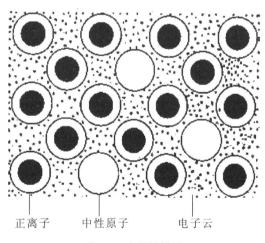

正离子　　　中性原子　　　电子云

图 2-1　金属键模型

2.1.2 金属的特性

材料的性能取决于材料的结构。金属具有不同于非金属的特性也是由金属本身的结构,尤其是金属键所决定的。金属在固态下以及部分金属在液态下具有下列特性。

(1) 良好的导电性和导热性。金属键中有大量的自由电子存在,当金属的两端存在电势差或外加电场时,电子可定向地、加速地通过金属,使金属表现出优良的导电性。金属的导热性好是离子的热振动和自由电子的热运动二者联合贡献的结果,比单纯的离子的热振动所产生的导热效果好。

（2）不透明,具有良好的反射能力,形成金属光泽。金属中存在的自由电子能够吸收可见光波段的光量子的能量,使金属变得不透明。同时,自由电子吸收了光量子的能量后,被激发到较高的能量状态,当它返回原来的低能量状态时,就会产生一定波长的辐射,使金属呈现不同颜色的光泽。

（3）一般具有较高的强度、良好的塑性。金属键使金属正离子之间产生紧密堆积的结合,从而使金属具有较高的强度。金属键没有方向性,对原子也没有选择性,所以在受外力作用而发生原子相对移动时,金属键不会被破坏,表现出良好的塑性。

（4）除汞外,常温下均为固体,能相互熔合。在常温下,金属键使大多数金属都采取最紧密堆积的原子排列,一般以长程有序的固体晶体形态存在,液态时结合力减弱,呈短程有序的排列,不同金属原子（离子）能相互滑动、混合。由于金属键的无方向性和结合的随意性,冷却时相互熔合的金属又能重新规则地排列起来。

（5）有正的电阻温度系数,很多金属具有超导性。金属加热时,正离子的振动增强,金属中的空位增多,原子排列的规则性受到干扰,电子运动受限,因而电阻增大,所以有正的电阻温度系数。对于许多金属,在极低的温度（小于 20 K）下,由于自由电子之间结合成两个电子相反自旋的电子对,不易遭受散射,因此电阻率趋向于零,产生超导现象。

上述特性明确地反映了金属的本质,因此,在工程中常常把金属理解为有特殊光泽、优良的导电导热性能和良好的塑性的固体物质。非金属也可能有上述特性中的一种或几种,但不会同时具有全部特性,即使具有某些特性,也达不到金属那样高的水平。

2.2 金属与合金的晶体结构

2.2.1 纯金属的晶体结构

与非金属材料相比,金属材料不仅具有良好的力学性能和某些物理、化学性能,而且工艺性能在多个方面也较优良。即使都是金属材料,在不同成分和不同状态下其性能也会有很大差异,如钢的强度比铝合金的高,但其导电性和导热性不如铝。甚至化学成分相同的材料,采用不同的热处理或加工工艺,也会使其性能产生明显的差异。造成上述性能差异的原因主要是材料内部结构不同,因此,掌握金属和合金的内部结构对合理选材具有重要意义。

1. 晶体与非晶体

固态物质按其原子的排列特征可分为晶体与非晶体。凡原子按一定规律排列的固态物质,称为晶体,如金刚石、石墨及固态金属与合金;而少数固态物质,如松香、沥青、玻璃、塑料等是非晶体。对两者进行比较可以看出,晶体具有如下特点:

① 原子在三维空间呈规则、周期性重复排列,如图 2-2(a)所示;

② 具有一定的熔点,如纯铁的熔点为 1538 ℃,铝的熔点为 660 ℃;

③ 晶体的性能随着原子的排列方位而改变,即单晶体具有各向异性。

金属晶体除了具有上述晶体所共有的特征外,还具有金属光泽,良好的导电性、导热性和延展性,尤其是还具有正的电阻温度系数,这是金属晶体与非金属晶体的根本区别。

2. 晶体结构的基本知识

1）晶格

为了形象描述晶体内部原子排列的规律,可将原子抽象为几何点,并用一些假想线条将几何点在三维方向连接起来,这样构成的空间格子称为晶格,如图 2-2(b)所示。晶格中的每一个点称为结点。

2）晶胞

由于晶体中原子排列具有周期性变化的特点,因此,可以从晶格中选取一个能够完整反映晶格特征的最小几何单元,从中找出晶体特征及原子排列规律。这个组成晶格的最基本几何单元称为晶胞,如图 2-2(c)所示。实际上整个晶格就是由许多大小、形状和位向相同的晶胞在空间重复堆积而成的。

3）晶格常数

不同元素结构不同,晶胞的大小和形状也有差异。结晶学中规定,晶胞的大小以其各棱边尺寸 a、b、c 表示,称为晶格常数,单位为 Å（1 Å$=10^{-10}$ m）。晶胞各棱边之间的夹角分别以 α、β、γ 表示,如图 2-2(c)所示。当晶格常数 $a=b=c$,棱边夹角 $\alpha=\beta=\gamma=90°$时,这种晶胞称为简单立方晶胞。

4）致密度

致密度是指金属晶胞中原子本身所占有的体积百分数,用来表示原子在晶格中排列的紧密程度,其大小可用晶胞中总的原子体积占晶胞体积的百分比来表示。

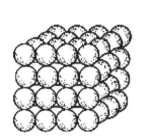

(a)晶体中最简单的原子排列

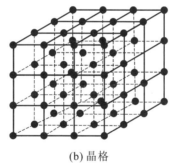

(b)晶格

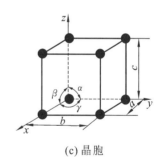

(c)晶胞

图 2-2　晶体结构示意图

3. 金属中常见的晶格类型

各种晶体由于其晶格类型和晶格常数不同,故呈现出不同的物理、化学及力学性能。除了少数金属具有复杂晶格外,大多数金属的晶体结构都比较简单,其中常见的有以下三种。

1）体心立方晶格

体心立方晶格的晶胞是一个立方体,原子分布在立方体的 8 个结点及中心处,如图 2-3所示,其致密度为 0.68,这表明体心立方晶格中 68% 的体积被原子所占用,其余 32% 为晶胞内的间隙体积。

具有体心立方晶格类型的金属有 Cr、Mo、W、V、α-Fe 等,它们大多具有较高的强度和韧性。

2）面心立方晶格

面心立方晶格的晶胞也是一个立方体,原子分布在立方体的 8 个结点及各面的中心处,如图 2-4 所示,其致密度为 0.74,这表明面心立方晶格中 74% 的体积被原子所占用,其余

26％为晶胞内的间隙体积。

具有面心立方晶格类型的金属有 Al、Cu、Ni、γ-Fe 等，它们大多具有较高的塑性。

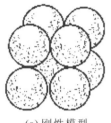 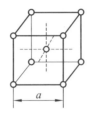

(a) 刚性模型　　　　　　(b) 晶格类型　　　　　　(c) 晶胞原子数示意图

图 2-3　体心立方晶格

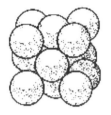 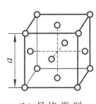 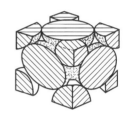

(a) 刚性模型　　　　　　(b) 晶格类型　　　　　　(c) 晶胞原子数示意图

图 2-4　面心立方晶格

3）密排六方晶格

密排六方晶格的晶胞是一个正六棱柱体，晶胞的三个棱边长 $a=b\neq c$，晶胞棱边夹角 $\alpha=\beta=90°$，$\gamma=120°$，其晶格常数用正六边形底面的边长 a 和晶胞的高度 c 表示。在密排六方晶格的十二个结点上和上、下底面的中心处各排列有一个原子，此外柱体中心处还包含着三个原子，如图 2-5 所示，其致密度为 0.74。

属于这种类型的金属有 Mg、Zn、Be、α-Ti 等，它们大多具有较大的脆性，塑性较差。

 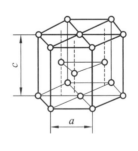 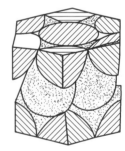

(a) 刚性模型　　　　　　(b) 晶格类型　　　　　　(c) 晶胞原子数示意图

图 2-5　密排六方晶格

晶格类型不同，原子排列的致密度也不同。致密度越大，原子排列就越紧密。所以，当铁在冷却时，由晶格致密度较大（0.74）的面心立方晶格的 γ-Fe 转变成晶格致密度较小（0.68）的体心立方晶格的 α-Fe，就会发生体积变化而引起应力和变形。

2.2.2　金属的实际晶体结构

前面所讨论的晶体结构都是理想单晶体的构造情况，而实际金属几乎都是多晶体，实际金属晶体构造与理想晶体有较大的差异。

1. 单晶体与多晶体

晶体内部晶格位向完全一致的晶体称为单晶体。单晶体具有各向异性的特征。在工业生产中,只有通过特殊制作才能获得单晶体,如半导体元件、磁性材料、高温合金材料等。

实际使用的工业金属材料,即使体积很小,其内部仍包含了许多颗粒状的小晶体。每个小晶体的内部,晶格方位都是基本一致的,而各个小晶体之间彼此的方位又都不相同,如图 2-6 所示。每个小晶体的外形多为不规则的颗粒,通常称为晶粒。晶粒与晶粒之间的界面称为晶界。这种实际上由许多晶粒组成的晶体称为多晶体。一般金属材料都是多晶体。

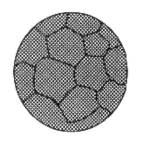

图 2-6　金属的多晶体
结构示意图

晶粒尺寸是很小的,如钢铁材料的晶粒一般在 $10^{-3}\sim 10^{-1}$ mm左右,故只有在金相显微镜下才能观察到。这种在显微镜下观察到的形态、大小和分布等情况,称为显微组织或金相组织。

单晶体在不同方向上的物理、化学和力学性能各不相同,显示各向异性;而实际金属的性能在各个方向上却基本一致,显示各向同性。这是因为实际金属是由许多方位不同的晶粒组成的多晶体,一个晶粒的各向异性在许多方位不同的晶体之间可以多相抵消或补充。

2. 晶体中的缺陷

晶体中原子完全为规则排列时,该晶体称为理想晶体。实际上,由于许多因素(如结晶条件、原子热运动及加工条件等)的影响,某些区域的原子排列受到干扰和破坏,金属内部总是存在着大量缺陷。根据晶体缺陷的几何特征,可将其分为以下三类。

1）点缺陷

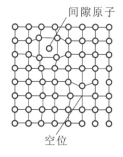

图 2-7　空位和间隙
原子示意图

点缺陷是指在长、宽、高三个方向上尺寸都很小的一种缺陷。最常见的点缺陷是空位和间隙原子,如图 2-7 所示。在晶体中,原子并非像我们前面所假设的那样静止不动,而是在平衡位置上作热振动。当温度升高时,原子振幅增大,有可能脱离其平衡位置,这样,在晶格中便出现了空的结点。这种空着的晶格结点称为晶格空位。与此同时,又有可能在个别晶格空隙处出现多余原子。这种不占据正常晶格位置而处在晶格空隙中的原子,称为间隙原子。在空位和间隙原子附近,由于原子间作用力的平衡被破坏,周围原子发生靠拢或撑开,因此晶格发生畸变,使金属的强度升高,塑性下降。

2）线缺陷

线缺陷是指在晶体中呈线状分布,即一个方向上尺寸很大,而另两个方向上尺寸很小的缺陷。常见的线缺陷是各种类型的位错。所谓位错,就是在晶体中某处有一列或若干列原子发生了某种有规律的错排现象。金属晶体内存在大量的各种类型的位错,其中"刃型位错"是一种比较简单的位错(见图 2-8),在 ABCD 晶面上垂直插入一个原子面 EFGH,该原子面像刀刃一样切到 EF 线上,使 ABCD 晶面上、下两部分晶体的原子排列数目不等,即原子产生了错排现象,故称"刃型位错"。多余原子面的底边 EF 线称为位错线。在位错线附近晶格发生畸变,形成一个应力集中区。在位错线上方附近原子受到压应力,而在位错线下方附近原子受到拉应力,且离位错线越近,应力越大,晶格畸变越大;离位错线越远,应力越小,晶格畸变越小。

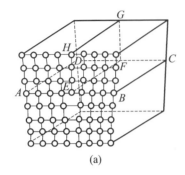 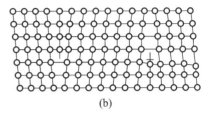

(a)   (b)

图 2-8 刃型位错示意图

晶体中位错的多少可用单位体积中所包含的位错线的总长度表示,称为位错密度,即

$$\rho = \sum L/V$$

式中,ρ 为位错密度,cm^{-2};$\sum L$ 为位错线总长度,cm;V 为体积,cm^3。

晶体中位错密度的变化以及位错在晶体内的运动,对金属的强度、塑性及组织转变等都有着极为重要的影响。例如金属材料处于退火状态时,位错密度较低,强度较差;经冷塑性变形后,材料的位错密度增大,强度也随之提高。因此,增大位错密度是金属强化的重要途径之一。此外,位错在晶体中易于移动,因此,金属材料的塑性变形都是通过位错运动来实现的。

3)面缺陷

面缺陷是指呈面状分布,即在两个方向上尺寸很大,而在第三个方向上尺寸很小的缺陷。这类缺陷主要有晶界和亚晶界。

(1)晶界。工业上使用的金属材料一般都是多晶体。多晶体中两个相邻晶粒之间的位向不同,所以晶界处实际上是原子排列逐渐从一种位向过渡到另一种位向的过渡层,该过渡层的原子排列是不规则的。相邻晶粒的位向差一般为 $30°\sim40°$,晶界宽度为 $5\sim10$ 个原子间距如图 2-9 所示。

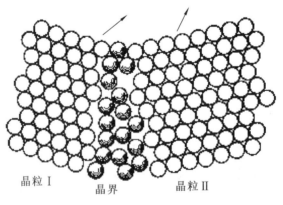

晶粒 I   晶界   晶粒 II

图 2-9 晶界的过渡结构示意图

晶界处原子的不规则排列使晶格处于歪扭畸变状态,因而在常温下会对金属塑性变形起阻碍作用。从宏观上来看,晶界处表现出较高的强度和硬度,晶粒越细小,晶界就越多,它对塑性变形的阻碍作用就越大,金属的强度、硬度就越高。

(2)亚晶界。在每个晶粒内,晶格位向并不像理想晶体那样完全一致,而是存在许多尺寸很小、位向差也很小(一般为 $2° \sim 3°$)的小晶块,这些小晶块称为亚晶粒,两相邻亚晶粒的界面称为亚晶界。亚晶界实际上是由一系列刃型位错所组成的小角度晶界,如图 2-10 所示。由于亚晶界处的原子排列也是不规则的,使得晶格产生了畸变,因此亚晶界的作用与晶界的作用相似,对金属的强度也有着重要影响。亚晶界越多,金属的强度就越高。

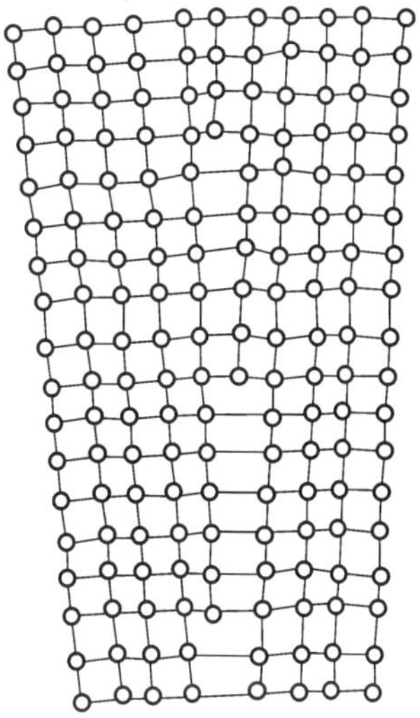

2.2.3 合金的晶体结构

一般来说,纯金属大都具有优良的塑性、导电、导热等性能,但它们制取困难、价格较贵、种类有限,特别是力学性能和耐磨性都比较低,难以满足多品种、高性能的要求。因此,工程上大量使用的金属材料都是根据性能需要而配制的各种不同成分的合金,如碳钢、合金钢、铸铁、铝合金及铜合金等。

1. 合金的基本概念

图 2-10 亚晶界结构示意图

合金是指由两种或两种以上的金属元素(或金属与非金属元素)组成的具有金属特性的新物质。

组成合金的最基本的、独立的物质称为组元(简称元)。通常组元是指组成合金的元素。例如,普通黄铜的组元是铜和锌,铁碳合金的组元是铁和碳。一般来说,稳定的化合物也可以作为组成合金的组元。按组元数目的不同,合金可分为二元合金、三元合金和多元合金等。

可以由给定组元按不同比例配制出一系列不同成分的合金,这一系列合金就构成了合金系。例如,各种牌号的碳钢就是由不同铁、碳含量的合金所构成的铁碳合金系。

在纯金属或合金中,具有相同的化学成分、晶体结构和物理性能的组分称为相。例如,纯铜在熔点温度以上和以下时分别为液相和固相,而在熔点温度时则为液、固两相共存。合金在固态下可以形成均匀的单相组织,也可以形成由两相或两相以上组成的多相组织,这种组织称为两相或复相组织。组织泛指用金相观察法看到的由形态、尺寸和分布方式不同的一种或多种相构成的总体。

2. 合金的相结构

根据构成合金的各组元之间相互作用的不同,固态合金的相结构可分为固溶体和金属化合物两大类。

1) 固溶体

合金在固态下其组元间仍能互相溶解而形成的均匀相,称为固溶体。形成固溶体后,晶格类型保持不变的组元称为溶剂,晶格消失的组元称为溶质。固溶体的晶格类型与溶剂组元相同。

根据溶质原子在溶剂晶格中所占据位置的不同,可将固溶体分为置换固溶体和间隙固溶体两种。

(1) 置换固溶体。若溶质原子代替一部分溶剂原子占据溶剂晶格中的某些结点位置,则将这种形式的固溶体称为置换固溶体,如图 2-11(a)所示。

形成置换固溶体时,溶质原子在溶剂晶格中的溶解度主要取决于两者晶格类型、原子直径的差别以及它们在周期表中的相互位置。一般来说,晶格类型相同,原子直径差别越小,在周期表中的位置越靠近,则溶解度越大,甚至在任何比例下均能互溶而形成无限固溶体。例如,铜和镍都是面心立方晶格,铜的原子直径为 0.255 mm,镍的原子直径为 0.249 mm,它们是处于同一周期表中的相邻两个元素,可形成无限固溶体;反之,若不能满足上述条件,则溶质在溶剂中的溶解度是有限的,这种固溶体称为有限固溶体。例如,铜和锡、铅和锌等都形成有限固溶体。

(2)间隙固溶体。溶质原子在溶剂晶格中并不占据晶格结点的位置,而是在结点间的空隙中,这种形式的固溶体称为间隙固溶体,如图 2-11(b)所示。

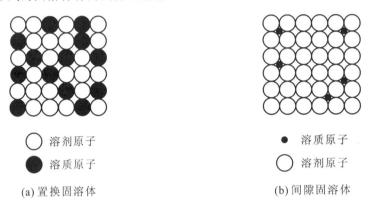

○ 溶剂原子
● 溶质原子
(a)置换固溶体

● 溶质原子
○ 溶剂原子
(b)间隙固溶体

图 2-11　固溶体的两种类型

形成间隙固溶体的条件是:溶质原子半径很小而溶剂晶格间隙较大。一般来说,当溶质与溶剂原子半径的比值小于或等于 $0.59(r_{溶质}/r_{溶剂}\leqslant0.59)$时,才能形成间隙固溶体。一般过渡族元素(溶剂)与尺寸较小的碳、氮、硼、氧等元素易形成间隙固溶体。

(3)固溶体的性能。由于溶质原子的溶入,固溶体的晶格发生畸变,如图 2-12 所示,变形抗力增大,使得金属的强度、硬度升高的现象称为固溶强化。固溶强化也是强化金属材料的重要途径之一。例如,低合金高强度结构钢就是利用锰、硅等元素强化铁素体,从而使钢材的力学性能得到较大提高。

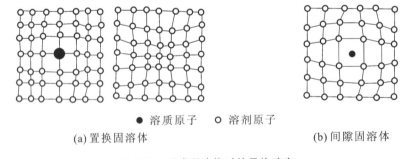

● 溶质原子　　○ 溶剂原子
(a)置换固溶体

(b)间隙固溶体

图 2-12　形成固溶体时的晶格畸变

当溶质的质量分数适当时,固溶体不仅有着较纯金属高的强度和硬度,而且有着好的塑性和韧性。例如,镍固溶于铜中所形成的 Cu-Ni 合金(白铜),当硬度从 38 HBW 提高到60～80 HBW 时,其伸长率 δ 仍可保持在 50% 左右。这就说明固溶体的强度和塑性、韧性具有较好的配合。因此,实际使用的金属材料大多数是单相固溶体合金或以固溶体为基体的多相合金。

2)金属化合物

在合金相中,各组元的原子按一定的比例相互作用生成的晶格类型和性能完全不同于任一组元,并且有一定金属性质的新相,称为金属化合物。例如,钢中的渗碳体 Fe_3C 是铁原子和碳原子所组成的金属化合物,其晶体结构为复杂的斜方晶格,如图 2-13 所示。

金属化合物的熔点较高,硬而脆。当合金中出现金属化合物时,通常能提高合金的强度、硬度和耐磨性,但会降低塑性、韧性,因此,生产中很少使用单相金属化合物的合金。但当金属化合物呈细小颗粒均匀分布在固溶体基体上时,将使合金强度、硬度和耐磨性得到明显提高,这一现象称为弥散强化。因此,金属化合物主要用来作为碳钢、低合金钢、合金钢、硬质合金及有色金属的重要组成相及强化相。

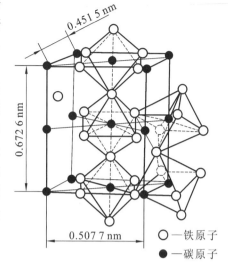

○—铁原子
●—碳原子

图 2-13　Fe_3C 的晶体结构

 ## 2.3　金属与合金的结晶

大多数金属材料都是在液态下冶炼的,然后铸造成固态金属。由液态金属转变为固态金属的过程,就是金属的结晶。在工业生产中,金属的结晶决定了铸锭、铸件及焊接件的组织和性能。因此,如何控制结晶就成为提高金属材料性能的手段之一。研究金属结晶的目的就是要掌握金属结晶的规律,用以指导生产、提高产品质量。

2.3.1　纯金属的结晶

1. 纯金属的冷却曲线与过冷现象

金属的结晶过程可以通过热分析来研究,其装置如图 2-14 所示。将纯金属加热到熔化状态,然后将其缓慢冷却,在冷却过程中,每隔一定时间记录下金属的温度,直到结晶完毕为止,这样可得到一系列时间与温度相对应的数据,把这些数据标在时间-温度坐标图中,并画出一条温度与时间的相关曲线,这条曲线称为冷却曲线,如图 2-15 所示。

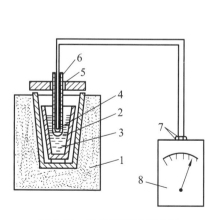

图 2-14　热分析装置示意图

1—电炉;2—坩埚;3—熔融金属;4—热电偶热端;
5—热电偶;6—保护架;7—热电偶端;8—检流计

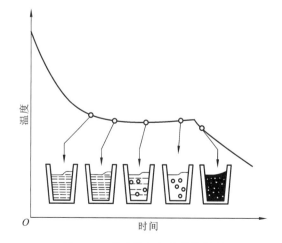

图 2-15　纯金属冷却曲线的绘制

由冷却曲线可知,液体金属随着冷却时间的增加,其温度不断下降。但当冷却到某一温度时,随着冷却时间的增加,其温度并不下降,而是在曲线上出现一个平台,这个平台所对应的温度就是纯金属结晶的温度。出现平台的原因是金属结晶时放出的结晶潜热补偿了其向外界散失的热量。

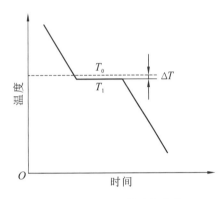

图 2-16 纯金属的冷却曲线

如图 2-16 所示,金属在无限缓慢冷却条件下(即平衡条件下)所测得的结晶温度 T_0,称为理论结晶温度。但在实际生产中,金属结晶的速度是相当快的。在这种情况下,金属的实际结晶温度 T_1 总是要低于理论结晶温度 T_0,这种现象称为过冷现象;而理论结晶温度 T_0 与实际结晶温度 T_1 的差 ΔT,称为过冷度,即 $\Delta T = T_0 - T_1$。

过冷度并不是一个恒定值,其大小与冷却速度、金属的性质和纯度等因素有关。冷却速度越大,则金属的实际结晶温度就越低,过冷度就越大,并且金属的纯度越高,结晶时的过冷度就越大。

实际上,金属只有在过冷情况下才能进行结晶,因此过冷是金属结晶的必要条件。

2. 纯金属的结晶过程

纯金属的结晶过程是在冷却曲线上的水平线段内发生的,其实质是金属原子由不规则排列过渡到规则排列而形成晶体的过程。实验证明,液态金属中存在着许多类似于晶体中原子有规则排列的小集团。在理论结晶温度以上,这些小集团是不稳定的,时聚时散,此起彼伏;当温度低于理论结晶温度时,这些小集团的一部分就稳定下来形成微小晶体而成为结晶核心。这种最先形成的、作为结晶核心的微小晶体称为晶核,并且随着时间的推移,已形成的晶核不断长大,同时液态金属中又会不断地形成新的晶核并不断长大,直到液体金属全部消失,晶体彼此接触为止。可见,结晶过程就是不断地形核和晶核不断地长大的过程,如图 2-17 所示。

 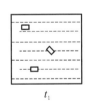 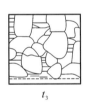

t_0 t_1 t_2 t_3 t_4

图 2-17 金属的结晶过程示意图

上述晶核的形成称为自发形核。此外,某些外来的难熔的质点也可充当晶核,称为非自发形核。非自发形核在金属的结晶过程中起着非常重要的作用。

结晶时由每一个晶核长成的晶体就是一个晶粒。固体金属就是由多个晶粒组成的多晶体,晶粒与晶粒之间的接触面称为晶界。由于晶界处比晶粒内部凝固得晚,故金属中的低熔点杂质往往聚集在晶界上,从而使晶界处的性能不同于晶粒内部。

纯金属结晶时,晶核长大方式主要有两种:一种是平面长大方式,另一种是枝晶长大方式。晶体长大方式取决于冷却条件,同时也受晶体结构、杂质含量的影响。当过冷度较小时,晶核主要以平面长大方式长大,晶核各表面的长大速度遵守表面能最小的法则,即晶核长成的规则形状应使总的表面能趋于最小。晶核沿不同方向的长大速度是不同的,以沿原子最密排面垂直方向的长大速度最慢,表面能增加缓慢。所以,平面长大的结果是使晶核获得表面为原子最密排面的规则形状。

当过冷度较大时,晶核主要以枝晶长大方式长大,如图 2-18 所示。晶核长大初期,其外形为规则的形状,但随着晶核的成长,晶体形成棱角,棱角在继续长大过程中,棱角处的散热条件优于其他部位,于是棱角处优先生长,沿一定部位生长出空间骨架,这种骨架好似树干,称为一次晶轴。在一次晶轴增长的同时,在其侧面又会生长出分枝,称为二次晶轴,随后又生长出三次晶轴等,如此不断生长和分枝下去,直到液体全部凝固,最后形成树枝状晶体。

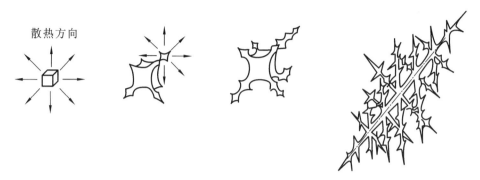

图 2-18　晶体枝晶成长示意图

实际上,晶核长大的过程受冷却速度、散热条件及杂质的影响。如果控制了上述影响因素,就可控制晶粒长大方式,最终可达到控制晶体的组织和性能的目的。

3. 晶粒大小对金属力学性能的影响

金属晶粒大小可用单位体积内的晶粒数目来表示,数目越多,晶粒越细小。为了方便测量,常以单位截面上晶粒数目或晶粒的平均直径来表示。实验证明,常温下的细晶粒金属比粗晶粒金属具有较高的强度、塑性和韧性。这是因为晶粒越细,晶界越曲折,晶粒与晶粒间犬牙交错的机会就越多,就越不利于裂纹的传播和发展,彼此就越坚固,强度和韧性就越好;且晶粒越细,塑性变形就越容易分散在更多的晶粒内进行,使塑性变形越均匀,内应力集中越小。表 2-1 说明了晶粒大小对纯铁力学性能的影响。

表 2-1　晶粒大小对纯铁力学性能的影响

晶粒平均直径 d/mm	抗拉强度 σ_b/MPa	屈服强度 σ_s/MPa	延伸率 δ/(%)
9.7	165	40	28.8
7.0	180	38	30.6
2.5	211	44	39.5
0.2	263	57	48.8

由此可见,金属的晶粒大小对金属的力学性能有着重要的影响。细化晶粒是使金属强韧化的有效途径。

从结晶过程可知,金属的结晶是不断形成晶核和晶核不断长大的过程,所以金属结晶后的晶粒大小取决于结晶时的形核率 N(单位时间、单位体积内所形成的晶核数目)和晶核的长大速率 G(单位时间内晶核长大的线速度)。凡能促进形核率 N、抑制长大速率 G 的因素,都能细化晶粒。工业生产中常采用以下方法细化晶粒。

1)增大过冷度

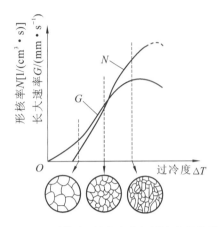

图 2-19 形核率、长大速率与过冷度的关系

金属结晶时,随着过冷度的增大,形核率 N、长大速率 G 均增大,但增大的速度有所不同,如图2-19所示。图中实线部分表明,形核率 N 和长大速率 G 均随过冷度的增大而增大,但 N 的增加比 G 的要快。因此,增大过冷度可使晶粒细化。

增大过冷度就是要提高金属凝固时的冷却速度。实际生产中,中、小型铸件通常采用金属型铸造来提高冷却速度,从而细化晶粒。

2)变质处理

在液态金属结晶前加入一些难熔金属或合金元素(称为变质剂),增加非自发形核,以增加形核率或降低长大速率,这种方法称为变质处理。例如,往钢水中加入钛、钒、铝等,往铝液中加入钛、硼,都可使晶粒细化,力学性能提高。有些物质虽不能提供结晶核心,但能阻止晶粒长大,也可以使晶粒细化。通常可往液态金属中加入少量表面活性元素,让其附着在晶核的结晶前沿,进而阻碍晶核长大,如钢液中加入的硼就属于此类变质剂。

3)附加振动

在金属结晶过程中,对其采用机械振动、超声波振动、电磁振动等措施,可使生长中的枝晶破碎、折断,这样不仅使已形成的晶粒因破碎而强化,而且破碎了的细小枝晶又可起到新晶核的作用,增大了形核率,达到了细化晶粒的目的。

4. 同素异构转变

大多数金属在结晶完成后其晶格类型不再变化,但有些金属,如铁、锰、锡、钛等在结晶后继续冷却时,其晶格类型还会发生一定的变化。

金属在固态下随温度变化,由一种晶格类型转变为另一种晶格类型,称为同素异构转变。由同素异构转变所得到的不同晶格类型的晶体称为同素异构体。

铁是典型的具有同素异构转变特性的金属。图 2-20 所示是纯铁的冷却曲线,它表示了纯铁的结晶和同素异构转变的过程。液态纯铁在 1538 ℃时结晶为具有体心立方晶格的 δ-Fe,继续冷却到1394 ℃时发生同素异构转变,体心立方晶格的 δ-Fe 转变为面心立方晶格的 γ-Fe,再继续冷却到912 ℃时又发生同素异构转变,面心立方晶格的 γ-Fe 转变为体心立方晶格的 α-Fe,再继续冷却,晶格的类型不再变化。

金属的同素异构转变是通过原子的重新排列来完成的,实质上它是一个重结晶过程,也遵循液态金属结晶的一般规律。

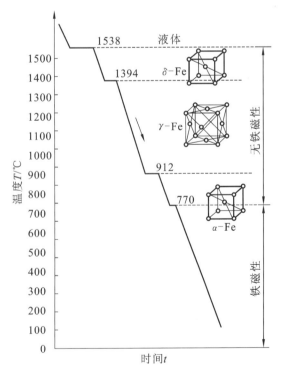

图 2-20 纯铁的冷却曲线

同素异构转变是金属的一个重要性能，凡是具有同素异构转变的金属及其合金，都可以用热处理的方法来改变其性能。

2.3.2 合金的结晶

合金的结晶同纯金属的结晶一样，也遵循形核与长大的规律。但由于合金成分中包含有两个以上的组元，其结晶过程除了受温度的影响外，还受到化学成分及组元间相互不同作用等因素的影响，故结晶过程比纯金属的复杂。合金的结晶特点如下。

1. 结晶温度的非恒温性

合金的结晶一般是在一个温度范围内进行的，即是一个变温结晶过程，其结晶是从液相线开始，并于固相线终止。

2. 结晶过程的动态性

合金的结晶受成分、温度的综合影响。随着温度的降低，液相成分按液相线变化，固相成分按固相线变化。

3. 结晶产物的多样性

合金组织中相的数量和相对组成量会随温度的降低而改变。单相组织一般由均匀的固溶体构成，而复相组织可能是共晶体、共析体，也可能是由固溶体和金属化合物构成的混合物。

 ## 2.4 金属的塑性变形与再结晶

金属材料在加工和使用过程中会因受外力作用而发生变形，其在外力作用下发生的不可恢复的变形称为塑性变形。塑性变形及其随后的加热对金属材料的组织和性能有着显著的影响。了解塑性变形的本质、塑性变形及加热时组织的变化，有助于发挥金属的性能潜力，正确确定加工工艺。

2.4.1 弹性变形与塑性变形

1. 弹性变形

金属弹性变形的主要特点是：(1)变形是可逆的，去除外力后，变形消失；(2)遵循胡克定律，应力和应变呈线性关系，即

$$\sigma = E\varepsilon \tag{2-1}$$

式中，σ 为正应力，ε 为正应变，E 为弹性模量。

2. 塑性变形

当材料所受应力超过其弹性极限时，产生的变形在外力去除后不能全部恢复而残留一部分，材料不能恢复到原来的形状，这种残留的变形就是不可逆的塑性变形。在锻压、轧制、拔制等加工过程中，产生的弹性变形比塑性变形要小得多，通常可忽略不计。这类利用塑性变形而使材料成型的加工方法，统称为塑性加工。

因此，研究金属的塑性变形对于合理选择金属材料的加工工艺、提高生产效率、改善产品质量、合理使用材料等方面都有重要意义。

2.4.2 金属的塑性变形

工程上应用的金属材料通常是多晶体,多晶体的变形与组成它的晶粒的形变有关。因此,首先分析单晶体金属的塑性变形,然后分析多晶体金属的塑性变形,以及冷、热变形和金属的超塑性。

1. 单晶体金属的塑性变形

金属的塑性变形主要以滑移和孪生的方式进行。

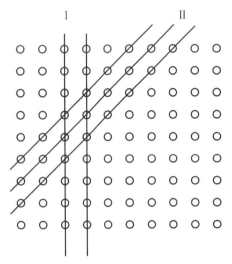

图 2-21　不同原子密度晶面间的距离

1) 滑移

单晶体金属产生的宏观塑性变形实际上是金属沿着某些晶面和晶向发生切向滑动,这种切向滑动称为滑移。发生滑移的晶面称为滑移面,滑移面上与滑移方向一致的晶向称为滑移方向。滑移面通常是原子密度最大的晶面,滑移方向是滑移面上原子密度最大的方向。图 2-21 所示为不同原子密度晶面间的距离,晶面Ⅰ的原子密度大于晶面Ⅱ的原子密度,由几何关系可知,晶面Ⅰ之间的距离也大于晶面Ⅱ之间的距离。在外力作用下,晶面Ⅰ会首先开始滑移。

一个滑移面和该面上的一个滑移方向构成一个滑移系。滑移系表示晶体中一个滑移的空间位向。在通常情况下,晶体的滑移系越多,可提供滑移的空间位向就越多,金属的塑性变形能力就越大。金属的晶体结构决定了滑移系的多少。金属常见的三种晶格的滑移系如表 2-2 所示。

滑移系越多,在其他条件(如变形温度、应力条件等)基本相同的情况下,该金属的塑性越好,特别是滑移方向对塑性变形所起的作用比滑移面的更大。因此,面心立方晶格的金属的塑性要比体心立方晶格的金属的塑性好,而密排六方晶格的金属的塑性相对更差。

表 2-2　金属常见的三种晶格的滑移系

晶　　格	体 心 立 方	面 心 立 方	密 排 六 方
滑移面	〈110〉6 个	〈111〉4 个	六方底面 1 个
滑移方向	〈111〉2 个	〈110〉3 个	底面对角线 3 个
晶格类型简图			
滑移系数目	6×2=12	4×3=12	1×3=3

图 2-22 所示是单晶体金属滑移示意图。τ 是作用于滑移面两侧晶体上的切应力,通常它只是金属所受的宏观外应力的分力,所以称之为分切应力。当分切应力增大并超过某一

临界值,即近似等于滑移面两侧原子间的结合力时,滑移面两侧的晶体就会产生滑移。使晶体发生滑移的最小分切应力称为临界分切应力 τ_c。τ_c 是与金属成分、微观组织结构等因素有关的常数。

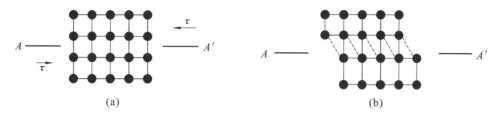

图 2-22　单晶体金属滑移示意图

在实际晶体模型中,塑性变形实质上是位错的连续运动(见图 2-23),而不是如理想晶体模型那样以滑移面两侧晶体为整体同时相对运动,因而受外力作用时单个位错很容易产生运动,这称为位错的易动性。正因为如此,在位错密度不是太大时,含有位错的金属晶体就很容易在外力作用下发生塑性变形。

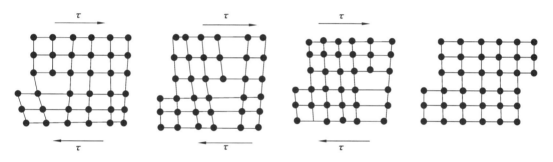

图 2-23　位错在晶体中的运动过程示意图

通过上述对单晶体金属塑性变形微观过程的简要介绍可以清楚地说明,金属晶体塑性变形的实质是在分切应力作用下产生位错的连续运动,从而使金属沿一定的滑移面和滑移方向发生滑移。这对我们正确认识、深入理解金属的塑性变形及其对金属微观组织和性能的影响都具有重要意义。

2)孪生

孪生是金属晶体进行冷塑性变形的另一种方式,是原子面彼此相对切边的结果,常作为滑移不易进行时的补充。一些密排六方晶格的金属,如镉、镁、锌等常发生孪生变形。体心立方及面心立方晶格的金属在形变温度较低、形变速率极快时,也会通过孪生方式进行塑性变形。

孪生是指发生在晶体内部的均匀切变过程,它总是沿晶体的一定晶面(孪晶面)、一定方向(孪生方向)发生。孪生发生时,每相邻原子间的相对位移是原子间距的分数倍,变形后晶体的变形部分与未变形部分以孪晶面为分界面构成了镜面对称的位向关系,如图 2-24 所示。孪生变形会引起晶格位向发生变化。孪生变形是孪生带处众多原子协同动作的结果,所以孪生变形的速度极快,接近于

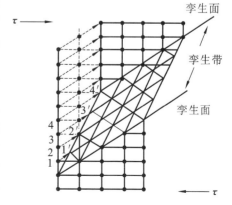

图 2-24　孪生变形过程示意图

声速。

2. 多晶体金属的塑性变形

大多数金属材料是由多晶体组成的。多晶体金属的塑性变形虽然是以单晶体金属的塑性变形为基础的,但取向不同的晶粒彼此之间的约束作用,以及晶界的存在会对塑性变形产生影响,所以多晶体金属的塑性变形还有自己的特点。

1) 晶粒取向对塑性变形的影响

多晶体金属中各个晶粒的取向不同,在大小和方向一定的外力作用下,各个晶粒中沿一定滑移面和一定滑移方向上的分切应力并不相等。因此,在某些取向合适的晶粒中,分切应力有可能先满足滑移的临界应力条件而产生位错运动,这些晶粒的取向为软位向;与此同时,另一些晶粒由于取向的原因还不能满足滑移的临界应力条件而不会发生位错运动,这些晶粒的取向称为硬位向。在外力作用下,金属中处于软位向的晶粒的位错首先发生滑移运动,但是这些晶粒变形到一定程度后就会受到处于硬位向、尚未发生变形晶粒的阻碍,只有当外力进一步增加时,才能使处于硬位向的晶粒也满足滑移的临界应力条件而产生位错运动,从而出现均匀的塑性变形。

在多晶体金属中,由于各个晶粒的取向不同,一方面塑性变形表现出很大的不均匀性,另一方面晶界会产生强化作用。同时在多晶体金属中,当各个取向不同的晶粒都满足临界应力条件后,每个晶粒既要沿各自的滑移面和滑移方向滑移,又要保持多晶体的结构连续性,所以实际的滑移变形过程比单晶体金属的复杂、困难得多。在相同的外力作用下,多晶体金属的塑性变形量一般比相同成分的单晶体金属的塑性变形量小。

在多晶体金属中,像铜、铝这样一些面心立方晶格的金属,由于结构简单、对称性良好,即便是处于多晶体形态时也仍然有很好的塑性;而像镁、锌这样一些具有密排六方晶格,以及对称性较差的结构的金属处于多晶体形态时,其塑性就要比单晶体形态时的差很多。

2) 晶界对塑性变形的影响

在多晶体金属中,晶界原子的排列是不规则的,局部晶格畸变十分严重,还容易产生杂质原子和空位等缺陷的偏聚。位错运动到晶界附近时,会受到晶界的阻碍。在常温下多晶体金属受到一定的外力作用时,首先在各个晶粒内部产生滑移或位错运动,只有外力进一步增大后,位错的局部运动才能通过晶界传递到其他晶粒而形成连续的位错运动,从而出现更大的塑性变形。这表明,与单晶体金属相比,多晶体金属的晶界可以起到强化作用。

金属的晶粒越细小,晶界在多晶体中的体积百分比越大,它对位错运动产生的阻碍就越大。因此,细化晶粒可以对多晶体金属起到明显的强化作用。同时,在常温和一定的外力作用下,当总的塑性变形量一定时,细化晶粒后可以使位错在更多的晶粒中产生运动,这就会使塑性变形更均匀,不容易产生应力集中。所以,细化晶粒在提高金属强度的同时也改善了金属材料的塑性和韧度。

2.4.3 塑性变形对金属组织和性能的影响

金属及合金的塑性变形不仅是一种加工成型的工艺手段,而且也是改善金属及合金性质的重要途径。因为通过塑性变形后,金属和合金的显微组织将产生显著的变化,其性能也受到很大的影响。

1. 塑性变形对金属组织的影响

1) 形成纤维组织

随着变形量的增加,多晶体金属和合金原来等轴状的晶粒将沿其变形方向(拉伸方向和轧制方向)伸长。当变形量很大时,晶界逐渐变得模糊不清,一个个细小的晶粒难以分辨,只能看到沿变形方向分布的纤维状条带,通常称之为纤维组织或流线(见图 2-25)。在这种情况下,金属和合金沿流线方向的强度很高,而在其垂直方向则有相当大的差别。

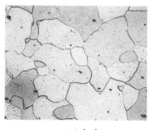

(a) 正火态

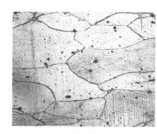

(b) 变形40%

(c) 变形80%

图 2-25 工业纯铁在塑性变形前后的组织变化(400×)

2)晶粒内部产生亚结构

亚结构一般是指晶粒内部的位错组态及其分布特征。在金属塑性变形的过程中,晶体中的位错密度 ρ(界面上单位面积内位错线的根数,或者单位面积内位错线的总长度)显著增加,一般退火后的金属中的位错密度 ρ 为 $10^6 \sim 10^7 / cm^2$,而经过强烈的冷塑性变形后增至 $10^{11} \sim 10^{12} / cm^2$。随着 ρ 的增加,位错的分布并不是均匀的,位错线在某些区域聚集,而在另一些区域则较少,从而形成胞状结构。随着变形量的进一步增大,位错胞的数量增多、尺寸减小,使晶粒分化成许多位向略有不同的小晶块,在晶粒内产生亚结构,如图 2-26 所示。

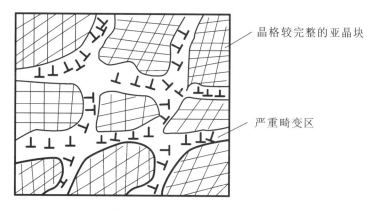

晶格较完整的亚晶块

严重畸变区

图 2-26 金属变形后的亚结构

3)产生织构现象

在多晶体金属的变形过程中,每个晶粒的变形都会受到周围晶粒的约束,为了保持晶体的连续性,各晶粒在变形的同时会发生晶体的转动。在多晶体金属中,每个晶粒的取向是任意的。当金属发生塑性变形时,各晶粒内的晶面会按一定的方向转动。当塑性变形量很大(70%以上)时,绝大多数晶粒的某一方位(晶面或晶向)将与外力方向大体趋向一致,这种有序化结构称为形变织构,如图 2-27 所示。

形变织构形成后,金属的各种性能呈现出明显的各向异性,用热处理方法也难以消除,所以在一般情况下形变织构对加工成型是不利的。例如,用具有形变织构的轧制金属板拉延筒形工件时,材料的各向异性会引起变形不均匀,出现所谓的"制耳"现象,如图 2-28 所示。但是在某些情况下,形变织构却是有利的。例如,制造变压器铁芯的硅钢片时,有意使特定的晶面和晶向平行于磁感线方向,可以提高变压器铁芯的磁导率,减少磁滞损耗,使变压器的效率大为提高。

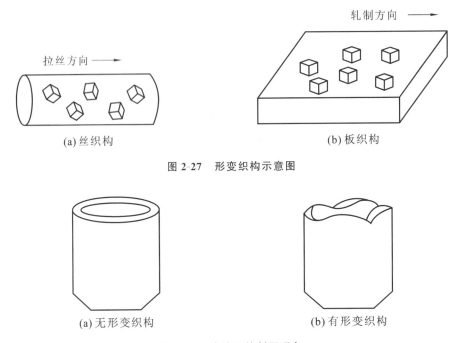

图 2-27　形变织构示意图

图 2-28　冷冲压的刺耳现象

2. 塑性变形对金属性能的影响

塑性变形引起金属组织结构的变化,也必然引起金属性能的变化。

1）产生加工硬化

金属发生塑性变形时,随着冷变形量的增加,金属的强度和硬度提高、塑性和韧性下降的现象称为加工硬化。

图 2-29 所示为典型材料强度、塑性与变形量的关系。

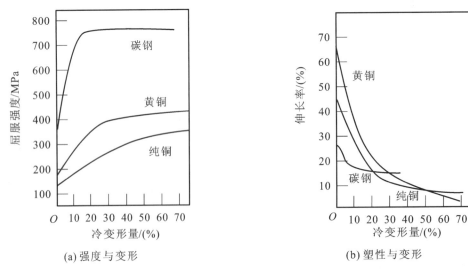

(a)强度与变形　　　　(b)塑性与变形

图 2-29　典型材料强度、塑性与变形量的关系

加工硬化现象具有很重要的现实意义。首先可利用加工硬化来提高金属的强度与硬度,这对于那些不能用热处理方法强化的金属材料,如某些铜合金和铝合金等尤其重要。当然,这种强化是以降低材料的塑性和韧性为代价的。其次,加工硬化有利于金属进行均匀的塑性变形。这是由于金属已变形部分的强度会提高,继续变形将在未变形或变形量小的部分进行。因此,加工硬化使得金属制品能够用塑性变形的方法成型。例如,冷拉钢丝时,由于加工硬化,因此能得到粗细均匀的钢丝。最后,加工硬化还可以在一定程度上提高金属零件和构件在使用过程中的安全性。

但是,加工硬化也有其不利的一面,它会使金属的塑性降低,变形抗力增加,给金属的进一步冷变形加工带来困难。例如,钢丝在冷拉过程中会越拉越硬,当变形量继续增加时就会被拉断。因此,需安排中间退火工序,通过加热消除加工硬化,恢复其塑性。

2) 产生残余内应力

塑性变形是一个复杂的过程,不仅会使金属的外形改变,而且会引起金属内部组织结构的诸多变化。而变形在金属的内部总不可能是均匀的,这就必然在金属的内部造成残余内应力。金属在塑性变形时,外力所做的变形功除了大部分转变成热能外,约占变形功10%的另一小部分则以畸变能的形式储存在金属中,主要以点阵畸变能的形式存在,残余内应力即是点阵畸变的一种表现。残余内应力一般分为以下三类。

(1)第一类内应力(宏观内应力)。

这种内应力是由于不同区域的宏观变形不均匀所引起的。宏观内应力在较大的范围内存在,一般是不利的,应予以防止或消除。

(2)第二类内应力(微观内应力)。

这种内应力存在于晶粒与晶粒之间,是由于各晶粒变形程度的差别而造成的,其作用范围在晶粒的尺寸范围内。

(3)第三类内应力。

这种内应力是由于变形过程中形成的大量空位、位错等缺陷造成的,存在于更小的原子尺度的范围内,这类点阵的畸变能占整个存储能的大部分。

金属或合金经塑性变形后存在着复杂的残余内应力,这是不可避免的。残余内应力对材料的变形、开裂、应力腐蚀等产生重大的影响,一般来说是不利的,需采用去应力退火的方法加以消除。但是在某些条件下,残余压应力有助于改善工件的疲劳抗力,如表面滚压和喷丸处理可在表面形成压应力,会使零件疲劳寿命成倍增加。

2.4.4 冷变形金属在加热时组织和性能的变化

金属经塑性变形后,晶体缺陷密度增加,晶体畸变程度增大,内能升高,因此具有自发地恢复其原有组织结构状态的倾向。但是在室温下,由于原子的扩散能力低,这种转变不易进行。如果将冷变形金属加热到较高的温度,会使原子具有一定的扩散能力,组织结构和性能就会发生一定的变化。随着温度的不同,金属会经过回复、再结晶和晶粒长大三个过程,如图 2-30 所示。

1. 回复

当冷变形金属在较低的温度(低于最低再结晶温度)下加热时,金属内部的组织结构变化不明显,冷变形金属发生回复。在回复过程中,通过原子短距离的扩散,可使某些晶体缺陷相互抵消,从而使缺陷数量减少、晶格畸变程度减轻。例如,点缺陷作短距离迁移,使晶体内的一些空位和间隙原子合并而相互抵消,减少了点缺陷数量;又如,同一个滑移面上的两

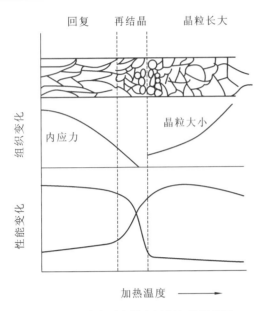

回复　　再结晶　　晶粒长大

组织变化

内应力　　　　　　晶粒大小

性能变化

加热温度 ——→

图 2-30　冷变形金属在不同加热温度时
晶粒大小和性能变化示意图

个异号刃型位错运动到同一个位置时相互抵消，降低了位错密度。

由于晶格畸变程度减轻，第一、二类内应力显著减小，金属的物理性能（如电阻率降低）、化学性能（如耐腐蚀性能改善）也部分恢复到冷变形以前的状态，但是其显微组织无明显变化，仍保留为纤维组织，位错密度未显著减小，造成加工硬化的基本原因没有消除，力学性能变化不大，强度、硬度稍有下降，塑性、韧度略有上升。

工业上利用回复过程对冷变形金属进行去应力退火，在保留加工硬化的情况下恢复其某些物理、化学性能。如冷拔丝弹簧在绕制后常进行低温退火处理，这样可以消除冷卷弹簧时的内应力而保留冷拔钢丝的高强度和弹性。

2. 再结晶

当加热温度较高时，冷变形金属的显微组织发生显著的变化，破碎的被拉长的晶粒全部转变成均匀而细小的等轴晶粒，这一过程称为再结晶。再结晶时，金属不发生晶格类型的变化，而是通过形核与长大的方式生成无晶格畸变和加工硬化的等轴晶粒。等轴晶粒形成后，变形所造成的加工硬化的效果消失，金属的性能得到全面恢复。

经再结晶后，金属的强度、硬度下降，塑性明显升高，加工硬化现象消除。因此，再结晶在生产上主要用于冷塑性变形加工过程的中间处理，以便于下道工序的继续进行，这种工艺称为再结晶退火。

再结晶不是一个恒温过程，是在一个温度范围内发生的，加热温度与再结晶能否实现有直接关系。把再结晶的开始温度称为再结晶温度。温度过低，不能发生再结晶；温度过高，会发生晶粒长大。对于纯金属，再结晶温度（$T_{再}$）和熔点（$T_{熔}$）之间存在以下关系，即

$$T_{再} = (0.35 \sim 0.4) T_{熔} \tag{2-2}$$

式中，$T_{再}$、$T_{熔}$ 的单位为热力学温度（K）。

由式（2-2）可以看出：金属的熔点越高，再结晶的温度就越高。

3. 晶粒长大

金属经历回复、再结晶这两个阶段后，获得均匀细小的等轴晶粒，这些均匀细小的晶粒暗藏长大的趋势。因为晶粒的大小对金属的性能有着重要的影响，所以生产中非常重视控制再结晶退火后的晶粒度，特别是无相变的金属和合金。

4. 再结晶后的晶粒度

由于晶粒大小对金属的力学性能具有重大的影响，因而生产中非常重视控制再结晶退火后的晶粒度。影响再结晶退火后晶粒大小的因素有以下两个。

（1）加热温度和保温时间。加热温度越高，保温时间越长，则金属的晶粒越大，加热温度的影响尤为显著（见图 2-31）。

（2）预先变形度。预先变形度的影响实质上是变形均匀程度的影响。如图 2-32 所示，当变形度很小时，晶格畸变小，不足以引起再结晶；当变形度达到 2%～10% 时，金属中只有

部分晶粒变形,变形极不均匀,再结晶时晶粒大小相差悬殊,容易互相吞并后长大,再结晶后晶粒特别粗大,这个变形度称为临界变形度。生产中应尽量避开临界变形度下的加工。

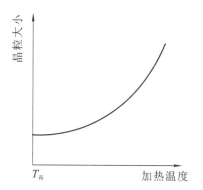

图 2-31 再结晶退火温度对晶粒度的影响

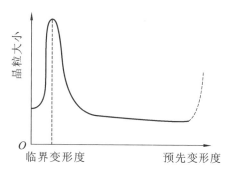

图 2-32 预先变形度与再结晶退火后晶粒度的关系

超过临界变形度后,随着变形程度的增加,变形越来越均匀,再结晶时形核量大而均匀,使再结晶后晶粒细而均匀,达到一定变形量之后,晶粒度基本不变。对于某些金属,当变形量相当大(大于 90%)时,再结晶后晶粒又重新出现粗化现象,一般认为这与形变织构有关。

2.4.5 金属的热加工

1. 热加工与冷加工的区别

工业生产中,通常习惯用冷、热加工来区分塑性成型零件工艺。再结晶温度以下的塑性变形称为冷加工,再结晶温度以上的塑性变形称为热加工。冷加工变形会导致加工硬化现象。但在热加工过程中,塑性变形引起的加工硬化被随即发生的回复、再结晶的软化作用所抵消,使金属始终保持稳定的塑性状态,因此热加工不会出现加工硬化现象。

金属在高温下的变形抗力小、塑性好,易于进行变形加工。因此,加工硬化现象严重的金属生产上常采用热加工方法生产。热轧、热锻等工艺都属于热加工。

2. 金属热加工时组织和性能的变化

热加工变形时,加工硬化和再结晶过程同时存在,而加工硬化又几乎同时被再结晶消除。所以在热加工过程中,金属的组织和性能也会发生明显的变化,具体体现在以下几个方面。

(1)打碎铸态金属中的粗大枝晶和柱状晶粒,通过再结晶可以获得等轴细晶粒,使金属的力学性能得到全面提高。

(2)消除铸态金属的某些缺陷:如将气孔、疏松、微裂纹焊合,提高金属的致密度;消除枝晶偏析和改善夹杂物、第二相分布;细化晶粒,提高金属的综合力学性能,尤其是塑性和韧度。

(3)能使金属残存的枝晶偏析、可变形夹杂物和第二相沿金属流动方向被拉长而形成热加工纤维组织(称为流线)。金属沿流线方向的强度和塑性显著大于垂直流线方向上的相应性能。因此,在零件的设计与制造中,应尽量使流线与零件工作时承受的最大拉应力的方向一致,而当外加切应力或冲击力垂直于零件流线时,流线最好沿零件外形轮廓连续分布,这样可以提高零件的使用寿命。

对于图 2-33 所示的曲轴,若采用锻造成型,则流线分布合理,可以保证曲轴在工作中承受的最大拉应力与流线平行,而冲击力与流线垂直,使曲轴不易断裂;若采用切削加工成型,其流线分布不合理,容易在轴肩处发生断裂。

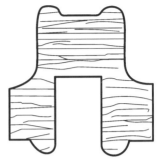

| (a) 锻造成型 | (b) 切削加工成型 |

图 2-33　曲轴在不同加工工艺中的流线分布

对于受力复杂、载荷较大的重要工件的毛坯，一般通过热加工来制造。但是,热加工会使金属表面产生较多的氧化铁皮,造成表面粗糙,尺寸精度不高。

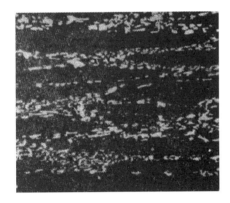

图 2-34　Cr 钢的带状组织

（4）铸锭中存在着偏析区和夹杂物,在压延时偏析区和夹杂物沿变形方向伸长,呈带状条分布,冷却后即形成带状组织。图 2-34 所示为 Cr 钢铸态下的组织在热加工时未充分消除而交替分布的带状组织。

带状组织会使金属的力学性能发生改变,特别是横向的塑性和韧性明显降低,使材料的切削性能恶化。带状组织不易用一般的热处理方法消除,因此需要严格控制其出现。

2.5 工程材料的其他性能

为了保证机械零件能正常工作,金属材料除了具备相应的力学性能外,还应具备一定的物理和化学性能,以及良好的工艺性能(金属材料对各种冷、热加工工艺要求的适应能力)。

1. 物理性能

金属材料的物理性能是指金属在重力、电磁场、热力(温度)等物理因素作用下所表现出的性能或固有的属性。它包括密度、熔点、导热性、导电性、热膨胀性和磁性等。

1) 密度

密度是金属材料的特性之一。不同金属材料的密度是不同的。在体积相同的情况下,金属材料的密度越大,其质量(重量)就越大。金属材料的密度直接关系到它所制造设备的自重和效能,如发动机要求质量轻和惯性小的活塞,常采用密度小的铝合金制造。在航空工业领域中,密度更是选材的关键性能指标之一。

2) 熔点

金属和合金从固态向液态转变时的温度称为熔点。纯金属都有固定的熔点,而合金的熔点取决于它的化学成分。如钢和生铁虽然都是铁和碳的合金,但由于含碳量不同,其熔点也不同。熔点对于金属和合金的冶炼、铸造、焊接都是重要的工艺参数。熔点高的金属称为难熔金属(如钨、钼、钒等),可用来制造耐高温零件,它们在火箭、导弹、燃气轮机和喷气飞机等方面得到广泛应用;熔点低的金属称为易熔金属(如锡、铅等),可用来制造印刷铅字(铅与锑的合金)、熔丝(铅、锡、铋、镉的合金)和防火安全阀等。

3) 导热性

金属传导热量的能力称为导热性。金属导热能力的大小常用热导率(也称导热系数)λ表示。金属材料的热导率越大,说明其导热性越好。一般来说,金属越纯,其导热能力越强。合金的导热能力比纯金属的差。金属的导热能力以银为最好,铜、铝次之。

导热性好的金属,其散热性也好。如在制造散热器、热交换器及活塞等时,就要注意选用导热性好的金属。在制订焊接、铸造、锻造和热处理工艺时,也必须考虑金属材料的导热性,防止金属材料在加热或冷却过程中形成较大的内应力,以免金属材料发生变形或开裂。

4) 导电性

金属能够传导电流的性能,称为导电性。金属导电性的好坏常用电阻率 ρ 表示。电阻率越小,导电性就越好。导电性和导热性一样,是随合金化学成分的复杂化而降低的。纯金属的导电性总比合金的好。因此,工业上常用纯铜、纯铝作导电材料,而用导电性差的镍铬合金和铁铬铝合金作电热元件。

5) 热膨胀性

金属材料随温度变化而膨胀、收缩的特性称为热膨胀性。一般来说,金属受热时膨胀,体积增大;冷却时收缩,体积减小。

在实际工作中,考虑热膨胀性的地方很多,如铺设钢轨时,在两根钢轨衔接处应留有一定的空隙,以使钢轨在长度方向有膨胀的余地;在制订焊接、热处理、铸造等工艺时也必须考虑材料热膨胀的影响,尽量减少工件的变形与分裂;测量工件的尺寸时也要注意热膨胀因素,尽量减小测量误差。

6) 磁性

金属材料在磁场中被磁化而呈现磁性强弱的性能称为磁性,通常用磁导率 μ 表示。根据金属材料在磁场中受到磁化程度的不同,金属材料可分为:

铁磁性材料——在外加磁场中能强烈地被磁化到很大程度的材料,如铁、镍、钴等;

顺磁性材料——在外加磁场中呈现十分微弱磁性的材料,如锰、铬、钼等;

抗磁性材料——能够抗拒或减弱外加磁场的磁化作用的金属,如铜、金、银、铅、锌等。

铁磁性材料可用于制造变压器、电动机、测量仪表等;抗磁性材料则可用作要求避免电磁场干扰的零件和结构材料。

2. 化学性能

金属材料在机械制造中不但要满足力学性能和物理性能的要求,同时也要求具有一定的化学性能,尤其是要求耐腐蚀、耐高温的机械零件更应重视金属材料的化学性能。

1) 耐腐蚀性

金属材料在常温下抵抗氧、水蒸气及其他化学介质腐蚀破坏作用的能力,称为耐腐蚀性。金属材料的耐腐蚀性是一个重要的性能指标,尤其是在腐蚀介质(如酸、碱、盐、有毒气体等)中工作的零件,其腐蚀现象比在空气中更为严重。因此,在选择金属材料制造这些零件时,应特别注意金属材料的耐腐蚀性,并合理使用耐腐蚀性良好的金属材料来进行制造。

2) 抗氧化性

金属材料在加热时抵抗氧化作用的能力,称为抗氧化性。金属材料的氧化随温度的升高而加速。氧化不仅会造成材料过量的损耗,还会形成各种缺陷,为此应采取措施,避免金属材料发生氧化。

3）化学稳定性

化学稳定性是金属材料的耐腐蚀性与抗氧化性的总称。金属材料在高温下的化学稳定性称为热稳定性。在高温条件下工作的设备（如锅炉、加热设备、汽轮机、喷气发动机等）上的部件需要选择热稳定性好的材料来制造。

3. 工艺性能

金属材料的一般加工过程如图 2-35 所示。

图 2-35　金属材料的一般加工过程

金属材料的工艺性能是指金属材料对不同加工工艺的适应能力，它包括铸造性能、锻压性能、焊接性能、切削加工性能和热处理性能等。工艺性能直接影响零件制造的工艺、质量及成本，是选材和制订零件工艺路线时必须考虑的重要因素。

1）铸造性能

铸造性能是指铸造成型过程（见图 2-36）中获得外形准确、内部完好的铸件的能力。铸造性能主要取决于金属的流动性、收缩性和偏析倾向等。

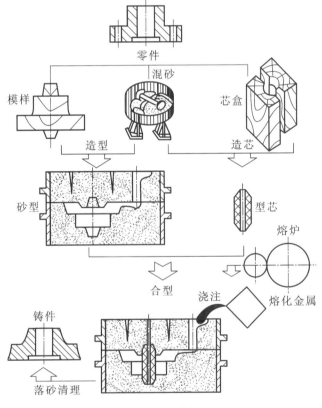

图 2-36　铸造成型过程

（1）流动性。熔融金属的流动能力称为流动性。流动性好的金属充型能力强，能获得轮廓清晰、尺寸精确、外形完整的铸件。影响流动性的因素主要是化学成分和浇注的工艺条件。

受化学成分的影响,通常各元素比例能达到同时结晶的成分(共晶成分)的合金的流动性最好。常用铸造合金中,灰铸件的流动性最好,铝合金次之,铸钢最差。

(2)收缩性。铸造合金由液态凝固和冷却至室温的过程中体积和尺寸减小的现象,称为收缩性。铸造合金收缩过大会影响尺寸精度,还会在内部产生缩孔、缩松、内应力、变形和开裂等缺陷。铁碳合金中,灰铸铁收缩率小,铸钢收缩率大。

(3)偏析倾向。金属凝固后内部化学成分和组织不均匀的现象称为偏析。偏析严重时,可使铸件的各部分的力学性能产生很大差异,降低铸件质量,尤其是对大型铸件的危害更大。

2)锻压性能

用锻压成型方法(见图 2-37)获得优良锻件的难易程度称为锻压性能,常用塑性和变形抗力两个指标来综合衡量。塑性越好,变形抗力越小,则金属的锻压性能越好。化学成分会影响金属的锻压性能,纯金属的锻压性能优于一般合金。铁碳合金中,含碳量越低,锻压性能越好;合金钢中,合金元素的种类和含量越多,锻压性能越差。钢中的硫会降低锻压性能,金属组织的形式也会影响锻压性能。

3)焊接性能

焊接(见图 2-38)性能是指金属材料对焊接加工的适应性,也就是在一定的焊接工艺条件下获得优质焊接接头的难易程度。对于碳钢和低合金钢而言,焊接性能主要与其化学成分有关(其中碳的影响最大)。如低碳钢具有良好的焊接性能,而高碳钢和铸铁的焊接性能则较差。

图 2-37　锻压生产

图 2-38　焊接生产

4)切削加工性能

切削金属材料的难易程度称为金属材料的切削加工性能,一般用工件切削时的切削速度、切削抗力的大小、断屑能力、刀具的耐用度及加工后的表面粗糙度来衡量。影响切削加工性能的因素主要有化学成分、组织状态、硬度、韧性、导热性等。硬度低、韧性好、塑性好的材料,切屑黏附于刀刃而形成积屑瘤,切屑不易折断,致使表面粗糙度变差,并降低刀具的使用寿命;而硬度高、塑性差的材料,消耗功率大,产生热量多,并降低刀具的使用寿命。一般认为材料具有适当的硬度和一定的脆性时,其切削加工性能较好,如灰铸铁比钢的切削加工性能好。

5)热处理性能

热处理是改善钢切削加工性能的重要途径,也是改善材料力学性能的重要途径。热处理性能包括淬透性、淬硬性、变形开裂倾向、回火脆性倾向、氧化脱碳倾向等。碳钢热处理变形的程度与其含碳量有关。一般情况下,含碳量越高,变形与开裂倾向越大,而碳钢又比合金钢的变形开裂倾向严重。钢的淬硬性也主要取决于含碳量。含碳量高,材料的淬硬性好。

思考与练习题

1. 解释下列名词:

晶胞,晶格常数,晶粒,晶界,亚晶界,过冷度,形核率,变质处理,位错,孪生,滑移,滑移方向,滑移系,回复,结构,组元,固溶体,过冷现象,同素异构转变。

2. 常见的金属晶格类型有哪些?试绘出示意图说明它们的原子排列。

3. 晶体的各向异性是如何产生的?为什么实际晶体一般都不显示出各向异性?

4. 金属化合物的主要性能和特点是什么?以 Fe_3C 为例说明。

5. 如果其他条件相同,试比较在下列铸造条件下铸件晶粒的大小:

(1)金属型浇注和砂型浇注;

(2)变质处理和不变质处理;

(3)铸成薄壁件和铸成厚壁件;

(4)浇注时采用振动与不采用振动。

6. 金属的同素异构转变与液态金属的结晶有何异同之处?

7. 什么是回复、再结晶?在这两个过程中,冷变形金属的组织和性能会发生哪些变化?

8. 铜的熔点是 1083 ℃,铝的熔点是 660 ℃,铅的熔点是 327 ℃,试问在室温(20 ℃)下进行塑性变形加工时,它们各属于冷加工还是热加工?

9. 金属铸件往往晶粒粗大,能否直接通过再结晶退火细化晶粒?为什么?

10. 用以下三种方法加工齿轮,哪种最合理?

(1)用厚钢板切成齿坯,再加工成齿轮;

(2)用钢棒切下齿坯,再加工成齿轮;

(3)用圆钢棒热镦成齿坯,再加工成齿轮。

11. 什么是冷加工、热加工?试简述热加工对金属组织与性能的影响。

12. 金属经冷变形后,组织和性能发生了什么变化?

13. 金属塑性变形造成了哪几种残余应力?它们对机械零件可能产生哪些利弊?

14. 冷拉钢丝时,如果总的变形量很大,则需要穿插中间退火,原因是什么?中间退火温度如何选择?

第**3**章 二元合金相图

3.1 二元合金相图的建立

上一章已经介绍了相的概念和分类,而相图就是用来表示在缓慢冷却的近平衡状态下,组成合金的各种相(或组织)与温度、成分之间关系的图形,又称为状态图或平衡图。按照组元的数量,相图可以划分为二元相图和多元相图两类。

以 Cu-Ni 合金为例,二元相图的建立步骤如下:

(1)分别配制 5 组 Cu-Ni 合金,如图 3-1(a)所示;

(2)用热分析法测定出各成分合金的冷却曲线,如图 3-1(a)所示;

(3)在冷却曲线上找出不同成分合金的结晶转变温度,在温度-成分坐标中对应各合金成分取点,并连接各合金的转变开始点和转变终了点,即得 Cu-Ni 合金相图,如图 3-1(b)所示。

由图 3-1 可见,100%Cu 和 100%Ni 的纯金属发生恒温结晶,冷却曲线上出现水平线;而其他合金的冷却曲线只有明显的拐点,没有出现水平线,这是因为这些合金的固相都是固溶体,它的结晶是在一定温度范围内完成的。

Cu-Ni 合金相图就是最简单、最基本的二元相图——二元匀晶相图。

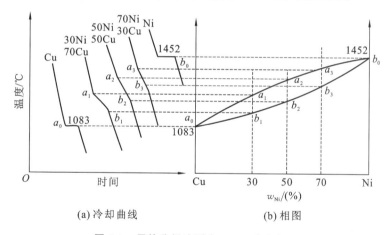

(a)冷却曲线　　　　　　(b)相图

图 3-1　用热分析法测定 Cu-Ni 合金相图

3.2 二元合金相图的分析与使用

实际的二元合金相图,有的比较复杂,往往不是单由一种反应,而是由若干种反应互相组合而成的,令人感到难以分析。事实上,这些复杂的二元相图的基本组成单元大部分是匀晶、共晶、包晶、共析等基本图形。因此,只要熟练掌握上述基本图形的特点,同时掌握由基本反应构成复杂相图的规律,就能正确地读懂二元相图。

3.2.1 相图的分析步骤

相图的分析步骤如下。

（1）首先看相图中是否有稳定化合物存在，如果有，则以稳定化合物为独立组元，把相图分为几部分分别进行分析。

（2）在分析各相区时要熟悉单相区中的相，然后根据相接触法则辨别其他相区。相接触法则是指在二元合金相图中，相邻相区的相数相差1（点接触的情况除外），即两个单相区之间必定有一个由这两个单相组成的两相区，两个两相区必定以单相区或三相区共存水平线分开。相接触法则可用来检验二元相图中相区标注是否正确。

（3）找出三相共存水平线及与其相接触（点接触）的三个单相区，由三个单相区与水平线相互配置位置，可以确定三相平衡转变的性质。

（4）利用相图分析典型合金的结晶过程及组织。首先自相图的横坐标（成分轴）上选定所要分析的合金成分，再由此点引直线垂直于横坐标，该直线称为合金线，然后沿合金线由高温到低温分析其结晶过程。

① 当合金在单相区内时，合金由一个相组成，相的成分与合金成分相同，该相的质量就是合金的质量。

② 当合金处于两相区时，合金由两个相构成，各相的成分均沿其相界线变化，各相的相对含量可由杠杆定律求出。

③ 当合金处于三相平衡线时，说明正在进行某种反应（共晶、共析、包晶或包析反应），此时三个相的成分是固定的，但其数量在不断地变化。由于合金处于三相区，因此不能应用杠杆定律来计算各相的相对数量。只有当反应完成，合金进入新的单相区或两相区时，才能计算其数量。

3.2.2　合金的性能与相图之间的关系

合金的性能取决于合金的化学成分和组织，而相图直接反映了合金的成分和平衡组织的关系。因此，具有平衡组织的合金的性能与相图之间存在着一定的联系。可以利用相图大致判断不同成分合金的性能变化，如图 3-2 和图 3-3 所示。

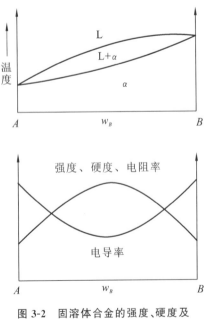

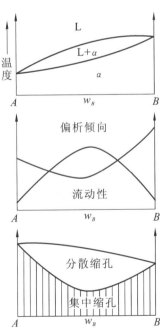

图 3-2　固溶体合金的强度、硬度及
电导率与相图之间的关系

图 3-3　固溶体合金的铸造性能与
相图之间的关系

1. 单相固溶体合金

合金形成单相固溶体时,合金的性能与组成元素的性质和溶质元素的溶入量有关。当溶质溶入溶剂晶格后,造成晶格畸变,从而引起合金的固溶强化,使固溶体的强度、硬度随溶质元素的增加而升高,合金的塑性随溶质元素的增加而降低。由于溶质元素增加,晶格畸变增大,合金中自由电子的运动阻力增大,合金的电导率随溶质元素的增加而下降,如图 3-2所示。因此,通过选择适当的组成元素和适量的组成关系,可以使合金获得较金属高得多的强度和硬度,并保持较高的塑性和韧性,即形成单相固溶体的合金具有较好的综合机械性能。但是在一般情况下,固溶强化所达到的强度、硬度有限,不能满足工程结构对材料性能的要求。

固溶体合金的铸造性能(参看图 3-3)与其在结晶过程中的温度变化范围及成分变化范围(即相图中的液相线与固相线之间的垂直距离与水平距离)的大小有关。随着变化范围的增大,其铸造性能变差,如流动性降低、分散缩孔增大、偏析倾向增大等。这是因为液相线与固相线的水平距离越大,则结晶出的固相与剩余液相的成分差别越大,产生的偏析越严重;液相线与固相线之间的垂直距离越大,则结晶时液、固两相共存的时间越长,形成树枝状晶体的倾向就越大,这种细长易断的树枝状晶体阻碍液体在铸型内流动,致使合金的流动性变差,从而使树枝状晶体相互交错所形成的许多封闭微区不易得到外界液体的补充,故易于产生分散缩孔,使铸件组织疏松,性能变差。

由以上分析可知,单相固溶体合金不宜制作铸件而适于承受压力加工。在材料选用时应当注意固溶体合金的这一特点。

固溶体合金的性能可能由于次生相产生而发生显著的改变。如果固溶体中析出次生相来,当次生相沿晶界以连续或断续的网状析出,或次生相呈现为针状物或带尖角的块状物时,合金的塑性、韧性及综合机械性能明显下降,合金的压力加工性能及使用性能显著变差,但切削加工性能却可以有所提高。当次生相以细小颗粒均匀分布在固溶体的晶粒之中时,合金的塑性、韧性稍有下降,而强度、硬度有所增加,这一现象称为合金的弥散强化。

弥散强化是合金的基本强化方式之一,在实际生产及合金研究工作中已经获得广泛应用。

2. 两相混合物合金

当合金形成两相混合物时,随着成分的变化,合金的强度、硬度、导电性等性能在两相组分的性能间呈线性变化,如图 3-4 所示。

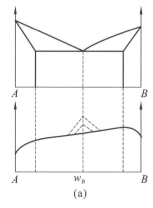

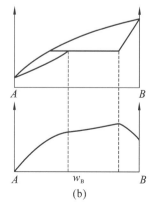

(a)　　　　　　　　　　　　(b)

图 3-4　两相混合物合金的性能与相图之间的关系

对于共晶成分或共析成分的合金,其性能主要取决于组织的细密程度。组织越细密,对组织敏感的合金性能,如强度、硬度、电阻率等提高得越多;而那些对组织不敏感的合金性能,如比重、比容等则无甚变化。

当合金形成两相混合物时,通常合金的压力加工性能较差,但切削加工性能较好。合金的铸造性能与合金中共晶体的数量有关。共晶体的数量较多时,合金的铸造性能较好,完全由共晶体组成的合金,其铸造性能最好,如图 3-5 所示。因为共晶合金在恒温下进行结晶,同时熔点又最低,具有较好的流动性,在结晶时易形成集中缩孔,铸件的致密性好。因此,在其他条件许可的情况下,铸造材料应当选用共晶体尽量多的合金。

3. 稳定化合物合金

当合金形成稳定化合物时,在化合物处性能出现极大值或极小值,如图 3-6 所示。此时,合金具有较高的强度、硬度和某些特殊的物理、化学性能,但塑性、韧性及各种加工性能很差,因而不宜用作结构材料。它可以作为烧结合金的原料,用来生产硬质合金或用以制造其他具有某种特殊物理、化学性能的制品或零件。

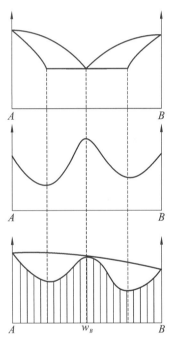

图 3-5　两相混合物合金的铸造性能与
　　　　相图之间的关系

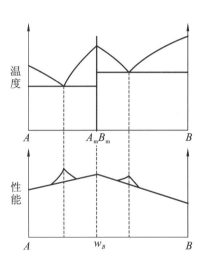

图 3-6　稳定化合物合金的性能与
　　　　相图之间的关系

 3.3　铁碳合金的基本组织与性能

在铁碳合金相图的最左边是纯铁,其熔点或凝固点为 1538 ℃,相对密度为 7.87。铁具有同素异构转变特征。在铁碳合金中铁与碳两元素会形成固溶体与化合物。

纯铁在室温下的力学性能大致为:$R_m = 180 \sim 230$ MPa,$A_{11.3} = 30\% \sim 50\%$,$Z = 70\% \sim 80\%$,$\alpha_k = 160 \sim 200$ J/cm^2,布氏硬度值为 50~80 HBW。数据证实,纯铁的塑性和韧性很好,但强度、硬度很低,在机械零件制造中很少直接使用。

1. 铁素体

铁素体是 α-Fe 内固溶有一种或数种其他元素、晶体结构为体心立方的固溶体,常用符号 F 或 α 表示。F 中碳的溶解度极小,室温时 w_C 为 0.000 8%,在 727 ℃时溶碳量最大,但 w_C 仅为 0.021 8%。铁素体的性能特点与纯铁的大致相同:强度、硬度低,塑性好。

2. 奥氏体

奥氏体是 γ-Fe 内固溶有碳和其他元素、晶体结构为面心立方的固溶体。它是以英国冶金学家 R. Austen 的名字命名的,常用符号 A 或 γ 表示。A 中碳的溶解度较大,在 1148 ℃时溶碳量最大,其 w_C 达 2.11%。奥氏体的强度较低,硬度不高,易于发生塑性变形,是绝大多数钢材在高温锻造或轧制时所要求的组织。

3. 渗碳体

渗碳体是晶体点阵为正交点阵、化学式近似为 Fe_3C(碳化三铁)的一种间隙化合物,其碳的质量分数为 6.69%,常用符号 Fe_3C 或 cm 来表示。"渗碳体"这一名称来自古代的"渗碳"工艺。Fe_3C 具有硬而脆的特性,其硬度值很高(约 800 HBW),而塑性很差($A_{11.3}=0$)。在钢铁中渗碳体是一种强化相。

Fe_3C 的熔点为 1227 ℃,其热力学稳定性不高,在一定条件下会分解为铁和石墨,即 $Fe_3C \rightarrow 3Fe + C$(石墨)。可见,$Fe_3C$ 是亚稳定相。这一点在铸铁的石墨化退火中有着重要意义。

4. 珠光体

珠光体是铁素体与渗碳体的两相(层片相间)机械混合物,常用符号 P 表示。珠光体以其金相形态酷似珍珠母甲壳光泽的外表面而得名,其碳的质量分数 w_C 为 0.77%。它的性能介于铁素体和渗碳体之间,性能数据大致为:$R_m=770$ MPa,$A_{11.3}=20\% \sim 30\%$,$\alpha_k=30 \sim 40$ J/cm^2,硬度值约为 180 HBW。

5. 莱氏体

莱氏体是高碳的铁基合金在凝固过程中发生共晶转变所形成的由奥氏体和碳化物(渗碳体)组成的共晶体,在 1148 ℃时用符号 Ld 表示,也称为高温莱氏体,其碳的质量分数 w_C 为 4.3%,冷却到 727 ℃时转变为变态(低温)莱氏体,称为 Ld'。莱氏体是以德国冶金学家 A. Ledebur 的名字命名的。莱氏体的性能与渗碳体的相似,硬而脆。

铁素体、奥氏体、珠光体、莱氏体的显微组织如图 3-7 所示。

(a) 铁素体　　　　(b) 奥氏体　　　　(c) 珠光体　　　　(d) 莱氏体

图 3-7　铁素体、奥氏体、珠光体、莱氏体的显微组织

3.4　铁碳合金相图

铁碳合金相图是指在极其缓慢加热或冷却(实验)的条件下,不同成分的铁碳合金在不

同的温度下所处状态的一种图形，如图 3-8 所示。

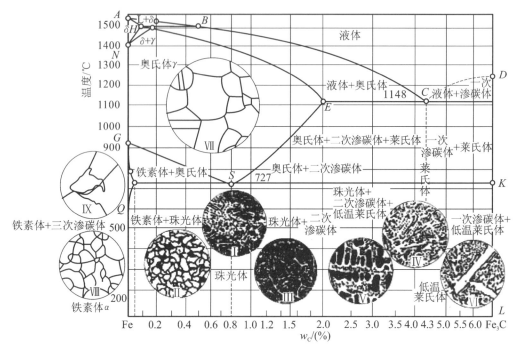

图 3-8　铁碳合金相图

由于 $w_C > 6.69\%$ 部分的铁碳合金脆性极大，所以没有实用意义。考虑到 Fe_3C 是一种稳定的渗碳体，将其视为独立的组元。因此，通常所研究的铁碳合金相图实际是 Fe 与 Fe_3C 所组成的相图。

1. 铁碳合金相图分析

$Fe-Fe_3C$ 相图中各点的温度、碳的质量分数及含义如表 3-1 所示。

表 3-1　$Fe-Fe_3C$ 相图中各点的温度、碳的质量分数及含义

符　号	温度/℃	碳的质量分数/（%）	说　　明
A	1538	0	纯铁的熔点
B	1495	0.53	包晶转变时液态合金成分
C	1148	4.3	共晶点
D	1227	6.69	渗碳体的熔点
E	1148	2.11	碳在 γ-Fe 中的最大溶解度
F	1148	6.69	渗碳体的成分
G	912	0	α-Fe⇌γ-Fe 转变温度
H	1495	0.09	碳在 δ-Fe 中的最大溶解度
J	1495	0.17	包晶点
K	727	6.69	渗碳体的成分
N	1394	0	γ-Fe⇌δ-Fe 的转变温度

符 号	温度/℃	碳的质量分数/(%)	说 明
P	727	0.021 8	碳在 α-Fe 中的最大溶解度
S	727	0.77	共析点
Q	600	0.005 7	600 ℃时碳在 α-Fe 中的溶解度

图 3-8 中 $ABCD$ 线为液相线，$AHJECF$ 线为固相线。

Fe-Fe₃C 相图中有五个基本相，相应地有五个单相区，即：

① $ABCD$ 线以上的液相区 L；

② $AHNA$ 区为 δ 固相区；

③ $NJESGN$ 区为奥氏体(A 或 γ)相区；

④ $GPQG$ 区为铁素体(F 或 α)相区；

⑤ DFK 线为渗碳体(Fe₃C 或 Cₘ)相区。

Fe-Fe₃C 相图中有七个双相区，它们是：L+δ、L+A、L+Fe₃C、δ+A、A+F、A+Fe₃C、F+Fe₃C。

Fe-Fe₃C 相图主要由包晶、共晶、共析三个基本转变所组成，以下对它们分别进行讨论。

(1) 发生于 1495 ℃(HJB 水平线)的包晶转变，其反应式为

$$L_B + δ_H \rightleftharpoons A_J$$

包晶转变是在恒温下进行的，其产物是奥氏体。碳的质量分数在 0.09%～0.53%之间的铁碳合金结晶时，均将发生包晶转变。

(2) 发生于 1148 ℃(ECF 水平线)的共晶转变，其反应式为

$$L_C \rightleftharpoons A_E + Fe_3C_{共晶}$$

共晶转变的产物是奥氏体与渗碳体的机械混合物，称为莱氏体(Ld)。凡碳的质量分数 $w_C > 2.11\%$ 的铁碳合金冷却至 1148 ℃时，均将发生共晶转变，从而形成莱氏体。

(3) 发生于 727 ℃(PSK 水平线)的共析转变，其反应式为

$$A_S \rightleftharpoons F_P + Fe_3C_{共析}$$

共析转变是在恒温下进行的，其产物是铁素体与渗碳体的共析混合物，称为珠光体(P)。凡碳的质量分数 $w_C > 0.021\ 8\%$ 的铁碳合金冷却至 727 ℃时，均将发生共析转变。PSK 线又称为 A_1 线。

(4) 其余三条重要特征线。

① ES 线，又称为 A_{cm} 线。ES 线是碳在 γ-Fe 中的溶解度线。由该线可以看出，γ-Fe 的最大溶碳量在 1148 ℃时为 2.11%，而在 727 ℃时仅为 0.77%。因此，凡是碳的质量分数大于 0.77%的铁碳合金从 1148 ℃冷却到 727 ℃时，就有渗碳体从奥氏体中析出，称为二次渗碳体(Fe₃C_II)析出；而从液态直接析出的渗碳体称为一次渗碳体(Fe₃C_I)。

② GS 线，又称为 A_3 线。GS 线是铁碳合金在冷却过程中由奥氏体析出铁素体的开始线，或者说是在加热时铁素体溶入奥氏体的终止线。

③ PQ 线。PQ 线是碳在 α-Fe 中的溶解度线。由该线可以看出，α-Fe 的最大溶碳量在 727 ℃时为 0.021 8%，而在室温下仅为 0.000 8%，几乎不溶碳。因此，凡是铁碳合金从 727 ℃冷却到室温时，均由铁素体中析出渗碳体，称为三次渗碳体(Fe₃C_III)析出。因其数量很少，故一般不考虑。

应当指出,渗碳体的一次、二次、三次及共晶、共析渗碳体,本质上没有区别,仅在其来源和分布方面有所不同,其碳的质量分数、晶体结构和本身的性能均相同。

对于铁碳合金相图,还可以进一步划分"区域",读者可以自行分析。

2. 典型铁碳合金的结晶过程

1) 铁碳合金的分类

根据 Fe-Fe₃C 相图,可将铁碳合金分为三类若干种。

(1) $w_C < 0.02\%$ 的铁碳合金为工业纯铁。

(2) $0.02\% \leqslant w_C < 0.77\%$ 的铁碳合金为亚共析钢。

(3) $w_C = 0.77\%$ 的铁碳合金为共析钢。

(4) $0.77\% < w_C \leqslant 2.11\%$ 的铁碳合金为过共析钢。

(5) $2.11\% < w_C < 4.3\%$ 的铁碳合金为亚共晶白口铸铁。

(6) $w_C = 4.3\%$ 的铁碳合金为共晶白口铸铁

(7) $4.3\% < w_C \leqslant 6.69\%$ 的铁碳合金为过共晶白口铸铁。

2) 典型铁碳合金的结晶过程

(1) 共析钢的结晶过程分析。在图 3-9 中,合金 I 为共析钢,它在 1 点以上为液相;温度缓慢降到 1 点时开始从液相中结晶出 A;温度降到 2 点时液相全部结晶为 A;2~3 点之间 A 没有组织变化;温度继续缓慢降到 3 点时开始发生共析反应,A 转变为 P;温度降至室温时无组织变化。图 3-10 所示为共析钢结晶过程示意图。

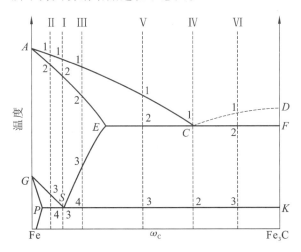

图 3-9 典型铁碳合金的结晶过程

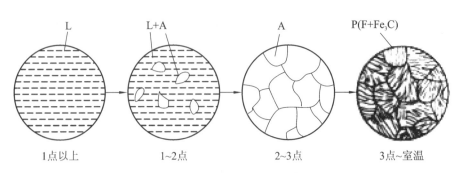

图 3-10 共析钢结晶过程示意图

（2）亚共析钢的结晶过程分析。在图3-9中，合金Ⅱ为$w_C=0.45\%$的亚共析钢，其结晶过程如图3-11所示。当温度降到1点时开始从液相中结晶出A；温度降到2点时全部结晶为A；温度继续降低到3点，此时从A中析出F，且F中碳的质量分数沿GP线变化，A中碳的质量分数沿GS线变化；当温度降低到4点时，剩余A为S点成分（$w_C=0.77\%$），会发生共析反应，转变为P；4点至室温组织不再发生变化。

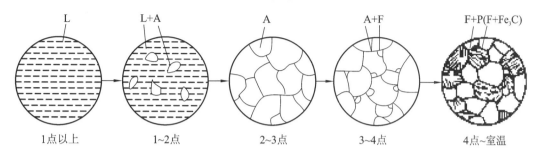

图3-11　亚共析钢结晶过程示意图

此时先析出的F不变，所以合金Ⅱ冷却到室温时，最终组织为F和P。图3-12所示为45钢室温下的显微组织。所有亚共析钢的最终组织都是F和P，只是F和P的相对量随着碳的质量分数的多少而变化。碳的质量分数越高，P的含量越多，F的含量越少。

（3）过共析钢的结晶过程分析。在图3-9中，合金Ⅲ为过共析钢，其结晶过程如图3-13所示。当温度降到1点时开始从液相中结晶出A；温度降到2点时全部结晶为A；温度继续降低到3点，此时从A中析出网状二次渗碳体（Fe_3C_{II}），且A中碳的质量分数沿着ES线变化；当温度

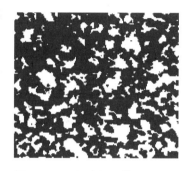

图3-12　45钢室温下的显微组织

降低到4点时，剩余A为S点成分，将发生共析反应，转变为P；4点至室温无组织变化。

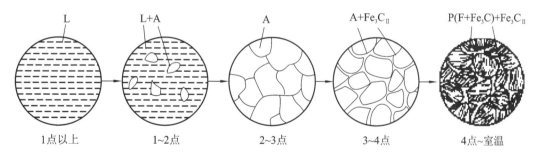

图3-13　过共析钢结晶过程示意图

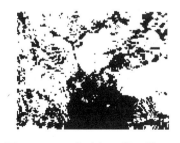

图3-14　T12钢室温下的显微组织

所以，合金Ⅲ冷却到室温的最终组织为Fe_3C_{II}和P。图3-14所示为T12钢室温下的显微组织，此时二次渗碳体以网状分布。显然，过共析钢中碳的质量分数越高，Fe_3C_{II}的含量越多，珠光体的含量越少。

（4）共晶白口铸铁的结晶过程分析。在图3-9中，合金Ⅳ为共晶白口铸铁，其结晶过程如图3-15所示。当温度在1点以上时铁碳合金为液相；温度降到1点时开始发

生共晶反应,形成 Ld,继续冷却,由于 Ld 中 A 的碳的质量分数沿 ES 线减小,因此将不断析出 Fe₃C_Ⅱ;当温度缓慢冷却到 2 点时,剩余 A 为 S 点成分,将发生共析反应,转变为 P。所以,共晶白口铸铁冷却到室温的最终组织为变态莱氏体(Ld')。共晶白口铸铁的显微组织如图 3-16 所示。

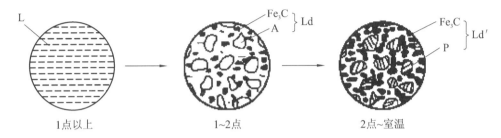

图 3-15 共晶白口铸铁结晶过程示意图

图 3-16 共晶白口铸铁的显微组织

(5)亚共晶白口铸铁的结晶过程分析。在图 3-9 中,合金 Ⅴ 为亚共晶白口铸铁,其结晶过程如图 3-17 所示。当温度降到 1 点时开始结晶出 A;从 1 点冷却到 2 点的过程中,A 不断增多,A 中碳的质量分数沿 AE 线变化,液体量减少,成分沿 AC 线变化;当温度降低到 2 点(1148 ℃)时,组织为共晶成分的液相($w_C=$ 4.3%)和部分 A($w_C=2.11\%$);结晶出的那部分 A,在 2~3 点的冷却过程中,其碳的质量分数沿 ES 线减小,将不断析出二次渗碳体(Fe₃C_Ⅱ),然后在 S 点将发生共析反应,转变为 P,剩下的液相转变过程与共晶白口铸铁的转变过程相同。所以,亚共晶白口铸铁冷却到室温的最终组织为珠光体加二次渗碳体加变态莱氏体(P + Fe₃C_Ⅱ + Ld')。亚共晶白口铸铁的显微组织如图 3-18 所示。

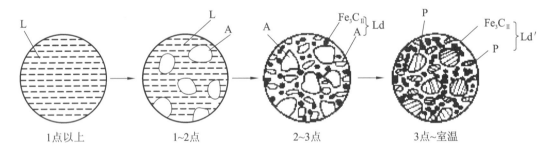

图 3-17 亚共晶白口铸铁结晶过程示意图

(6)过共晶白口铸铁的结晶过程分析。在图 3-9 中,合金 Ⅵ 为过共晶白口铸铁,其结晶过程如图 3-19 所示。当温度降到 1 点时开始结晶出一次渗碳体(Fe₃C_Ⅰ),冷却到 2 点时组织为液相和一次渗碳体。一次渗碳体的成分和结构不再变化,而液相转变过程与共晶白口铸铁的转变过程相同。所以,过共晶白口铸铁冷却到室温的最终组织为一次渗碳体加变态莱氏体(Fe₃C_Ⅰ+Ld')。过共晶白口铸铁的显微组织如图 3-20 所示。

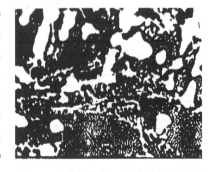

图 3-18 亚共晶白口铸铁的显微组织

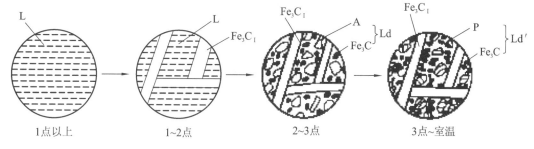

图 3-19 过共晶白口铸铁结晶过程示意图

3. 碳的质量分数对铁碳合金组织与性能的影响

1) 碳的质量分数对铁碳合金组织的影响

由铁碳合金相图可知,随着碳的质量分数的增加,不仅铁碳合金组织中渗碳体的数量相应增加,而且渗碳体的形态、分布也随之发生变化。渗碳体开始在珠光体中以层片状分布,继而以网状分布,最后形成莱氏体时渗碳体又变成主要成分且以针状分布。这表明,铁碳合金中组织组分的不同形态,决定了其性能变化的复杂性。

图 3-20 过共晶白口铸铁的
显微组织

2) 碳的质量分数对铁碳合金性能的影响

图 3-21 表示了碳的质量分数对铁碳合金性能的影响。根据测试,当钢中碳的质量分数小于 0.9% 时,随着钢中碳的质量分数的增加,钢的强度和硬度不断提高,而塑性与韧性不断降低;当钢中碳的质量分数大于 0.9% 时,由于网状渗碳体的存在,不仅钢的塑性与韧性进一步降低,而且强度也明显降低。为了保证常用的钢具有一定的塑性与韧性,钢中碳的质量分数一般不超过 1.3%。碳的质量分数超过 2.11% 的白口铸铁,其性能硬而脆,难以切削,工业上应用很少。

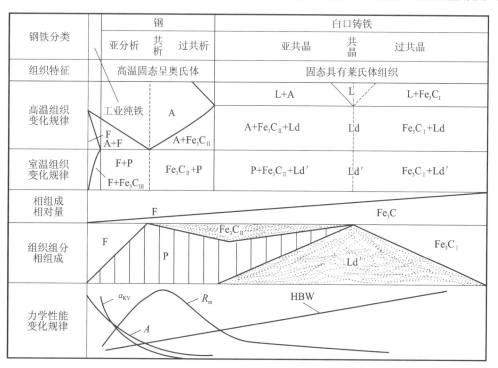

图 3-21 碳的质量分数对铁碳合金性能的影响

4. 铁碳合金相图的应用

1）在选择材料方面的应用

在设计零件时可根据铁碳相图选择材料。若需要塑性、韧性高的材料，如建筑结构、各种容器和型材等，应选择低碳钢（$w_C = 0.10\% \sim 0.25\%$）；若需要塑性、韧性和强度都相对较高的材料，如各种机器零件，应选择中碳钢（$w_C = 0.30\% \sim 0.55\%$）等。白口铸铁虽然硬而脆，但具有很好的耐磨性，可制造拉丝模等工件。

2）在铸造工艺方面的应用

根据合金在铸造时对流动性的要求，可通过铁碳合金相图确定钢铁合适的浇注温度，一般在液相线以上 $50 \sim 100\ ℃$。共晶成分的铸铁无凝固温度区间，且液相线温度最低，流动性好，分散缩孔少，铸造性能良好，因此在生产中得到了广泛的应用。

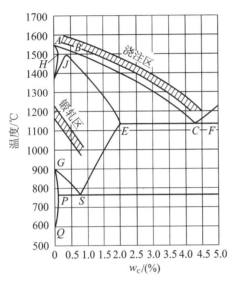

图 3-22　Fe-Fe₃C 相图与铸锻工艺关系

在铸钢生产中常选用碳的质量分数不高的中、低碳钢，其凝固温度区间较小，但液相线温度较高，过热度较小，流动性差，铸造性能不好。因此铸钢在铸造后必须经过热处理，以消除组织缺陷。

3）在锻造工艺方面的应用

在塑性变形中，处于 A 状态的钢，其强度低、塑性好、可锻性好。因此，都要把钢加热到高温单相 A 区进行塑性变形。但始锻温度不宜太高，以免钢材氧化严重；终锻温度不能过低，以免钢材塑性变差而产生裂纹。可根据图 3-22 选择合适的塑性变形温度。

4）在热处理工艺方面的应用

铁碳合金相图对于热处理工艺有着很重要的意义，它是确定钢的各种热处理（退火、正火、淬火等）加热温度的根据。

思考与练习题

1. 30 kg 纯铜与 20 kg 纯镍熔化后缓慢冷却至 1250 ℃，利用图 3-23 所示的 Cu-Ni 相图，确定：

（1）合金的组成相及相的成分；（2）相的质量分数。

2. 计算低温莱氏体 Ld′ 中共晶渗碳体、Fe₃C 和共析渗碳体的含量。

3. 有一碳钢试样，晶相观察室温平衡组织中，珠光体区域面积占 93%，其余为网状 Fe₃C_Ⅱ，F 与 Fe₃C 的密度基本相同，温室时 F 的含碳量几乎为零，试估算这种钢的含碳量。

4. 某 A-B 二元合金的共晶转变如下：

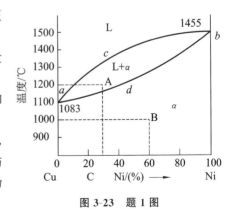

图 3-23　题 1 图

L$(50\%B)\rightarrow\alpha(10\%B)+\beta(90\%B)$。

（1）求含 $40\%B$ 的合金结晶后：①α 相与 β 相的质量百分数；②初晶 α 与共晶体（α+β）的质量百分数；③共晶体中 α 相与 β 相的质量百分数。

（2）若显微组织中初晶 β 与共晶体（α+β）各占 50%，试确定合金的成分。

5. 为什么铸造合金常选用纯金属或共晶合金？为什么进行压力加工的合金常选用纯金属或单相固溶体合金？

第 4 章 钢的热处理

4.1 钢热处理时的组织转变

4.1.1 钢加热时的组织转变

1. 钢在加热和冷却时的相变温度

在 $Fe\text{-}Fe_3C$ 相图中,A_1、A_3、A_{cm} 是钢在加热和冷却时的临界温度,但在实际的加热和冷却条件下,钢的组织转变总是存在滞后现象,即加热时要高于临界温度,冷却时要低于临界温度。为了便于区别,通常把加热时的各临界温度分别用 A_{c1}、A_{c3}、A_{ccm} 表示,冷却时的各临界温度分别用 A_{r1}、A_{r3}、A_{rcm} 表示,如图 4-1 所示。

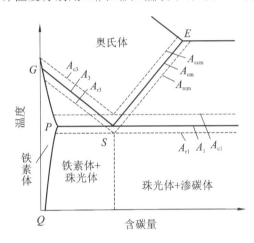

图 4-1　加热和冷却时相变点的位置

2. 奥氏体的形成

除了少数热处理外,大多数热处理都要将钢加热到临界温度以上,以获得成分均匀、晶粒细小的奥氏体组织。奥氏体在不同的冷却条件下会发生不同的组织转变,可使工件获得所需要的性能。将钢件加热到临界温度以上,以获得全部或部分奥氏体组织的过程称为奥氏体化。

以共析钢为例,它在室温下的平衡组织为单一的珠光体,当加热至 A_{c1} 温度以上时,珠光体将全部转变成奥氏体,其过程如图 4-2 所示。这个过程可分为三个阶段。

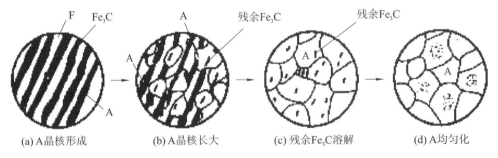

(a) A晶核形成　　(b) A晶核长大　　(c) 残余Fe_3C溶解　　(d) A均匀化

图 4-2　共析钢奥氏体形成过程示意图

1) 奥氏体形核与晶核长大阶段

奥氏体的形成是通过形核及晶核长大过程实现的。奥氏体的晶核优先产生在铁素体与渗碳体的相界面上,这是因为界面上的原子排列较混乱,处于不稳定状态。奥氏体晶核形成后,通过铁、碳原子的扩散,使其相邻的铁素体不断发生晶格改组(由体心立方晶格转变为面心立方晶格)而转变为奥氏体,渗碳体也不断发生分解而溶入奥氏体,使奥氏体晶核不断长大,直到奥氏体晶粒相遇,珠光体中的铁素体全部消除为止。与此同时,新的奥氏体晶核又在不断地形成和长大。

2)残余渗碳体溶解阶段

研究表明,由于渗碳体的晶体结构和含碳量与奥氏体的相差很大,奥氏体向铁素体方向长大的速度远大于向渗碳体方向长大的速度,因此当铁素体全部消失后,仍有部分渗碳体尚未溶解。随着保温时间的延长,这部分残余的渗碳体将继续向奥氏体中溶解,最后全部消失。

3)奥氏体成分均匀化阶段

刚刚溶解的残余渗碳体,由于原子的扩散不充分,奥氏体的成分是不均匀的。随着保温时间的延长,通过碳原子的扩散,奥氏体中的含碳量才渐趋均匀化。

因此,热处理的加热过程是奥氏体转变形成的过程。

钢在热处理加热后要进行保温。保温阶段不仅是为了使工件热透,而且是为了使组织转变完全,以保证奥氏体成分更加均匀。

3. 影响奥氏体化的因素

1)加热温度和保温时间的影响

加热温度越高,铁、碳原子的扩散速度越快,铁素体的晶格改组和渗碳体的溶解也越快,所以,奥氏体的形成速度也越快。保温时间越长,残余渗碳体分解越彻底,碳原子扩散越充分,奥氏体化完成越彻底。

2)加热速度的影响

加热速度对奥氏体化过程有着重要的影响。由图4-3可知,加热速度越快,转变开始温度越高,转变终了温度也就越高,但转变所需时间越短,即奥氏体化速度越快。

3)原始组织和合金元素的影响

当成分相同时,钢的原始组织越细,则相界面越多,越有利于奥氏体晶核的形成和长大,奥氏体化速度越快。在合金钢中,合金元素虽然不会改变珠光体向奥氏体转变的基本过程,但除 Co 之外

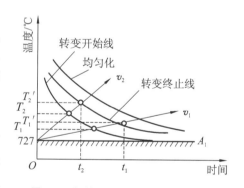

图 4-3 加热速度对奥氏体化的影响

的大多数合金元素都会使奥氏体化减缓,所以合金钢的奥氏体化速度要比碳钢的慢,特别是高合金钢更是慢得多。因此,实际生产中合金钢的加热温度和保温时间一般比碳钢的更高、更长。

4. 奥氏体晶粒的长大与控制

奥氏体晶粒的大小对随后的冷却转变及转变产物的性能都有重要的影响。奥氏体晶粒越细小,则冷却转变后所得到的组织就越细小,钢的力学性能就越好。因此,奥氏体晶粒的大小是评定加热和保温这两个热处理工序质量的重要指标。

1)晶粒大小的表示方法

金属组织中晶粒的大小通常用晶粒度来度量。奥氏体的晶粒度是指将钢加热至相变点以上的某温度并保温一定时间所得到的奥氏体晶粒的大小。常用以下方法评定:将制备好的金相试样放在显微镜下放大 100 倍观察,并通过与标准级别图(见图4-4)进行比对来确定

晶粒度等级。常见的晶粒度在1～8级范围内,其中1～3级为粗晶粒,4～6级为中等晶粒,7～8级为细晶粒。

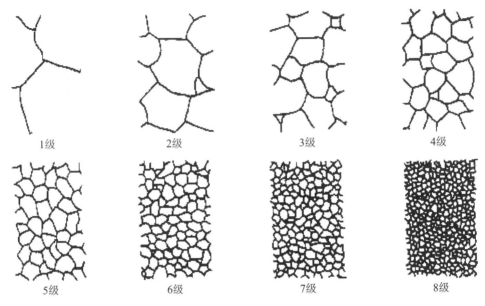

1级　　　　　2级　　　　　3级　　　　　4级

5级　　　　　6级　　　　　7级　　　　　8级

图4-4　标准晶粒度等级示意图

2) 奥氏体晶粒的长大与控制

当具有足够的能量和时间时,奥氏体可通过晶粒间的相互吞并来长大,这是一种自发的倾向。因此,加热温度越高,保温时间越长,则得到的奥氏体晶粒越粗大。一般将随着加热温度的升高,奥氏体晶粒会迅速长大的钢称为本质粗晶粒钢;而将奥氏体晶粒不易长大,只有当温度达到一个较高值之后才会突然长大的钢称为本质细晶粒钢。炼钢时只用锰铁、硅铁脱氧的钢,其晶粒长大倾向较大,属于本质粗晶粒钢。用铝脱氧的钢,其晶粒不易长大,属于本质细晶粒钢。需要热处理的重要零件一般选用本质细晶粒钢制造。

此外,奥氏体含碳量越高,晶粒长大倾向越大;钢中锰、磷元素含量越高,晶粒长大倾向越大;钢中加入钨、钼、钒等元素,可降低奥氏体长大的倾向。因此,合理选择加热温度和保温时间、严格控制钢的原始组织和成分、适量加入一定的合金元素等措施,均有利于控制奥氏体晶粒的长大倾向。

4.1.2　钢冷却时的组织转变

钢经过适当的加热和保温后,获得了成分均匀、晶粒细小的奥氏体组织,但这并不是热处理的最终目的。奥氏体在随后的冷却过程中将根据冷却方式的不同而发生不同的组织转变,并最终决定钢的组织和性能(见表4-1)。因此,冷却过程是热处理的关键工序。

表4-1　45钢加热至840 ℃后,在不同条件下冷却所获得的力学性能

冷却方法	σ_b/MPa	σ_s/MPa	$\delta/(\%)$	$\psi/(\%)$	硬度/HRC
随炉冷却	519	272	32.5	49	15～18
空气冷却	657～706	333	15～18	45～50	18～24
油中冷却	882	608	18～20	48	40～50
水中冷却	1078	706	7～8	12～14	52～60

热处理的冷却方式通常有两种:一种是等温冷却转变,即奥氏体快速冷却到临界温度以下的某个温度,并在此温度下进行保温和完成组织转变,如图 4-5 中的曲线 1 所示;另一种是连续冷却转变,即奥氏体以不同的冷却速度进行连续冷却,并在连续冷却过程中完成组织转变,如图 4-5 中的曲线 2 所示。

通常把处于临界温度以下且尚未发生组织转变的奥氏体称为过冷奥氏体。过冷奥氏体是不稳定的组织,它迟早会转变成新的稳定相。过冷奥氏体的组织转变规律是制订热处理工艺的理论依据。

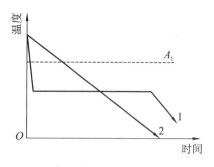

图 4-5 等温冷却曲线与连续冷却曲线

1. 过冷奥氏体的等温转变

下面以共析钢为例来说明过冷奥氏体的等温转变规律。

1) 过冷奥氏体的等温转变曲线

将已经奥氏体化的共析钢急速冷却至 A_1 以下的各个不同的温度(如投入不同温度的恒温盐浴槽中),并在这些温度下进行保温,分别测定在各个温度下过冷奥氏体发生组织转变的开始时间、终止时间及转变产物量,并将它们绘制在温度-时间坐标图中。将测定的各个转变开始点、转变终止点分别用光滑的曲线连接起来,便得到了共析钢的等温转变曲线,如图 4-6(a)所示。该曲线由于形状与字母"C"相似,故又简称为 C 曲线。

在图 4-6(b)中,左边的曲线为转变开始线,右边的曲线为转变终止线,A_1 以上为奥氏体的稳定区。A_1 以下、转变开始线以左为过冷奥氏体的不稳定区。从等温停留开始至转变开始之间的时间称为孕育期。A_1 以下、转变终止线以右为转变产物区。转变开始线与转变终止线之间为过冷奥氏体和转变产物的共存区。M_s 为马氏体转变开始线,M_f 为马氏体转变终止线。

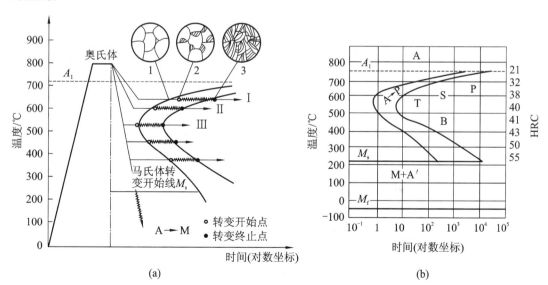

图 4-6 共析钢过冷奥氏体等温转变图

2) 过冷奥氏体的等温转变产物及其性能

根据转变产物的不同,过冷奥氏体的等温转变分为两种类型:一种是珠光体型转变,另一种是贝氏体型转变。而过冷奥氏体在 M_s 以下发生的是马氏体型转变。马氏体型转变由于需要在连续冷却条件下才能进行(少数高碳钢、高合金钢除外),故不属于等温转变,将在随后的过冷奥氏体的连续冷却转变中进行介绍。

(1) 珠光体型转变。转变温度为 $A_1 \sim 550\ ℃$。当奥氏体被冷却到 A_1 以下时,经过一定的孕育期,将在晶界处产生渗碳体晶核,周围的奥氏体不断向渗碳体晶核提供碳原子而促使其长大,成为渗碳体片。随着渗碳体片周围奥氏体的含碳量不断降低,将有利于铁素体晶核的形成,这些奥氏体将转变成铁素体片。由于铁素体的溶碳能力极低,当它长大时,将使多余的碳转移到相邻的奥氏体中,使奥氏体的含碳量增加,促使新的渗碳体片形成。上述过程不断循环,最终获得铁素体与渗碳体片层相间的珠光体组织。

由上述过程可知,珠光体型转变是由一个单相固溶体(奥氏体)转变为两个成分相差悬殊、晶格类型截然不同的两相混合组织(铁素体与渗碳体)的过程。转变中既有碳的重新分布,又有铁的晶格重构。这些都是依靠碳原子和铁原子的扩散来实现的,所以说珠光体型转变是典型的扩散型转变。同时可知,珠光体型转变也是一个形核与晶核长大的过程,遵循金属结晶的普遍规律。

根据过冷度的不同,珠光体型转变分为以下三种。

① 珠光体转变。转变温度为 $A_1 \sim 650\ ℃$。因过冷度小,所获得的组织片层间距较大(约 $0.3\ \mu m$),在 500 倍的低倍光学显微镜下就能分辨(见图 4-7),其硬度为 $160 \sim 250\ HBW$,这种铁素体与渗碳体的混合组织称为珠光体,用符号 P 表示。

② 索氏体转变。转变温度为 $650 \sim 600\ ℃$。由于过冷度增大,所获得的组织片层间距较小($0.1 \sim 0.3\ \mu m$),需要在 1000 倍的高倍光学显微镜下才能分辨,如图 4-8 所示,其硬度为 $25 \sim 35\ HRC$,这种组织称为细珠光体或索氏体,用符号 S 表示。

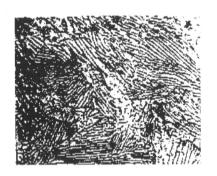

图 4-7 珠光体显微组织

图 4-8 索氏体显微组织(左上角为电子显微组织)

图 4-9 托氏体显微组织(左上角为电子显微组织)

③ 托氏体转变。转变温度为 $600 \sim 550\ ℃$。由于过冷度更大,所获得的组织片层间距更小(小于 $0.1\ \mu m$),只有在电子显微镜下才能分辨,如图 4-9 所示,其硬度为 $35 \sim 48\ HRC$,这种组织称为极细珠光体或托氏体,用符号 T 表示。

珠光体、索氏体、托氏体这三种组织只是在形态上有片层厚薄之分,并无本质区别,故统称为珠光体型组织。对于珠光体型组织,随着过冷度的增大,片层间距减小,相界面增多,塑性变形抗力增大,组织的强度、硬度提高,塑性、韧性也有一定改善。

在实际生产中,通过控制奥氏体的过冷度来控制珠光体型组织的片层间距,从而实现控制钢的性能的目的。

(2)贝氏体型转变。转变温度为550 ℃～M_s。过冷奥氏体在此温度区间内等温停留,经过一定的孕育期后,将转变为贝氏体,用符号B表示。贝氏体是由含碳过饱和的铁素体(α固溶体)与碳化物组成的两相混合物。由于过冷度大,转变温度较低,铁原子已失去扩散能力,碳原子也只能进行短程扩散,所以贝氏体型转变是半扩散型转变。按组织形态和转变温度的不同,贝氏体型转变分为以下两种。

① 上贝氏体转变。转变温度为550～350 ℃。上贝氏体由含碳过饱和程度较小、呈板条状的铁素体束和分布在铁素体束之间、呈不连续状态的细片状渗碳体组成,如图4-10所示。在光学显微镜下,典型的上贝氏体呈羽毛状,如图4-11所示。由于上贝氏体中的铁素体的形成温度较高,所获得的组织较为粗大,特别是由于碳化物分布在铁素体片层之间,使铁素体片层间容易产生脆性断裂,所以上贝氏体的脆性大、强度低,基本上没有实用价值。

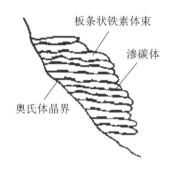

图 4-10 上贝氏体组织显示图

图 4-11 上贝氏体显微组织

② 下贝氏体转变。转变温度为350 ℃～M_s。下贝氏体以含碳过饱和程度较大、呈针状的铁素体片为主,并在铁素体片中分布着与其纵向轴线成55°～65°的平行排列的碳化物,铁素体片之间呈比较散乱的角度分布,如图4-12所示。在光学显微镜下,共析钢的下贝氏体呈黑色针状,如图4-13所示。由于下贝氏体转变的过冷度大,因此所获得的针状铁素体片非常细小、无方向性、碳的过饱和度大,且铁素体片中的碳化物分散均匀,具有较高的弥散强化作用。所以,下贝氏体具有高的强度、硬度和韧性,综合力学性能优良。生产中,对于形状复杂的工具、模具和弹簧等钢件,常采用贝氏体等温淬火,目的就是获得下贝氏体组织,以提高钢的强韧性、耐磨性和尺寸精度。

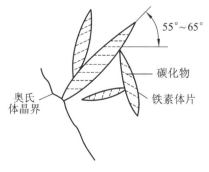

图 4-12 下贝氏体组织显示图

图 4-13 下贝氏体显微组织

3）影响 C 曲线的因素

影响 C 曲线的因素较多,这些因素不仅会改变 C 曲线的位置,往往还会改变 C 曲线的形状。几个主要因素的影响规律如下。

（1）含碳量的影响。含碳量对 C 曲线的位置和形状均有影响。对于亚共析钢,随着含碳量的增加,过冷奥氏体的稳定性增大,C 曲线右移,并且在过冷奥氏体发生珠光体型转变之前,先有先共析铁素体析出,C 曲线的左上部多出一条先共析铁素体析出线,如图 4-14 所示;对于过共析钢,随着含碳量的增加,过冷奥氏体的稳定性减小,C 曲线左移,并且在过冷奥氏体发生珠光体型转变之前,先有先共析渗碳体析出,C 曲线的左上部多出一条先共析渗碳体析出线,如图 4-15 所示。所以,共析钢的过冷奥氏体最稳定。

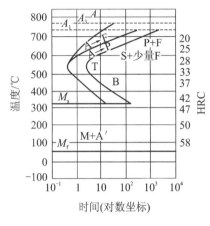

图 4-14　亚共析钢的 C 曲线

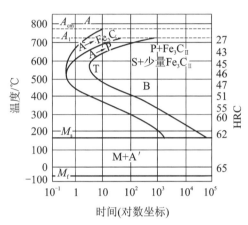

图 4-15　过共析钢的 C 曲线

（2）合金元素的影响。合金元素对 C 曲线的位置和形状都有影响。除钴之外,所有的合金元素溶入奥氏体后均可增大过冷奥氏体的稳定性,使 C 曲线右移。Cr、Mo、W、V 等碳化物形成元素不仅使 C 曲线右移,而且还使 C 曲线出现双 C 形等特征,改变了 C 曲线的形状。

（3）加热工艺的影响。加热温度越高,保温时间越长,则奥氏体成分越均匀,晶粒越粗大。这既减小了形核所需的浓度起伏,也减小了形核的晶界面积。因此,将导致形核率降低,过冷奥氏体的稳定性增大,使 C 曲线右移。

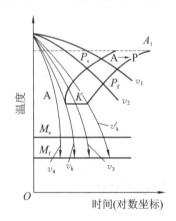

图 4-16　共析钢的连续
冷却转变曲线

2. 过冷奥氏体的连续冷却转变

在热处理生产中,除了少数的热处理工艺采取等温转变（如等温退火、等温淬火等）外,大多数的热处理工艺采取连续冷却转变。因此,钢在连续冷却过程中的组织转变规律更具有实际意义。

1）过冷奥氏体的连续冷却转变曲线

图 4-16 为共析钢的连续冷却转变曲线。共析钢的连续冷却转变只有珠光体型转变区和马氏体型转变区,而没有贝氏体型转变区。这表明共析钢在连续冷却转变时不会形成贝氏体。在图中的珠光体型转变区,左边一条曲线是转变开始线,右边一条曲线是转变终止线,下边一条曲线是转变中止线。转变中止线表示当过冷奥氏体冷却至此线温度时,将

停止向珠光体转变,并一直保留到 M_s 以下,转变为马氏体。在马氏体转变区,上边一条曲线是马氏体转变开始线(M_s),下边一条曲线是马氏体转变终止线(M_f)。

2)连续冷却转变曲线的应用

连续冷却转变曲线表示了过冷奥氏体在各种冷却速度下组织转变规律。现以共析钢为例,分析其在典型冷却速度下的组织转变。

在图 4-16 中,v_1 相当于工件随炉冷却(退火)的速度。当冷却速度线与珠光体型转变开始线相交时,过冷奥氏体向珠光体的转变便开始了;与珠光体型转变终止线相交时,转变结束,奥氏体全部转变为珠光体。

v_2 相当于工件在空气中冷却(正火)的速度,转变过程与 v_1 的相似,只是由于冷却速度更快,过冷度更大,获得的组织是更细小的索氏体。

v_3 相当于油冷(油中淬火)的速度。当冷却速度线与珠光体型转变开始线相交时,过冷奥氏体向托氏体的转变便开始了,但随后冷却速度线不与珠光体型转变终止线相交,而是与珠光体型转变中止线相交,奥氏体停止向托氏体转变;当冷却速度线与 M_s 线相交时,尚未转变成托氏体的过冷奥氏体开始发生马氏体转变,最终获得托氏体、马氏体及残留奥氏体的复相组织。之所以有残留奥氏体,是因为马氏体转变不能进行彻底的缘故。

v_4 相当于水冷(水中淬火)的速度。冷却速度线不再与珠光体型转变开始线相交,即奥氏体不发生珠光体型转变,而是全部过冷到马氏体转变区,只发生马氏体转变,获得的组织是马氏体和残留奥氏体。

图中的 v_k 是与连续冷却转变曲线相切的冷却速度线,称为上临界冷却速度,它是保证过冷奥氏体只发生马氏体转变的最小冷却速度,因此又称为马氏体临界冷却速度。v_k' 是过冷奥氏体全部转变为珠光体型组织,不发生马氏体转变的最大冷却速度,称为下临界冷却速度。v_k 在实际生产中具有重要的意义。如钢在淬火时为了获得马氏体,其冷却速度应大于 v_k;而在铸造、焊接的冷却过程中,为了防止因马氏体转变而造成工件变形或开裂的现象,冷却速度应小于 v_k。

需要指出的是,由于钢的连续冷却转变曲线的测定比等温转变曲线的测定困难得多,因此许多钢种还没有连续冷却转变曲线,所以生产中常用钢的等温转变曲线来估计其在连续冷却情况下的转变产物,但这种分析存在较大误差。

3)马氏体转变

马氏体是碳在 α-Fe 中的过饱和固溶体,用符号 M 表示。

由过冷奥氏体的连续冷却转变曲线可知,当奥氏体过冷到 M_s 以下时,将发生马氏体转变。马氏体转变过冷度大、速度极快,铁和碳原子均不能扩散,属于非扩散型转变。一般认为,马氏体转变是通过铁原子的共格切变来实现的。因为没有扩散,所以马氏体与过冷奥氏体具有相同的化学成分。研究表明:若过冷奥氏体在 $M_s \sim M_f$ 之间的某个温度停留,则马氏体转变基本停止,即等温时不发生马氏体转变。只有连续冷却,马氏体转变才能进行;当冷却至 M_f 后,马氏体转变才会结束。

马氏体有两种组织形态:一是片状(高碳马氏体),二是板条状(低碳马氏体)。马氏体的组织形态主要取决于奥氏体的含碳量。当奥氏体的含碳量 $w_C > 1.0\%$ 时,马氏体的组织形态为片状,称为片状马氏体。由于片状马氏体主要出现在高碳钢的淬火组织中,故又称为高碳马氏体。片状马氏体的组织形态和显微组织分别如图 4-17(a)和图 4-17(b)所示。当奥氏体的含碳量 $w_C < 0.25\%$ 时,马氏体的组织形态为板条状,称为板条状马氏体。由于板条状马氏体主要出现在低碳钢的淬火组织中,故又称为低碳马氏体。板条状马氏体的形态组织

和显微组织分别如图 4-18(a)和图 4-18(b)所示。当奥氏体的含碳量介于 0.25% 到 1.0% 之间时,马氏体的组织形态为片状马氏体和板条状马氏体的混合组织。此外,马氏体的组织形态形成规律告诉我们:马氏体片(条)的大小取决于奥氏体晶粒的大小,即奥氏体晶粒越细小,则所获得的马氏体片(条)就越细小。

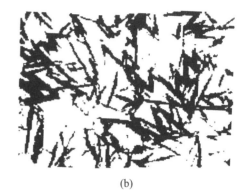

(a)　　　　　　　　　　　　　　　　　　(b)

图 4-17　片状马氏体的组织形态和显微组织

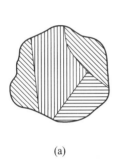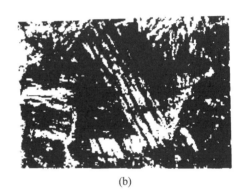

(a)　　　　　　　　　　　　　　　　　　(b)

图 4-18　板条状马氏体的组织形态和显微组织

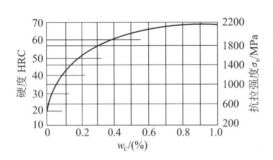

图 4-19　马氏体的硬度、强度与含碳量的关系

对于某一成分的碳钢,马氏体是其所有组织中强度和硬度最高的组织,这主要是由过饱和碳原子强烈的固溶强化作用而造成的。因此,马氏体的性能主要取决于马氏体的含碳量。由图 4-19 可知,随着马氏体含碳量的提高,其强度和硬度不断提高。但当马氏体的含碳量 $w_C > 0.60\%$ 后,由于残留奥氏体量的增加,其强度和硬度虽仍有提高,但不明显。马氏体的塑性和韧性也与其含碳量有关。片状的高碳马氏体的塑性、韧性很差,所以很少直接应用;而板条状的低碳马氏体具有良好的塑性和韧性,所以得到了广泛的应用。

在钢的组织中,马氏体的比容(单位质量的体积)最大,奥氏体的比容最小,珠光体的比容介于两者之间,并且含碳量越高,马氏体的比容越大。因此,在进行马氏体转变时要发生体积膨胀,产生内应力。这是钢在淬火时容易变形,甚至开裂的主要原因之一。

4）残留奥氏体

在马氏体转变过程中，当大量的马氏体形成后，剩下的过冷奥氏体被马氏体分割成一个个很小的区域，并受到周围马氏体巨大的压力作用。随着马氏体转变的继续，压力不断增大，最终将使奥氏体停止向马氏体转变。因此，马氏体转变不能进行彻底，即使冷却到 M_f 以下，仍不可能获得100％的马氏体。这些未发生转变的过冷奥氏体称为残留奥氏体，常用符号 A 表示。

残留奥氏体量的多少主要取决于奥氏体的含碳量。因为奥氏体的含碳量越高，过冷奥氏体的 M_s 和 M_f 越低，如图4-20所示，马氏体转变越不彻底。所以，残留奥氏体量随着奥氏体含碳量的增加而增加，如图4-21所示。例如，当奥氏体的含碳量 $w_C > 0.50\%$ 时，钢的 M_f 降至室温以下，而通常淬火只冷却到室温，因此，由于冷却不到位而必然形成一定数量的残留奥氏体。钢在淬火后，其组织中或多或少都会有残留奥氏体。

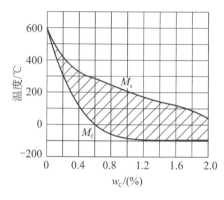

图4-20　奥氏体含碳量对 M_s 和 M_f 的影响　　图4-21　奥氏体含碳量对残留奥氏体量的影响

残留奥氏体的存在将降低钢的硬度和耐磨性，而且在零件的长期使用过程中，残留奥氏体还会发生马氏体转变，从而影响零件的尺寸精度。因此，对于一些高精度的零件（如精密量具、精密轴承等），在淬火冷却到室温后，立即放入零摄氏度以下（如 $-80 \sim -60$ ℃）的冷却介质（如干冰＋酒精）中继续冷却，以求尽量减少残留奥氏体。这一过程称为冷处理。

4.2　退火

退火是将金属或合金加热到适当温度，保持一定时间，然后缓慢冷却的热处理工艺。根据钢的成分、退火目的的不同，退火常分为完全退火、等温退火、球化退火、去应力退火、均匀化退火、再结晶退火等几种。

图4-22所示为几种退火工艺示意图。

1. 完全退火

完全退火是将铁碳合金完全奥氏体化，随之缓慢冷却，获得接近平衡状态组织的退火工艺。

完全退火的目的是细化晶粒、消除内应力与组织缺陷、降低硬度、提高塑性，为随后的切削和淬火做好组织准备。

完全退火主要用于亚共析钢的铸件、锻件，热轧型材和焊接结构，也可作为一些不重要钢件的最终热处理。过共析钢不适宜采用完全退火，因为过共析钢加热到 A_{ccm} 线以上，缓慢冷却时，溶解在奥氏体内的渗碳体又重新沿奥氏体晶界析出，形成沿晶界分布的网状渗碳体

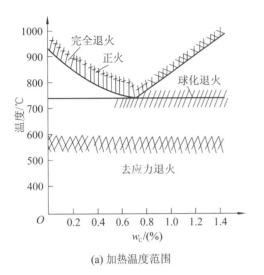

(a) 加热温度范围

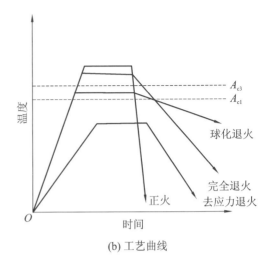

(b) 工艺曲线

图 4-22　几种退火工艺示意图

组织,从而降低了钢材的力学性能。

2. 等温退火

等温退火是指钢件或毛坯加热到高于 A_{c3}(或 A_{c1})温度,保温适当时间后,较快冷却到珠光体转变温度区间的某一温度,并等温保持,使奥氏体转变为珠光体型组织,然后在空气中冷却的退火工艺。

等温退火不仅可以有效地缩短退火时间、提高生产率,而且工件内外都是处于同一温度下发生组织转变的,故能获得均匀的组织与性能。普通退火需要的时间为 15～20 h 以上,而等温退火所需时间则大为缩短。

3. 球化退火

球化退火是为了使钢中碳化物球状化而进行的退火工艺。

球化退火由于只使珠光体发生转变,组织中的另一部分铁素体(亚共析钢)和渗碳体(过共析钢)并不发生转变,故又称为不完全退火。

球化退火的工艺特点是低温短时加热和缓慢冷却。球化退火主要用于过共析成分的非合金钢(碳钢)和合金钢。过共析成分的非合金钢经热轧、锻造后,组织中会出现层状珠光体和二次渗碳体网,这不仅使钢的硬度增加、可加工性变差,而且淬火时易产生变形和开裂。为了克服这一缺点,可采用球化退火,使珠光体中的层状渗碳体和二次渗碳体网都能球化,变成球状(粒状)的渗碳体。若钢的原始组织中存在大量的渗碳体网时,应采用正火将其消除,再进行球化退火。

4. 去应力退火

去应力退火是为了去除由塑性变形加工、焊接等造成的以及铸件内存在的残余应力而进行的退火工艺。

去应力退火时,将工件缓慢加热到 A_{c1} 以下 100～200 ℃(一般为 500～600 ℃),保温一定时间,然后随炉缓慢冷却至 200 ℃,再出炉冷却。由于去应力退火的加热温度低于 A_1,故去应力退火过程中不发生相变。由于加热温度很低,故去应力退火又称为低温退火。

一些大型焊接结构件,由于其体积庞大,无法装炉退火,可用火焰加热或感应加热等局部加热方法,对焊缝及热影响区进行局部去应力退火。

5. 均匀化退火

均匀化退火是指为了减少金属铸锭、铸件或锻坯的化学成分偏析和组织的不均匀,将其加热到高温,长时间保持,然后进行缓慢冷却,以达到化学成分和组织均匀化的目的的退火工艺。

均匀化退火是将钢加热到 A_{c3} 以上 150～200 ℃(通常为 1000～1200 ℃),保温 10～15 h,然后再随炉缓冷到 350 ℃,再出炉冷却。钢中合金元素含量越高,其加热温度就越高。由于温度高、时间长,均匀化退火后组织严重过热,因此,必须再进行一次完全退火或正火来消除过热缺陷。

均匀化退火所需时间很长,工件烧损严重,耗费能量很大,是一种成本很高的工艺,所以它主要用于质量要求高的优质高合金钢的铸锭和铸件。

6. 再结晶退火

再结晶退火是指将冷变形后的金属加热到再结晶温度以上,保持适当时间,使变形晶粒重新结晶为均匀的等轴晶粒,以消除变形强化和残余应力的退火工艺。

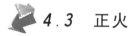 **4.3　正火**

正火是将钢加热到 A_{c3} 或 A_{ccm} 以上 30～50 ℃,保温适当时间后,在静止的空气中冷却的热处理工艺。

正火与退火的主要区别在于冷却速度不同。正火冷却速度较快,获得的珠光体组织较细,强度和硬度较高。

正火与退火的目的相似,但正火态钢的力学性能较好,而且正火生产效率高、成本低,因此,在工业生产中应尽量用正火代替退火。正火的主要应用是作为普通结构零件的最终热处理;作为低、中碳结构钢的预备热处理,以获得合适的硬度,便于切削;用于过共析钢消除网状二次渗碳体,为球化退火做好组织准备。

综上所述,为了改善钢的可加工性,低碳钢宜用正火;共析钢和过共析钢宜用球化退火,且过共析钢宜在球化退火前采用正火消除网状二次渗碳体;中碳钢最好采用退火,但也可采用正火。

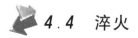 **4.4　淬火**

把钢件加热到 A_{c1} 或 A_{c3} 以上的某一温度,保持一定时间,然后快速冷却,获得马氏体或贝氏体组织的热处理工艺称为淬火。淬火是钢或者合金强化的主要工艺,其目的主要是获得马氏体组织,以便在适当温度的回火后具备所需要的力学性能组合。

4.4.1　淬火加热介质

1. 空气加热介质

箱式、井式等电阻炉是应用广泛的热处理炉,其加热介质多为空气。由于空气中含有 O_2、CO_2、水蒸气等气体,因此钢件在高温加热时表面会发生氧化和脱碳。氧化是指钢表面的铁被氧化成氧化铁,化学反应如下

$$2Fe + O_2 =\!\!=\!\!= 2FeO \qquad (4\text{-}1)$$

$$Fe+CO_2 \xrightarrow{\quad\quad} FeO+CO\uparrow \tag{4-2}$$

$$Fe+H_2O \xrightarrow{\quad\quad} FeO+H_2\uparrow \tag{4-3}$$

脱碳是指钢表面的碳被氧化成 CO、CH_4 等气体,使钢表面的含碳量降低,化学反应如下

$$Fe(C)+\frac{1}{2}O_2 \xrightarrow{\quad\quad} Fe+CO\uparrow \tag{4-4}$$

$$Fe(C)+CO_2 \xrightarrow{\quad\quad} Fe+2CO\uparrow \tag{4-5}$$

$$Fe(C)+H_2O \xrightarrow{\quad\quad} Fe+H_2\uparrow+CO\uparrow \tag{4-6}$$

$$Fe(C)+2H_2O \xrightarrow{\quad\quad} Fe+CH_4\uparrow+O_2\uparrow \tag{4-7}$$

氧化使工件表面烧损,影响工件的尺寸和精度;脱碳使工件表面碳贫化,从而导致工件淬火硬度和耐磨性能降低。严重的氧化、脱碳还会造成工件报废。

2. 防止氧化、脱碳的加热方法

防止氧化、脱碳的加热方法主要有保护气氛加热、真空加热和防护涂料加热等。

(1)保护气氛加热。所采用的保护气氛有吸热式气氛、放热式气氛、氨分解气氛。用这些保护性气氛进行加热处理,基本上避免了氧化和脱碳。所谓吸热式气氛,是指在发生器中把天然气、液化石油气等气体与一定比例的空气混合,当空气量较少时,混合气体先部分燃烧,再通过加热到高温(1000 ℃以上)的催化剂,使混合气体的未燃部分热裂解(吸热反应)而制得的气氛。吸热式气氛是一种应用最广的可控气氛。放热式气氛则是在发生器中把天然气、液化石油气等气体燃料或酒精、柴油等液体燃料与较多的空气混合,使其接近于完全燃烧(放热反应),再对燃烧产物进行初步净化(除水)或高度净化(除水、二氧化碳和一氧化碳)而制得的气体。氨气在一定温度和催化剂作用下可完全分解为 3 体积的氢和 1 体积的氮,形成氨分解气氛。根据所加热材料的种类选择不同的气氛。中、高碳钢,低合金钢,高速钢及合金工具钢采用吸热式气氛加热;低碳钢、中碳钢短时间加热,铜与铜合金的光亮热处理可采用放热式气氛加热;含铬较高的合金及不锈钢可采用氨分解气氛加热。

(2)真空加热。将工件置于负压气氛的条件下进行加热和保温。真空环境指的是低于一个大气压的气氛环境,包括低真空、中等真空、高真空和超高真空等。在真空环境下可以避免工件发生氧化和脱碳现象。

(3)保护涂料加热。在工件表面涂以保护性涂料。保护性涂料一般由黏合剂、玻璃陶瓷等填料、颜料、助剂及溶剂组成。基料分为无机和有机两大类,常用的无机基料有硅酸钾、硅酸钠等,有机基料以丙烯酸、醇酸、酚醛、有机硅及纤维素类较为常用,还有用聚醋酸乙烯乳液的。有机基料与无机基料配合使用往往效果更佳。此类涂料一般是一次性使用的,是一种耐高温涂料,除了具有高温涂料的一般性能外,还具有一定的独特性:在金属加热温度范围内能形成一层致密的涂膜,以使基体和炉内气氛完全隔绝;对被保护的金属呈化学稳定性;具有较宽的使用温度范围,在加热和热压加工过程中,涂层和工件表面要有很好的结合和润湿作用,且在高温下不流挂或放出有毒气体;涂层有较好的机械性能,使工件在搬运、装炉等过程中不致碰坏。

4.4.2 钢的淬火加热

1. 淬火加热温度的确定

淬火加热温度是根据钢的化学成分及工艺因素来决定的,其中含碳量的影响最为明显。图 4-23 给出了钢的淬火温度范围。

亚共析钢的淬火温度为 A_{c3} 以上 30~50 ℃,共析钢或过共析钢的淬火温度应该选择在

A_{c1} 以上 30～50 ℃。

亚共析钢在上述温度范围内加热淬火后,可得到均匀细小的马氏体组织。若淬火温度选择在 A_{c1}～A_{c3},则原始组织中的铁素体未全部转变为奥氏体而在淬火后保留下来,淬火后得到马氏体及铁素体组织(亚温淬火)。亚温淬火后硬度较低,如果对硬度要求较高,则不可取。如果加热温度过高,则会使奥氏体晶粒粗大,淬火后马氏体组织也粗大,钢的韧性降低。过共析钢淬火加热温度在 A_{c1} 以上 30～50 ℃,奥氏体化后还保留未溶解的粒状二次渗碳体,淬火后得到细小的马氏体和粒状的二次渗碳体组织,渗碳体的存

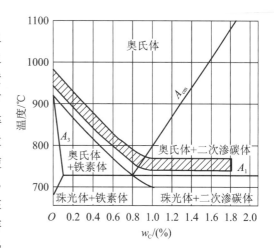

图 4-23 钢的淬火温度范围

在有利于提高钢的耐磨性。如果加热温度超过 A_{cm},则二次渗碳体将会全部溶解到奥氏体中,使奥氏体的含碳量增加,淬火后除了得到马氏体外,还会有较多的残余奥氏体,降低了淬火硬度,同时增大了淬火应力,使零件的变形和开裂倾向增大。

除了钢的化学成分外,生产中还应根据工件淬火时的具体工艺因素,合理选择加热温度。例如,工件尺寸小,淬火温度应该取下限;工件尺寸大,则应适当提高加热温度。对于形状复杂的工件,为了避免开裂和变形,应选择较低的加热温度。另外,采用冷却能力较强的冷却介质淬火时,为了减小淬火应力,可以适当降低淬火温度。

2. 淬火加热时间的确定

钢热处理的加热时间一般包括升温时间和保温时间两部分。升温时间由加热温度和升温速率决定。保温的目的一方面是使钢件的温度均匀,另一方面是保证奥氏体形成过程中碳化物能够充分溶解及奥氏体均匀化。通常可以采用升温时间的 1/5～1/4 作为保温时间。加热时间不能过长,否则容易造成奥氏体晶粒的长大及氧化、脱碳等现象,并且浪费热能。

4.4.3 钢的淬火介质

理想的淬火介质应该是使零件通过快速冷却转变成马氏体,又不至于引起太大的淬火应力的淬火介质。这就要求淬火介质在 C 曲线的"鼻尖"以上的冷却速度较慢,以减小急冷所产生的热应力;在"鼻尖"处(500～600 ℃)具有较高的冷却速度,不与 C 曲线相交,保证奥氏体不发生分解;而在马氏体转变温度(300 ℃)以下时具有低的冷却速度,以减小组织转变的应力。

常用的淬火介质有水、水溶液、矿物油、溶盐、溶碱等。

1. 水

水是冷却能力较强的淬火介质,其优点是来源广、价格低、成分稳定、不易变质;其缺点是在 C 曲线的"鼻尖"区(500～600 ℃),水处于蒸汽膜阶段,冷却速度不够快,会形成"软点",而在马氏体转变温度区(100～300 ℃),水处于沸腾阶段,冷却速度太快,易使马氏体转变速度过快而产生很大的内应力,致使工件变形,甚至开裂。当水温升高时,水中含有较多气体或水中混入不溶性杂质(如油、肥皂、泥浆等),均会显著降低其冷却能力。因此,水适用于截面尺寸不大、形状简单的碳素钢工件的淬火冷却。

2. 盐水和碱水

在水中加入适量的食盐和碱,使高温工件浸入该冷却介质后,在蒸汽膜阶段析出盐和碱的晶体并立即爆裂,将蒸汽膜破坏,工件表面的氧化皮也被炸碎,这样可以提高冷却介质在高温区的冷却能力。这种冷却介质的缺点是腐蚀性大。一般情况下,盐水的浓度为 10%,苛性钠水溶液的浓度为 10%～15%。盐水和碱水可用作碳钢及低合金结构钢工件的淬火介质,其使用温度不应超过 60 ℃,淬火后应及时清洗并进行防锈处理。

3. 油

冷却介质一般采用矿物质油(矿物油),如机油、变压器油和柴油等。油的沸点较高,在 200～300 ℃ 温度区间工件的冷却速度较低,所以油淬时工件不易产生开裂和变形。但是,油在 550～650 ℃ 温度区间的冷却能力不如水,因此只能作为各种合金钢和小型碳钢零件的淬火冷却介质。机油一般采用 10 号、20 号、30 号机油。油的牌号越大,黏度越大,闪点越高,冷却能力越低,使用温度越高。目前使用的新型淬火油主要有高速淬火油、光亮淬火油和真空淬火油三种。

高速淬火油主要有两种:一种是通过选取不同类型和不同黏度的矿物油,以适当的配比相互混合而得到的;另一种是在普通淬火油中加入添加剂(磺酸的钡盐、钠盐、钙盐,以及磷酸盐、硬脂酸盐等),在油中形成粉灰状浮游物而获得的。高速淬火油在过冷奥氏体不稳定区的冷却速度明显高于普通淬火油,而在低温马氏体转变区的冷却速度与普通淬火油相接近。这样既可得到较高的淬透性和淬硬性,又大大减小了变形,适用于形状复杂的合金钢工件的淬火。

在矿物油中加入不同性质的高分子添加物,可获得不同冷却速度的光亮淬火油。这些添加物的主要成分是光亮剂,其作用是将不溶解于油的老化产物悬浮起来,防止其在工件上积聚和沉淀。另外,光亮淬火油的添加剂中还含有抗氧化剂、表面活性剂和催冷剂等。

真空淬火油是用于真空热处理淬火的冷却介质。真空淬火油必须具备较低的饱和蒸汽压、较高而稳定的冷却能力及良好的光亮性和热稳定性,否则会影响真空热处理的效果。

4. 盐浴和碱浴

这类介质的冷却能力除了与介质成分有关外,还与使用温度和介质中的含水量有关。工件浸入这类介质中,由于冷却开始时工件与介质间的温差最大,所以这时的冷却速度最大。介质使用温度低时,工件和介质之间的温差大,冷却能力较强;反之,则冷却能力较弱。加入适量的水,可以改善介质的流动性,从而显著提高介质的冷却能力。但加入的水量不能过多,一般控制在 3%～6%,否则会引起工件的变形和盐、碱的飞溅。此类淬火介质一般用在分级淬火和等温淬火中。

5. 新型淬火剂

新型淬火剂有聚乙烯醇水溶液和三硝水溶液等。常用的聚乙烯醇水溶液为质量分数为 0.1%～0.3% 之间的水溶液,其冷却能力介于水和油之间。当工件淬入该溶液时,工件表面形成一层蒸汽膜和一层凝胶薄膜,两层膜使加热工件冷却;进入沸腾阶段后,薄膜破裂,工件冷却加快;当达到低温时,又会形成聚乙烯醇凝胶薄膜,工件冷却速度又下降。所以这种溶液在高、低温区的冷却能力低,在中温区的冷却能力高,有良好的冷却特性。

三硝水溶液由 25% 硝酸钠＋20% 亚硝酸钠＋20% 硝酸钾＋35% 水组成。在高温(500～650 ℃)时,由于盐晶体析出,破坏了蒸汽膜的形成,其冷却能力接近于水;在低温(200～300 ℃)时,由于浓度极高、流动性差,其冷却能力接近于油。故其可代替水-油双介质淬火。

不管选用何种淬火介质,大致都可以按以下五条原则来选择。

(1)钢的含碳量多少。含碳量低的钢有可能在冷却的高温阶段析出先共析铁素体,其过冷奥氏体最易发生珠光体转变的温度(即所谓"鼻尖"位置的温度)较高,马氏体起点(M_s)也较高。因此,为了使这类钢制的工件充分淬硬,所用的淬火介质出现最高冷却速度的温度应当较高。相反,对于含碳量较高的钢,淬火介质出现最高冷却速度的温度应当低一些。

(2)钢的淬透性高低。淬透性差的钢要求用冷却速度快的淬火介质,淬透性好的钢则可以用冷却速度慢一些的介质。通常,随着钢的淬透性的提高,过冷奥氏体等温转变的C曲线会向右下方移动。所以,对于淬透性差的钢,选用的淬火介质出现最高冷却速度的温度应当高一些;而对于淬透性好的钢,选用的淬火介质出现最高冷却速度的温度则应当低一些。有些淬透性好的钢的过冷奥氏体容易发生贝氏体转变,要避开其贝氏体转变,也要求有足够快的低温冷却速度。

(3)工件的有效厚度大小。如果工件的表面一冷到 M_s 点,就立即大大减慢介质的冷却速度,则工件内部的热量向淬火介质散失的速度也就立即放慢,这必然使工件表面一定厚度以内的过冷奥氏体冷却不到 M_s 点就发生非马氏体转变,其结果是淬火后工件只有很薄的马氏体层。由于这样的原因,当工件比较厚大时,为了得到足够的淬硬深度,所用淬火介质应当有较快的低温冷却速度;而薄小的工件则可以选用低温冷却速度较慢的淬火介质。

(4)工件的形状复杂程度。对于形状复杂的工件,尤其是有内孔或较深凹面的工件,为了减小淬火变形或需要把内孔淬硬时,应当选用蒸汽膜阶段较短的淬火介质,这是因为内孔或凹面内部散热较其他部位慢,工件的其他部位冷得快,先进入沸腾阶段,获得快冷,而内孔或凹面内仍被蒸汽膜笼罩,冷得很慢。这种冷却速度上的差异有可能引起较大的淬火变形和使凹面的硬度较低。解决这类问题的方法是选用蒸汽膜阶段较短而冷却速度较快的淬火介质。当然,适当增加内孔与凹面内介质的流动速度,也可以得到同样的效果。相反,形状简单的工件则可以使用蒸汽膜阶段稍长的淬火介质。此外,工件的形状越复杂,冷却时的内应力就越大。因此,形状复杂的工件允许的最高冷却速度较低,而形状简单的工件允许的最高冷却速度则较高。

(5)允许的变形大小。变形要求小的工件,所选用的淬火介质必须有较窄的冷却速度带;而允许变形较大的工件,所选用的淬火介质可以有较宽的冷却速度带。允许的冷却速度带较宽时,采用能得到淬火硬度要求的介质,往往就能满足变形要求;允许的冷却速度带特别窄时,必须采用能大幅度缩短工件冷却速度带的淬火方法。

生产中要处理的工件多种多样,不同工件对淬火介质冷却特性的要求可能相容,即可以用同一种淬火介质;也可能不相容,即找不到共同适用的淬火介质。

4.4.4 钢的淬火冷却方法

生产实践中应用最广泛的淬火分类是以冷却方式的不同来划分的,主要有单液淬火、双液淬火、马氏体分级淬火、贝氏体等温淬火和复合淬火等。图4-24为不同淬火方法的示意图。

1. 单液淬火

单液淬火是将奥氏体化工件浸入某一种淬火介

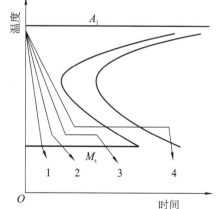

图4-24 不同淬火方法的示意图

1—单液淬火;2—双液淬火;

3—马氏体分级淬火;4—贝氏体等温淬火

质中,一直冷却到室温的淬火操作方法。单液淬火介质有水、盐水、碱水、油及专门配制的淬火剂等。一般情况下,碳素钢淬水,合金钢淬油。单液淬火操作简单,有利于实现机械化和自动化。其缺点是冷却速度受介质冷却特性的限制而影响淬火质量。单液淬火对于碳素钢而言只适用于形状较简单的工件。

2. 双液淬火

双液淬火是将奥氏体化工件先浸入一种冷却能力强的介质中,在工件达到该淬火介质温度之前即取出,马上浸入另一种冷却能力弱的介质中冷却的淬火操作方法,如先水后油、先水后空气等。双液淬火可以减小变形和开裂倾向,但操作不好掌握,在应用方面有一定的局限性。

3. 马氏体分级淬火

马氏体分级淬火是将奥氏体化工件先浸入温度稍高或稍低于钢的马氏体点的液态介质(盐浴或碱浴)中,保持适当的时间,待工件的内、外层都达到淬火介质温度后取出空冷,以获得马氏体组织的淬火工艺,也称分级淬火。

分级淬火由于在分级温度下停留到工件内外温度一致后空冷,因此能有效地减小相变应力和热应力,减小淬火变形和开裂倾向。分级淬火适用于对变形要求高的合金钢和高合金钢工件,也可用于截面尺寸不大、形状复杂的碳素钢工件。

4. 贝氏体等温淬火

贝氏体等温淬火是将工件奥氏体化,使之快冷到贝氏体转变温度区间(260~400 ℃)并等温保持,使奥氏体转变为贝氏体的淬火工艺,有时也称等温淬火。一般保温时间为30~60 min。

5. 复合淬火

复合淬火是指将工件急冷至 M_s 以下,从而获得10%~20%的马氏体,然后在下贝氏体温度区等温的淬火工艺。这种淬火工艺可使较大截面的工件获得 M+B 组织。预淬时形成的马氏体可促进贝氏体转变,在等温时又使马氏体回火。复合淬火用于合金工具钢工件,可避免第一类回火脆性,减少残余奥氏体量,即减小变形、开裂倾向。

4.4.5　钢的淬透性

1. 淬透性的定义

钢的淬透性是指钢在淬火时形成马氏体的能力,一般以圆柱体试样的淬硬层深度或硬度沿截面分布的曲线表示。

一般规定,钢的淬透层深度是指工件的表面至半马氏体组织(含有50%非马氏体组织)的深度。半马氏体组织比较容易由显微镜或硬度的变化来确定。在实际淬火过程中,如果整个截面都得到马氏体,即表明工件已经淬透。但对于大的工件,由于表层的冷却速度很快,大于临界冷却速度,而心部冷却速度小于临界冷却速度,因此表层淬成马氏体而心部未得到马氏体,如图 4-25 所示。需要说明的是,钢的淬透性与实际工件的淬透层深度不是同一个概念。淬透性是钢在规定条件下的一种工艺性能,是可以确定和比较的;而淬透层深度是指实际工件在具体条件下淬得的马氏体和半马氏体层的深度,与钢的淬透性及外在因素有关,是变化的。也就是说,同一种钢件采用不同的淬火工艺,其淬透层深度是不一样的,但是其淬透性是固定的。另外,还需要弄清楚淬透性和淬硬性的区别。淬硬性是指钢淬火时能够达到的最高硬度。

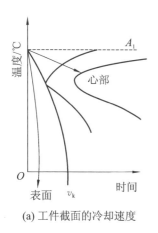

(a) 工件截面的冷却速度

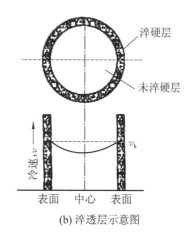

(b) 淬透层示意图

图 4-25　工件截面的冷却速度与淬透层示意图

　　一般来说,奥氏体的稳定性越好(C 曲线位置靠右),形成马氏体所需要的临界冷却速度就越小,则钢的淬透性越好。因此,凡是影响奥氏体稳定性的因素,如合金元素、含碳量、奥氏体化温度和钢中的第二相等,均影响钢的淬透性,如表 4-2 所示。

表 4-2 钢的淬透性影响因素

含　碳　量	亚共析钢含碳量增加→淬透性提高,过共析钢含碳量增加→淬透性下降
奥氏体化温度	奥氏体化温度提高→淬透性提高
合金元素	除 Co 以外,C 曲线右移,淬透性提高
未溶第二相	淬透性降低

2. 淬透性的测定方法

　　钢的淬透性的测定及表示方法很多,常用的有 U 形曲线法、临界直径法和末端淬火法,目前应用最普遍的是末端淬火法,其详细内容可见国家标准 GB/T 225—2006。其要点是:将 $\phi25$ mm×100 mm 的标准试样加热至奥氏体化后,用专用末端淬火试验机对其一个端面喷水冷却。在国家标准中对喷水管内径、水柱自由高度及水温都有详细的规定。图 4-26 为末端淬火法示意图。冷却后在试样沿长度方向磨一深度为 0.2～0.5 mm 的窄条平面,然后从末端开始,每隔一定距离测量一个硬度值,即可获得沿轴向的硬度——距水冷端距离的变化,所得曲线(见图 4-27)即为淬透性曲线。

　　淬透性曲线上的最高硬度可以看成是钢的淬硬性,曲线的拐点处的硬度大致相当于该钢种半马氏体组织的硬度。淬透性曲线越平坦,表示钢的淬透性越好。

　　根据 GB/T 225—2006 规定,钢的淬透性值用 $J\dfrac{HRC}{d}$ 表示。其中 J 表示末端淬火的淬透性,d 表示距水冷端的距离(mm),HRC 为该处的硬度。

　　在热处理过程中,淬透性曲线可用来推算钢的临界淬火直径,以及确定钢件截面上的硬度分布。

3. 钢淬火的缺陷及其消除方法

　　由于淬火加热温度高、冷却剧烈,因而容易产生一些缺陷。常见的缺陷有以下几种。

　　(1) 过热与过烧。由于加热温度过高,或保温时间过长,使奥氏体晶粒粗化的现象,称为过热。过热钢淬火后具有粗大的针状马氏体组织,其韧性较低。

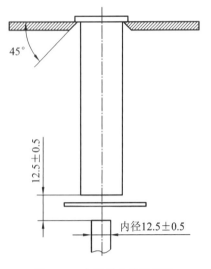

图 4-26　末端淬火法示意图

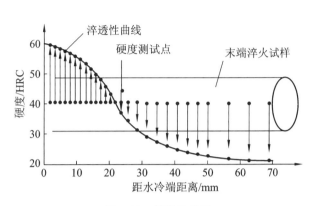

图 4-27　淬透性曲线

加热温度接近于开始熔化温度,沿晶界处产生熔化或氧化的现象,称为过烧。过烧后,钢的强度很低,脆性很大。

这两个缺陷都是由于加热温度过高或保温时间过长而造成的。因此,要求:一要正确制订淬火工艺;二要经常观察仪表和炉膛火色,掌握好加热温度。对于过热的钢件,可以通过一次或两次正火或退火来消除过热,一旦过烧,则无法补救。

(2)氧化和脱碳。钢件在加热时与炉中含有的 O_2、CO_2、H_2O 等气体发生化学反应,使其产生氧化和脱碳。这些气体与钢中的铁发生反应,使钢件表面形成一层松脆的氧化皮,这一过程称为氧化。氧化使钢件表面硬度不均,丧失原有的精度,甚至造成废品。这些气体能与钢中的碳结合,形成气体,使钢件表面的碳被"燃烧",这一过程称为脱碳。脱碳使钢件表面含碳量降低,淬火后硬度、耐磨性和疲劳强度降低。所有零件和工具都不允许脱碳。

防止氧化、脱碳的方法有:采用具有保护性气氛的无氧化炉加热、装箱加热、采用盐花加热等。

(3)软点和硬度不足。钢件淬火后,表面局部未被淬硬的区域称为软点。产生软点缺陷的原因主要是加热温度不够和淬火时局部冷却能力不够。钢件局部脱碳或表面不洁、钢件浸入淬火剂的方式不正确等也会形成软点。

出现软点的钢件,除了因脱碳和氧化造成的以外,其余仍可进行重新淬火,在重新淬火前对钢件进行一次正火或退火,然后在较为强烈的淬火剂中淬火,或通过将淬火温度升高至比正常淬火温度高 20～30 ℃等方法来补救。

硬度不足是指钢件淬火后,其硬度低于所要求的硬度。淬火加热温度低、冷却速度慢、加热温度过高或保温时间过长,都会使钢件产生硬度不足的现象。

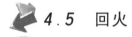 4.5　回火

将淬火钢重新加热到 A_{c1} 以下的某一温度,保温一定时间,然后以一定的冷却速度冷却到室温的热处理工艺称为回火。回火是紧接着淬火后的热处理工序。如高碳钢、高碳合金

钢及渗碳钢制的工件,在淬火后必须立即进行回火。这是因为:①淬火后得到的马氏体是性能很脆的组织,并且存在内应力,容易产生变形和开裂;②淬火马氏体和残余奥氏体都是不稳定的组织,在工件中会发生分解,导致零件的尺寸发生变化,这对于一些精密零件而言是不允许的;③回火处理可以调整淬火处理后的零件的强度、硬度、塑性和韧性,获得综合性能满足使用要求的零件。

4.5.1 钢回火时的组织和性能变化

工件经淬火后得到的组织是不稳定的马氏体和残余奥氏体,它们有自发向稳定组织转变的倾向,而回火加热能够促进不稳定组织的转变。根据回火温度和回火组织的相应变化,回火可以分为四个阶段。

(1) 第一阶段(200 ℃以下):马氏体的分解。淬火马氏体是含碳量过饱和的 α 固溶体,ε 碳原子总是试图从 α 固溶体中析出。当回火温度高于 100 ℃时,马氏体开始分解,析出 ε 碳化物,从而使过饱和度减小,正方度(C/α)降低。ε 碳化物的晶体结构为正交晶格,分子式为 $Fe_{2.4}C$。分解出来的 ε 碳化物为极细并且与 α 固溶体保持共格关系的薄片。这个温度范围内的回火组织为回火马氏体。回火马氏体主要由极细的 ε 碳化物和低过饱和度的 α 固溶体组成。在显微镜下,高碳回火马氏体为黑色针状,低碳回火马氏体为暗板条状,中碳回火马氏体为两者的混合物。回火马氏体的脆性比马氏体的小;片状回火马氏体具有很高的硬度、强度,但韧性和塑性低;板条状回火马氏体具有相当高的强韧性。

(2) 第二阶段(200~300 ℃):残余奥氏体的分解。在这个温度范围内,除了马氏体不断分解外,由于碳原子不断析出,马氏体的体积缩小,降低了对残余奥氏体的压力,使其在此温度区间内转变为下贝氏体。下贝氏体和回火马氏体的本质是相似的。而且,在此温度范围内残余奥氏体的分解基本完成,得到的下贝氏体不多,因此这个阶段的组织仍然主要为回火马氏体。

(3) 第三阶段(250~400 ℃):回火屈氏体的形成。ε 碳化物属于一种亚稳定的碳化物,只能在较低温度下存在。当回火温度升高后,碳原子的扩散能力增强,能够进行较长距离的扩散,过饱和 α 固溶体很快转变成铁素体,同时亚稳定的 ε 碳化物也逐渐转变为稳定的渗碳体,并与母相失去共格关系。经过第三阶段的回火后,钢的组织转变为尚未再结晶的铁素体和细小颗粒状的渗碳体的混合组织(回火屈氏体),并使淬火时因晶格畸变而产生的内应力大大消除。回火屈氏体具有很高的弹性极限与屈服强度,同时还具有一定的韧性。

(4) 第四阶段(400 ℃以上):α 相的回复与再结晶和渗碳体的聚集长大。第三阶段形成的铁素体仍然保留着原马氏体的针状形状,并且晶体内位错密度很高。在回火加热过程中,针状铁素体会发生回复和再结晶过程。在 400 ℃时,回复很明显。继续升高回火温度,将逐渐发生再结晶,形成位错密度较低的等轴铁素体基体。与此同时,渗碳体粒子不断聚集长大,并在约 400 ℃时开始球化,在约 600 ℃时开始粗化。该阶段得到的回火组织为多边形铁素体和粒状渗碳体的混合物(回火索氏体)。回火索氏体具有很高的韧性、塑性,同时具有较高的强度,具有良好的综合机械性能。

通过上面的分析可知,淬火钢经过各阶段回火后所形成的组织有回火马氏体、回火屈氏体和回火索氏体。

图 4-28 表示淬火钢回火过程中马氏体的含碳量、残余奥氏体量、内应力和碳化物粒子大小随回火温度的变化。随着回火温度的升高,马氏体中的碳不断析出,所以钢的强度、硬度不断下降,而塑性、韧性不断提高。

图 4-28 所示图表，纵轴从上到下依次为：马氏体的含碳量、残余奥氏体量、内应力、碳化物粒子大小；横轴为回火温度/℃，刻度 100 200 300 400 500 600 700。

图 4-28 淬火钢回火过程中马氏体的含碳量、残余奥氏体量、内应力和碳化物粒子大小随回火温度的变化

4.5.2 回火的分类和应用

重要的机器零件都要经过淬火和回火。钢淬火、回火后的机械性能取决于淬火的质量和回火的合理性。在得到细小和完全的马氏体的前提下，机器零件的性能主要取决于回火温度。按照回火温度和机器零件所要求的性能，一般可将回火分为三种。

(1) 低温回火。加热温度为 150~250 ℃，所得组织为回火马氏体。低温回火的目的是在保持钢淬火后的高硬度(一般为 58~64 HRC)和高耐磨性的前提下，降低其淬火时所带来的内应力和脆性。它主要用于量具、刃具、冲模、滚动轴承及渗碳和表面淬火的零件等。

(2) 中温回火。加热温度为 350~500 ℃，所得组织为回火屈氏体，其硬度一般在 35~50 HRC 之间。中温回火的目的是获得高的屈强比、弹性极限和较高的韧性。它主要用于各种弹簧和锻模的热处理。

(3) 高温回火。加热温度为 500~650 ℃，所得组织为回火索氏体，其硬度一般为 25~35 HRC。高温回火的目的是获得强度、硬度、塑性和韧性都较好的综合机械性能。通常将淬火和高温回火相结合，称之为调质处理。它是一项极其重要的热处理工艺，主要用于结构钢所制造的工件，如连杆、齿轮及轴类等。

调质处理一般作为最终热处理，也可以用于预先热处理。工件调质后性能的好坏与工件淬透与否有密切的关系。合金钢的淬透性比碳钢的好，所以合金钢经调质处理后比碳钢显示出更好的机械性能。

图 4-29 所示为 T8 钢的低温、中温和高温回火组织。

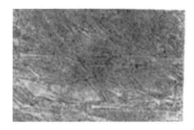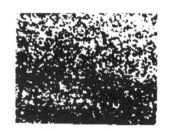

图 4-29 T8 钢的低温、中温和高温回火组织

4.5.3 回火脆性

1. 低温回火脆性

合金钢淬火得到马氏体组织后，在 250~400 ℃ 温度范围内回火，使钢脆化，其韧性-脆性转化温度明显升高。已脆化的钢不能再用低温回火加热的方法消除其脆性，故低温回火脆性又称为"不可逆回火脆性"。它主要发生在合金结构钢和低合金超高强度钢等钢种内。产生低温回火脆性的原因如下。

（1）与渗碳体在低温回火时以薄片状在原奥氏体晶界析出,造成晶界脆化密切相关。

（2）杂质元素磷等在原奥氏体晶界偏聚也是造成低温回火脆性的原因之一。含磷量低于 0.005% 的高纯度钢并不产生低温回火脆性。加热时磷在奥氏体晶界偏聚,淬火后保留下来。

钢中合金元素对低温回火脆性产生较大的影响。铬和锰促进杂质元素磷等在奥氏体晶界偏聚,从而促进低温回火脆性;钨和钒基本上没有影响;钼降低低温回火钢的韧性-脆性转化温度,但尚不足以抑制低温回火脆性;硅能推迟回火时渗碳体析出,提高其生成温度,故可提高低温回火脆性发生的温度。

降低低温回火脆性的主要措施有:

（1）避免在该温度区（250～400 ℃）回火;

（2）用等温淬火代替;

（3）加入少量合金元素 Si,使碳化物的析出温度提高。

2. 高温回火脆性

合金钢淬火得到马氏体组织后,在 450～600 ℃ 温度范围内回火,或在 650 ℃ 回火后,以缓慢冷却速度经过 350～600 ℃,或者在 650 ℃ 回火后,在 350～650℃ 温度范围内长期加热,都可使钢发生脆化现象。如果已经脆化的钢重新加热到 650 ℃,然后快冷,则可以恢复其韧性,因此高温回火脆性又称为"可逆回火脆性"。

钢的高温回火脆性的本质普遍认为是磷、锡、锑、砷等杂质元素在原奥氏体晶界偏聚,导致晶界脆化的结果。锰、镍、铬等合金元素与上述杂质元素在晶界发生共偏聚,促进杂质元素的富集而加剧脆化;而钼则相反,它与磷等杂质元素有较强的相互作用,可在晶内产生沉淀相并阻碍磷的晶界偏聚,从而减轻高温回火脆性;稀土元素也有与钼类似的作用;钛则能有效地促进磷等杂质元素在晶内沉淀,从而减弱杂质元素的晶界偏聚,减缓高温回火脆性。

回火钢的原始组织对钢的高温回火脆性的敏感程度有显著差别。马氏体高温回火组织对高温回火脆性的敏感程度最大,贝氏体高温回火组织次之,珠光体高温回火组织最小。

降低高温回火脆性的措施有:

（1）在高温回火后用油或水快速冷却,以抑制杂质元素在晶界偏聚;

（2）向钢中加入 Mo、W 等合金元素,以减少杂质元素的偏聚;

（3）降低钢中杂质元素的含量,发展高纯度钢;

（4）采用两次淬火工艺,即第一次采用 $A_{c3}+（30～50 ℃）$ 加热淬火,第二次采用 $A_{c1}～A_{c3}$ 之间的温度加热淬火;

（5）采用高温变形热处理。

4.6 表面热处理

表面热处理是指以改变钢件表层的组织和性能为目的的热处理工艺。在机械产品中,齿轮、轴类等许多零件都是在动载荷和强烈的摩擦条件下工作的,这就要求它们不仅心部具有高的强韧性,而且表面还要具有高的硬度和耐磨性。通过表面热处理可以实现零件表面和心部这种不同的性能要求。

生产中广泛应用的表面热处理工艺有表面淬火和化学热处理两大类。

4.6.1 表面淬火

表面淬火是指仅对工件表层进行淬火的热处理工艺,其主要目的是使零件表面获得高的硬度和耐磨性,而心部则保持预先热处理所获得的良好的强度和韧性。凡是能通过整体淬火进行强化的金属材料,原则上都可以进行表面淬火。表面淬火由于具有工艺简单、工件变形小、强化效果显著和生产效率高等优点,故在生产中应用十分广泛。

根据加热方法的不同,表面淬火可分为感应加热表面淬火、火焰加热表面淬火、激光加热表面淬火和电接触加热表面淬火等。

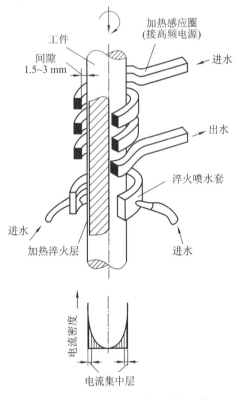

图 4-30 感应加热表面淬火示意图

1. 感应加热表面淬火

感应加热表面淬火是最常用的表面淬火方法,如图 4-30 所示。感应加热表面淬火的基本原理是:将工件放入感应器(线圈)中,感应器通入一定频率的交流电以产生交变磁场,根据电磁感应原理,工件内将产生同频率的感应电流。感应电流在工件内自成回路(故常称之为"涡流"),并且分布不均匀,心部电流密度小,表面电流密度大(称之为"集肤效应")。由于工件本身有电阻,集中于工件表层的"涡流"将使表层被迅速加热至淬火温度,而心部温度则维持原有室温,随即对工件喷水快冷,使表层实现淬火。由于电流频率越高,"集肤效应"越强烈,因此,随着电流频率的提高,工件的淬硬层越薄。

按电流频率的高低,常用的感应加热表面淬火分为三种。

(1) 高频感应加热表面淬火:电流频率一般为 200～300 kHz(频率大于 15 kHz 的电流称为高频电流),淬硬层深度一般不超过 2 mm,主要用于淬透层不要求很深的小模数齿轮和直径较小的轴类零件等。

(2) 中频感应加热表面淬火:电流频率一般为 2.5～8 kHz,淬硬层深度较大,可达 2～10 mm,主要用于大、中模数齿轮和直径较大的轴类零件等。

(3) 工频感应加热表面淬火:电流频率为 50 Hz,淬硬层深度更大,可达 10～20 mm,主要用于大直径的零件,如大型轧辊、柱塞和火车车轮等。

与普通淬火相比,感应加热表面淬火的主要优点有:加热速度快(一般为 2～20 s)、工件变形小、生产效率高;奥氏体晶粒小,马氏体组织极细,碳化物高度弥散,硬度比普通淬火高 2～6 HRC;只发生表层马氏体转变,淬火后表层处于压应力状态,工件的疲劳强度一般可提高 20%～30%,甚至更多;感应加热设备适合流水线生产方式,易实现机械化和自动化,且工艺质量稳定。感应加热表面淬火的主要缺点是:对于形状复杂的工件,不易制造感应器,应用范围有一定的局限性;由于感应加热设备较贵,不适用于单件生产。

最适合感应加热表面淬火的钢是含碳量为 0.4%～0.5% 的中碳钢(如 40 钢、45 钢)和中碳合金钢(如 40Cr),高碳工具钢和铸铁(如机床导轨)也可采用感应加热表面淬火。

由于感应加热速度快，A_{c3} 较高，因此应选择较高的加热温度，一般为 A_{c3} 以上 $100\sim 200\ ^{\circ}C$。为了使工件心部具有足够的强度和韧性，并为表面淬火做好组织上的准备，在感应加热表面淬火前一般要对工件进行调质或正火处理。感应加热表面淬火后应及时进行回火，以稳定组织和消除淬火应力。常用的回火方法为炉内低温回火和利用工件心部余热对表层进行加热的自回火等。

2. 火焰加热表面淬火

火焰加热表面淬火是指利用氧-乙炔混合气体或其他可燃气体的燃烧火焰，将工件表层快速加热至淬火温度，然后快速冷却的热处理工艺，如图 4-31 所示。

火焰加热表面淬火具有操作简便灵活，不受工件大小和淬火部位位置的限制，以及设备简单、成本低等优点，但由于加热温度和加热层深度受到火焰、火焰与工件相对位置、火焰与工件相对移动速度等因素的影响，所以加热温度和加热层深度不易控制，容易发生过热等现象，淬火质量不够稳定。火焰加热表面淬火多用于中碳钢、中碳合金钢及铸铁件的单件、小批量生产，或大型工件（如大模数齿轮、机床导轨等）的表面淬火。

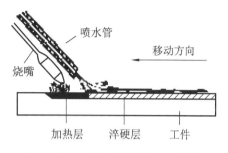

图 4-31　火焰加热表面淬火示意图

火焰加热表面淬火的淬硬层深度一般为 $1\sim 6$ mm。火焰加热表面淬火前，工件一般需先进行正火处理，心部性能要求高的工件需先进行调质处理。火焰加热表面淬火的冷却介质一般为水，对于淬透性好的合金钢或形状简单的小型碳钢件也可油冷。火焰加热表面淬火后，工件必须立即进行低温回火，以消除淬火应力，防止工件变形和开裂。

3. 激光加热表面淬火

激光加热表面淬火是 20 世纪 70 年代随着大功率激光器的问世而发展起来的一种新型表面强化方法，其工作原理是：通过利用高能量密度的激光束对工件进行扫描照射，使其表面在极短的时间内被加热至淬火温度，停止扫描照射后，表层的热量被内部金属快速吸收，从而使工件表层淬火。激光加热表面淬火的淬硬层深度较浅，一般为 $0.3\sim 0.5$ mm。

激光加热表面淬火具有加热速度极快（千分之几秒至百分之几秒），生产效率极高；不需要冷却介质，工件变形极小；表面硬度和耐磨性高（耐磨性比淬火后再低温回火的耐磨性提高 50% 以上）；表面光洁，不需要再加工便可直接使用；表层形成残留压应力，可提高疲劳强度等优点。激光加热表面淬火的主要缺点是在两次扫描照射的重叠区容易产生回火软化带，因此不适用于要求大面积淬硬的工件。另外，激光加热设备费用高、电-光转换效率较低等也制约了激光加热表面淬火的应用。

目前，激光加热表面淬火主要用于精密零件的表面局部淬火（如发动机气缸套、活塞环等）；工件上的沟槽、深孔侧壁等普通表面淬火无法实施的部位，特别适合采用激光加热表面淬火的方法来提高耐磨性；要求耐磨性高的一些薄小零件（如照相机快门组件）也适合采取激光加热表面淬火。作为一种环保型的热处理新技术，激光加热表面淬火具有广阔的发展前景。

4.6.2　化学热处理

化学热处理是指将工件置于特定的活性介质中加热和保温，使所需的元素渗入其表层，从而改变表层的化学成分、组织和性能的热处理工艺。

化学热处理一般由以下三个基本过程组成。

（1）活性介质的分解。活性介质在一定的温度下通过化学反应进行分解，得到所需要的活性原子。这些以原子状态存在的活性原子容易被工件表面吸收。

（2）活性原子的吸收。活性原子被工件表面吸收的具体方式是：溶入钢中的固溶体或与钢中元素形成的化合物。

（3）活性原子的扩散。被吸收的活性原子在浓度差的作用下，由工件表面逐渐向内部扩散，形成一定厚度的渗层。各种化学热处理都是借助于扩散过程来获得渗层厚度的。扩散时间越长，工件温度越高，则获得的渗层越厚。

常用的化学热处理工艺有：渗碳、渗氮、碳氮共渗等。

1. 渗碳

渗碳是指将钢件置于渗碳介质中加热和保温，使碳原子渗入表层的化学热处理工艺。

渗碳的目的是通过提高钢件表层的含碳量和形成合适的碳浓度梯度，经过淬火和低温回火后，使表层获得高的硬度和耐磨性，而心部具有良好的强韧性。因此，渗碳工艺一般用于在交变载荷、冲击载荷、接触应力大和严重磨损条件下工作的零件，如齿轮、活塞销和凸轮轴等。

为了保证工件心部具有足够的韧性，渗碳用钢一般为含碳量在 $0.10\% \sim 0.25\%$ 之间的低碳钢和低碳合金钢。对于强度要求较高的零件，渗碳用钢的含碳量可以达到 0.30%。由于低碳钢强度较低、淬透性差和长时间高温渗碳时奥氏体晶粒易长大，因此，重要的渗碳零件都选用低碳合金钢。

根据渗碳剂的不同，渗碳工艺可分为气体渗碳、液体渗碳和固体渗碳，这里仅介绍应用最广泛的气体渗碳。

如图 4-32 所示，气体渗碳是将工件置于密闭的专用井式渗碳炉中，通入富碳的气体渗碳剂（天然气、液化气等）或滴入易气化的液体渗碳剂（煤油、甲醇等），加热至 $900 \sim 950\ ℃$ 并保温，上述渗碳剂将发生分解，形成以 CO、CH_4 为主的渗碳气氛，并产生活性碳原子$[C]$，其反应如下：

$$2CO = [C] + CO_2$$
$$CH_4 = [C] + 2H_2$$

活性碳原子被工件表面吸收后溶入奥氏体中，并向工件内部扩散，最后形成具有一定浓度差（碳浓度由表及里逐渐降低）和深度的渗碳层，如图 4-33 所示。渗碳后再缓慢冷却至室温时，奥氏体基本上按照 Fe-Fe₃C 相图规律进行组织转变，表层（过共析层）所获得的是珠光体与渗碳体，往里是珠光体（共析层），再往里是珠光体与铁素体（亚共析层，也称为过渡层），在活性碳原子不能到达的内部是钢的原始组织。

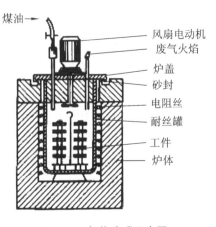

图 4-32　气体渗碳示意图

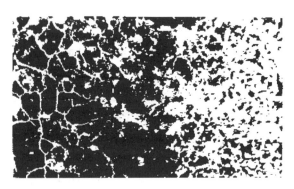

图 4-33　低碳钢渗碳后缓冷时的显微组织

渗碳后工件表面的含碳量一般要求在 $0.85\%\sim1.05\%$ 之间。若碳浓度过低,淬火和回火后硬度、耐磨性达不到要求;若碳浓度过高,容易形成网状渗碳体,使渗碳层变脆和残留奥氏体量增加,零件的疲劳强度降低。

渗碳后虽提高了工件表层的含碳量,但同时也使奥氏体晶粒发生粗化,渗碳后必须再进行适当的热处理才能有效地提高表层的硬度和耐磨性,从而达到渗碳的目的。渗碳件常用的热处理方法是淬火后再进行低温回火,其中淬火又有以下几种方法。

1) 直接淬火

直接淬火主要用于本质细晶粒钢的渗碳件。因为这类钢在渗碳时奥氏体晶粒不易长大,从渗碳炉中取出后直接淬火,就可以使工件表面获得高的硬度和耐磨性。这种淬火方法的主要优点是操作简便,不需要重新加热,生产效率高和表面脱碳少,适用于大批量生产。

生产中一般先将工件从渗碳温度预冷至略高于心部的 A_{r3},然后淬入油或水中,如图4-34(a)所示。预冷的主要目的是为了降低淬火温度,减小淬火应力和变形。此外,预冷时渗碳层会析出部分二次渗碳体,这将有利于减少表层淬火后的残留奥氏体量和提高耐磨性。

2) 一次淬火

一次淬火是指工件渗碳后出炉缓慢冷却至室温,然后再重新加热淬火的方法,如图4-34(b)所示。对于心部有较高强度和韧性要求的零件,淬火温度应略高于心部的 A_{c3},这样既可以细化奥氏体晶粒,又可以防止心部出现游离铁素体。当心部淬透时,心部还可以获得低碳马氏体。对于表层有较高耐磨性要求的零件,淬火温度应选择在心部的 A_{c1} 至 A_{c3} 之间(一般为 A_{c1} 以上 30～50 ℃),淬火后虽然心部有游离铁素体出现,降低了心部的强度,但由于表层二次渗碳体的增加和残留奥氏体量的减少,表层的耐磨性更高。

3) 二次淬火

如图4-34(c)所示。一次淬火的加热温度应略高于心部的 A_{c3},目的是为了细化心部晶粒,消除心部游离铁素体和表层的网状二次渗碳体,但由于这个温度远高于表面渗碳层的正常淬火温度,所以将使表层的晶粒粗化。为了细化表层晶粒,需要采取二次淬火。二次淬火的加热温度应在 A_{c1} 以上 30～50 ℃,这将有利于细化表层晶粒和提高表层的耐磨性,同时对心部的性能影响不大。

二次淬火由于工艺复杂,生产周期长,工件易发生变形和脱碳,一般只用于表面耐磨性和心部强韧性要求高的零件或本质粗晶粒钢。

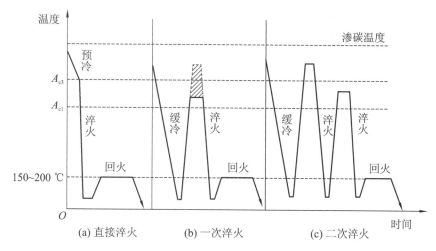

图 4-34　渗碳后常用的淬火方法

需要强调的是，与普通淬火一样，渗碳件淬火后也必须回火，一般采取加热温度为 $150\sim200\ ℃$ 的低温回火。采取直接淬火的工件低温回火后，表层组织主要为回火马氏体及少量的残留奥氏体和二次渗碳体；采取一次淬火的工件低温回火后，表层组织主要为回火马氏体和少量的残留奥氏体（淬火温度略高于心部的 A_{c3} 时），或以回火马氏体、粒状二次渗碳体为主，并有少量的残留奥氏体（淬火温度为 A_{c1} 以上 $30\sim50\ ℃$ 时）；采取二次淬火的工件低温回火后，表层组织也是以回火马氏体、粒状二次渗碳体为主，并有少量的残留奥氏体。

渗碳件经淬火和低温回火后，表面硬度为 $58\sim64\ HRC$，具有良好的耐磨性。

2. 渗氮

渗氮（又称氮化）是指将钢件置于渗氮介质中加热和保温，使氮原子渗入表层的化学热处理工艺。

渗氮的目的是为了提高工件表面的硬度、耐磨性、疲劳强度和耐蚀性等性能。由于渗氮工艺具有许多优点，因此它在机械制造中获得了广泛的应用。目前渗氮工艺不仅用于传统的渗氮用钢的表面处理，而且还用于工具钢、不锈钢和铸铁等材料的表面处理。

常用的渗氮工艺主要有气体渗氮和离子渗氮等，这里仅介绍应用最广泛的气体渗氮。

气体渗氮是将工件置于密闭的渗氮炉中，通入可提供氮原子的氨气（NH_3），加热至 $480\sim570\ ℃$，使氨气分解出活性氮原子 $[N]$，其反应如下：

$$2NH_3 \Longrightarrow 3H_2 + 2[N]$$

活性氮原子 $[N]$ 被工件表面吸收，并向内部逐渐扩散，形成一定深度的渗氮层。

典型的渗氮用钢是 38CrMoAlA 钢，它的渗氮工艺具有一定的代表性，基本体现了渗氮工艺的特点。渗氮工艺的优点主要表现在：渗氮时，钢中的合金元素与氮形成高硬度、高度弥散的氮化物（CrN、MoN、AlN），使工件表面无须淬火就可获得很高的硬度和耐磨性（表面硬度可达 $1000\sim1200\ HV$，相当于 $72\ HRC$，远高于渗碳层）；工件表面的氮化物会形成一层致密的薄层，使工件获得一定的耐蚀性；由于氮化物的比容较大，渗氮后表层会产生较大的残留压应力，使工件的疲劳强度显著提高。此外，由于渗氮温度较低，渗氮后通常为随炉缓冷，所以工件的变形极小。渗氮工艺的主要缺点是工艺周期长、生产成本高，对于 38CrMoAlA 钢，在 $550\ ℃$ 需要保温 50 余小时才能获得 $0.6\ mm$ 的渗氮层。此外，由于渗氮层很薄（一般为 $0.5\ mm$ 左右），脆性又大，因此渗氮件不宜承受太大的接触应力和冲击载荷。

由于上述特点，渗氮工艺主要用于耐磨性和精度要求很高的精密零件（如高速精密齿轮、高精度机床主轴等）；在交变载荷下工作、要求疲劳强度很高的零件（如高速柴油机曲轴等）；以及要求热处理变形小，并具有一定耐蚀性要求的耐磨零件（如有色金属压铸模、内燃机汽阀、在腐蚀介质中工作的泵轴和叶片等）。

渗氮工艺一般作为零件加工的最后一道工序，只有精度要求特别高的工件才会在渗氮后再进行精磨或研磨，因此，渗氮前必须使工件做好组织和性能方面的准备。一般对工件进行预先调质，获得均匀致密的回火索氏体，以提高心部力学性能和防止渗氮层因组织不均匀而产生脆裂的现象。对于精度要求高、形状复杂的工件，在半精加工结束后往往还需要进行去应力退火，以消除机加工时产生的应力，减小工件变形。为了保证心部的力学性能，去应力退火的温度不应高于调质时的回火温度。

4.7 其他热处理工艺简介

当代热处理技术的发展，主要体现在清洁热处理、精密热处理、节能热处理和少无氧化热处理等方面。先进的热处理技术可大幅度提高产品质量和延长产品使用寿命，故热处理新技术、新工艺的研究和开发备受关注,而且得到广泛应用。近年来计算机技术已用于热处理工艺控制。

4.7.1 真空热处理

真空热处理是指在低于一个大气压的环境中进行加热的热处理工艺,包括真空淬火、真空退火、真空化学热处理。真空热处理零件不氧化、不脱碳,表面光洁美观;升温慢,热处理变形小;可显著提高疲劳强度、耐磨性和韧性;表面氧化物、油污在真空加热时分解,被真空泵排出,劳动条件好。但是真空热处理设备复杂、投资和成本高,目前主要用于工模具和精密零件的热处理。

4.7.2 可控气氛热处理

可控气氛热处理是在成分可控制的炉内进行的热处理工艺,其目的是为了有效地进行渗碳、碳氮共渗等化学热处理,或防止工件加热时氧化、脱碳,还可用于低碳钢的光亮退火及中、高碳钢的光亮淬火。通过建立气体渗碳数学模型、计算机碳势优化控制及碳势动态控制,可实现渗碳层浓度分布的优化控制、层深的精确控制,大大提高生产率,国外已经广泛用于汽车、拖拉机零件和轴承的生产,国内也引进了成套设备,用于铁路、车辆轴承的热处理。

4.7.3 形变热处理

形变热处理是将塑性变形与热处理有机结合,以提高材料力学性能的复合工艺。形变热处理能同时发挥形变强化和相变强化的作用,提高材料的强韧性,而且还可简化工序、降低成本、减少能耗和材料烧损。

1. 高温形变热处理

将钢加热到奥氏体区内后进行塑性变形,然后立即淬火、回火的热处理工艺,称为高温形变淬火,例如热轧淬火、锻热淬火等。与普通热处理相比,此工艺能提高 $10\% \sim 30\%$ 的强度,提高 $40\% \sim 50\%$ 的塑性,使韧性成倍提高。高温形变热处理适用于形状简单的零件或工具的热处理,如连杆、曲轴、模具和刀具。

2. 低温形变热处理

将钢加热到奥氏体区后急冷至 A_{r1} 以下,进行大量塑性变形,随即淬火、回火的热处理工艺,称为低温形变热处理,又称为亚稳奥氏体的形变淬火。此工艺与普通热处理相比,在保持塑性、韧性不降低的情况下,可大幅度提高钢的强度和耐磨性。低温形变热处理适用于具有较高淬透性、较长孕育期的合金钢。

形变热处理主要受设备和工艺条件的限制,应用还不普遍,对形状比较复杂的工件进行形变热处理尚有困难。形变热处理对工件的可加工性和焊接性也有一定影响。

4.7.4 超细化热处理

在加热过程中使奥氏体的晶粒度细化到 10 级以上,然后再淬火,可以有效地提高钢的强度、韧性和降低韧脆转化温度。这种使工件得到超细化晶粒的工艺方法称为超细化热处理。

奥氏体细化过程是:首先将工件奥氏体化后淬火,形成马氏体组织后再以较快的速度重新加热到奥氏体化温度,经短时间保温后迅速冷却。这样反复加热、冷却循环数次,每加热一次,奥氏体晶粒就被细化一次,使下一次奥氏体化的形核率增加,而且快速加热时未溶解的细小碳化物不但阻碍奥氏体晶粒长大,还成为形成奥氏体的非自发核心。用这种方法可获得晶粒度为 13～14 级的超细晶粒,并且在奥氏体晶粒内还均匀分布着高密度的位错,从而提高材料的力学性能。

4.7.5　高能束热处理

高能束热处理是利用电子束、等离子弧等高功率、高能量的密度能源加热工件的热处理工艺的总称。

1. 电子束热处理

电子束热处理是利用电子枪发射的电子束轰击工件表面,将能量转换为热能来进行热处理的方法。电子束在极短时间内以密集能量(可达 $10^6 \sim 10^8$ W/cm²)轰击工件表面而使表面温度迅速升高,利用自激冷作用进行冲击淬火或进行表面熔铸合金。

电子束加热工件时,表面温度和淬硬深度取决于电子束的能量大小和轰击时间。实验表明,功率密度越大,淬硬深度越深,但轰击时间过长会影响自激冷作用。

电子束热处理的应用与激光热处理的应用相似,其加热效果比激光热处理的好,但电子束热处理需要在真空下进行,可控制性差,而且要注意 X 射线的防护。

2. 离子热处理

离子热处理是利用低真空中稀薄气体的辉光放电产生的等离子体轰击工件表面,使工件表面成分、组织和性能改变的热处理工艺。

1) 离子渗氮

离子渗氮是在低于一个大气压的渗氮气氛中,利用工件(阴极)和阳极之间产生的辉光放电进行渗氮的热处理工艺。离子渗氮常在真空炉内进行,向炉中通入氨气或氮、氢混合气体,炉压在 133～1066 Pa 之间。接通电源,在阴极(工件)和阳极(真空器)间施加 400～700 V 的直流电压,使炉内气体放电,在工件周围产生辉光放电现象,并使电离后的氮正离子高速冲击工件表面,氮正离子获得电子后还原成氮原子而渗入工件表面,并向内部扩散,形成渗氮层。

离子渗氮的优点是速度快,在同样的渗层厚度的情况下仅为气体渗氮所需时间的 1/4～1/3,渗氮层质量好、节能,而且无公害、操作条件良好,目前已得到广泛应用;其缺点是零件复杂或截面悬殊时,很难同时达到统一的硬度和深度。

2) 离子渗碳

离子渗碳是将工件装入温度在 900 ℃ 以上的真空炉内,在通入碳化氢的减压气氛中加热,同时在工件(阴极)和阳极之间施加高压直流电而产生辉光放电,使活化的碳被离子化,在工件附近加速而轰击工件表面来进行渗碳。

离子渗碳的硬度、疲劳强度和耐磨性等力学性能比传统的渗碳方法的高,渗速快,渗层厚度及含碳量容易控制,不易氧化,表面洁净。

3) 离子注入

离子注入是在高能量离子的轰击下强行注入工件表面,以形成极薄的具有特殊功能的渗层的技术。在离子源处形成的离子经过聚焦加速,形成离子束,并由质量分离器分离出所需离子,然后经过偏转、扫描等过程,对注入室内的工件(基极)进行轰击,从而形成合金渗层。整个过程在 1.3×10^{-3} Pa 的真空度下进行。试样的离子注入量可通过离子束电流和照射时间来测定。

离子注入技术在提高工程材料的表面硬度、耐磨性、疲劳抗力及耐蚀性等方面都有应用。

4.8　热处理技术要求标注、工序位置安排与工艺分析

4.8.1　热处理技术要求标注

热处理技术要求是热处理工艺质量的检验依据,是工件经过热处理后应达到的性能和指标。热处理技术要求主要包括最终热处理方法、硬度和其他力学性能指标,以及对工件的组织、变形量、局部热处理要求等内容。热处理技术要求也是机械图样的重要内容之一,应在图样上以文字、数字或专业代号等形式标注出来。

硬度通常是热处理质量检验中最重要的指标,甚至经常是许多零件的唯一技术要求。这是因为硬度检测方便,对工件破坏小,并且硬度与强度等其他力学性能有一定的对应关系,可以间接反映其他力学性能。在标注硬度指标时,一般采取允许变化范围的方式,即标注上、下极限值,如淬火、回火43～48 HRC,调质240～270 HBW。硬度值的变化范围一般为:洛氏5个单位,布氏30～40个单位。对于力学性能要求较高的重要零件(如主轴、齿轮、曲轴等),一般还要标注强度和韧性等指标要求,甚至标注金相组织要求;对于需要表面热处理的零件,应在图样上标注硬化层的深度范围和硬度值范围,并对需要热处理的表面用粗点画线框出。

4.8.2　热处理工序位置安排

在零件的制造流程中,合理安排热处理工序的位置对提高机械加工的质量和效率,以及保证零件的使用性能具有重要的意义。

按照目的和位置的不同,热处理工艺分为预先热处理和最终热处理两大类,其工序位置安排的基本原则如下。

1.预先热处理的工序位置

预先热处理包括退火、正火和调质等,一般安排在毛坯生产之后,切削加工之前,或粗加工之后,半精加工之前。当工件的性能要求不高时,经退火、正火或调质后工件不再进行其他热处理,此时它们属于最终热处理。

1)退火、正火的工序位置

退火与正火的目的主要是消除工件中的残留应力、晶粒粗大和成分偏析等缺陷,为最终热处理做好组织准备;同时,它们还可以调整硬度,改善工件的切削加工性。退火和正火件的工艺路线为:毛坯生产→退火(或正火)→切削加工等。

2)调质的工序位置

调质的目的是为了提高工件的综合力学性能,并为表面热处理做好组织准备。它一般安排在粗加工之后,半精加工或精加工之前。调质件的工艺路线为:下料→锻造→正火(或退火)→粗加工→调质→半精加工(或精加工)等。

2.最终热处理的工序位置

最终热处理包括:整体淬火、回火(低温、中温、高温),表面淬火,渗碳和渗氮等。

由于经过最终热处理后工件的硬度较高,难以切削加工(磨削除外),所以最终热处理一般安排在半精加工之后,精加工(一般为磨削)之前。

1)整体淬火、回火的工序位置

整体淬火和回火件的工艺路线为:下料→锻造→正火(或退火)→粗加工,半精加工→整体淬火、回火(低温、中温)→精加工(磨削)。

2）表面淬火的工序位置

表面淬火的工艺路线为：下料→锻造→正火（或退火）→粗加工→调质→半精加工→表面淬火、低温回火→精加工（磨削）。

3）渗碳的工序位置

渗碳的工艺路线为：下料→锻造→正火（或退火）→粗加工、半精加工→渗碳→切除防渗余量→整体淬火、低温回火→精加工（磨削）。

4）渗氮的工序位置

由于渗氮温度低，工件变形极小，以及渗氮层薄而脆，因此渗氮后一般不再进行切削加工，只有精度要求特别高时才会安排精磨或研磨。渗氮件的工艺路线为：下料→锻造→正火（或退火）→粗加工→调质→半精加工→去应力退火→精加工（磨削）→渗氮（→精磨或研磨）。

4.8.3　热处理工艺举例与分析

1. 拖拉机连杆螺栓

连杆螺栓（见图4-35）是发动机中一个重要的连接零件，它要求具有较高的强度、良好的塑性和韧性，以及较高的疲劳强度。

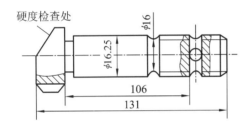

图 4-35　拖拉机连杆螺栓

材料：40Cr 钢。

热处理技术要求：经调质后，硬度为 30～35 HRC，组织为回火索氏体。为了保证强度和韧性，不允许有块状铁素体。

工艺路线：下料→锻造→正火→粗加工→调质→精加工。

热处理工艺分析：

（1）正火：主要目的是为了消除毛坯锻造后的内应力，降低硬度，以改善切削加工性，同时可以细化晶粒、均匀组织，为后面的热处理做好组织准备。加热温度为 860 ℃±10℃，保温 2～3 h 后空冷。

（2）调质：主要目的是为了获得组织细密的回火索氏体。淬火加热温度为 850 ℃±10 ℃，保温 20 min 后油冷，以获得马氏体；高温回火温度为 525 ℃±25 ℃，保温 2 h 后水冷，以防止产生高温回火脆性。

2. M12 手用丝锥

手用丝锥（见图4-36）是加工内螺纹的切削刀具，其工作时载荷较小、切削速度低，失效形式以磨损为主，因此，要求其刃部具有较高的硬度和耐磨性，心部具有足够的强度和韧性。

材料：T12A 钢。

热处理技术要求：刃部硬度为 61～63 HRC，柄部硬度为 30～45 HRC。

工艺路线：下料→球化退火→机械加工→分级淬火、低温回火→柄部快速回火→防锈处理（发蓝）。

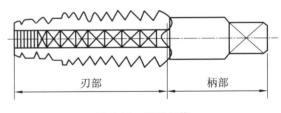

图 4-36　手用丝锥

热处理工艺分析：

（1）球化退火：主要目的是为了获得粒状珠光体，降低硬度，以改善切削加工性，并为后面的热处理做好组织准备。加热温度为 760 ℃±10 ℃，保温 4 h 后炉冷。

（2）分级淬火：主要目的是为了获得马氏体和防止发生淬裂现象。先预热至 600～

650 ℃并停留 8 min,再加热至 790 ℃±10 ℃并保温 4 min,然后在 210～220 ℃的盐浴中停留 30～45 min 后空冷。

(3) 低温回火:主要目的是为了获得回火马氏体和消除淬火应力。加热温度为 180～220 ℃,保温 1.5～2 h 后空冷。

(4) 柄部快速回火。柄部硬度要求不高,常用快速回火的方法,即把柄部的 1/2 浸入 580～620 ℃的盐浴中加热 15～30 s,然后立即水冷,以防止热量传至刃部,使其硬度降低。

(5) 防锈处理(发蓝)。发蓝是指钢件在高温浓碱(NaOH)和氧化剂($NaNO_2$ 或 $NaNO_3$)中加热,使其表面形成致密的氧化层(厚度约 1 μm,呈天蓝色)的表面处理工艺。致密的氧化层可以保护钢件内部不受氧化,起到防锈作用。

3. 三爪卡盘卡爪(ϕ160 mm)

三爪卡盘是装夹工件的机床附件,其卡爪(见图 4-37)要求具有高的硬度和耐磨性。

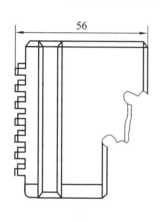
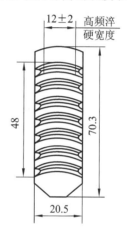

图 4-37　三爪卡盘卡爪

材料:45 钢。

热处理技术要求:牙部(宽度为 12 mm)表面的硬度不小于 52 HRC,两侧面和牙根的硬度为 30～40 HRC。

工艺路线:下料→锻造→正火→机械加工→整体淬火、低温回火→牙部高频淬火、低温回火→磨削→防锈处理(发蓝)。

热处理工艺分析:

(1) 正火:主要目的是为了消除毛坯锻造后的内应力,降低硬度,以改善切削加工性,同时可以细化晶粒、均匀组织,为后面的热处理做好组织准备。加热温度为 850 ℃±10 ℃,在盐浴中保温 1.5～2 h 后空冷。采用盐浴(成分为 70% NaCl+ 30% $BaCl_2$)作为加热介质的目的是为了提高加热速度、减小变形、防止表面氧化和脱碳。

(2) 整体淬火、低温回火:主要目的是为了获得回火马氏体,保证硬度要求。淬火加热温度为 810 ℃±10 ℃,在盐浴中保温 10～12 min 后,采取先在水(或盐水溶液)中冷却 5～7 s后再转入油中继续冷却的双液淬火方式,以减小变形;低温回火采取在 180～200 ℃的盐浴炉中保温 1.5～2 h,然后空冷的工艺。

(3) 牙部高频淬火、低温回火:主要目的是为了进一步提高牙部的硬度和耐磨性。高频淬火的加热温度为 860～900 ℃,加热 10～13 s 后水冷;低温回火工艺同上。

(4) 防锈处理(发蓝):同上例。

思考与练习题

1. 何谓热处理？常用的热处理工艺有哪些？

2. 解释 A_{c1}、A_{c3}、A_{ccm}、A_{r1}、A_{r3}、A_{rcm} 的意义。

3. 以共析钢为例，说明过冷奥氏体在各温度区间（$A_1 \sim M_s$）等温转变的产物及其力学性能特点。

4. 何谓马氏体？影响马氏体硬度和强度的因素是什么？马氏体分为哪两种形态？它们的性能特点如何？

5. 何谓残留奥氏体？它对钢的性能有何影响？如何减少残留奥氏体量？

6. 简述马氏体临界冷却速度（v_k）的意义。

7. 退火的目的是什么？它有哪些常用方法？适用范围如何？

8. 何谓正火？简述它的应用。

9. 试比较退火与正火的主要区别。

10. 什么叫淬火？为什么要进行淬火？是不是所有的钢种都可以通过淬火的方式来提高性能？

11. 淬火的加热温度如何选择？

12. 简述淬火介质的种类和特点。

13. 亚共析钢和过共析钢在淬火后得到什么组织？

14. 什么叫淬透性？影响淬透性的因素主要有哪些？淬透性与淬硬性有何区别？

15. 钢在回火过程中的组织转变分为哪几个阶段？

16. 什么叫表面淬火？表面淬火适用于什么钢？

17. 渗碳处理的主要目的是什么？与渗碳相比，渗氮有什么特点？

18. 什么叫化学热处理？化学热处理的基本步骤有哪些？

第 ⑤ 章　工业用钢

钢是指以铁为主要元素,碳的质量分数一般在 2% 以下,并含有其他元素的材料。工业用钢按其化学成分可分为碳素钢(又称为碳钢)和合金钢两大类。其中,碳素钢是指含碳量低于 2.11% 的铁碳合金;合金钢是指为了提高钢的性能,在碳素钢基础上有意加入一定量合金元素所获得的铁基合金。工业上实际应用的碳素钢中,除了铁、碳元素外,还含有少量的锰、硅、硫、磷、氧、氮、氢等元素。这些元素并非是为了改善钢材质量而有意加入的,而是由矿石及冶炼过程中带入的,故称为杂质元素。这些元素中既有有益元素,也有有害元素。这些元素的存在势必会对钢的性能造成影响。

5.1 钢中常见杂质元素的影响

1. 硫的影响

硫是炼钢时由矿石和燃料带进钢中的杂质元素。在钢中,硫是一种有害元素,常以 FeS 的形式存在,易与 Fe 在晶界上形成低熔点(985 ℃)的共晶体(见图 5-1),热加工时(1150～1200 ℃),由于其熔化而导致开裂,称为热脆性。所以,钢中硫的含量要严格控制,而且硫含量的多少会直接影响到钢的品质。例如,高级优质钢:$w_S < 0.030\%$;优质钢:$w_S < 0.035\%$;普通钢:$w_S < 0.045\%$。

2. 磷的影响

磷是由矿石带入钢中的,一般来说,磷也是有害元素。磷虽能溶于铁素体,使钢材的强度、硬度提高,但会使塑性、冲击韧性显著降低。特别是在低温时,它使钢材显著变脆,这种现象称为冷脆。冷脆使钢材的冷加工及焊接性变差,故对钢的含磷量要严格控制。磷含量的多少也会影响到钢的品质。例如,高级优质钢:$w_P < 0.030\%$;优质钢:$w_P < 0.035\%$;普通钢:$w_P < 0.045\%$。图 5-2 所示为比利时阿尔伯特运河钢桥因含磷量过高而产生冷脆性断裂并坠入河中的照片。

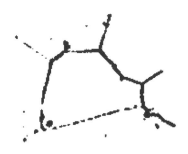

图 5-1　合金晶界的低熔点硫化物共晶

图 5-2　钢桥因含磷量过高而产生冷脆性断裂

3. 锰的影响

锰是炼钢时用锰铁脱氧而残留在钢中的杂质元素。锰在钢中是一种有益元素,它能够将钢中的 FeO 还原,改善钢的品质,降低钢的脆性;锰还可以减轻钢中硫的热脆性影响,

$FeS+Mn \Longrightarrow Fe+MnS$，MnS(见图5-3)的熔点高(1600 ℃)，因此可改善钢的热加工性能；锰能大部分溶解于铁素体中，形成置换固溶体，使铁素体强化，对钢有一定的强化作用。一般认为，钢的含锰量在0.5%以下时，把锰看成是常存杂质。技术条件中规定，优质碳素结构钢的正常含锰量是0.5%～0.8%；而较高含锰量的结构钢中，锰的含量可达0.7%～1.2%。

4. 硅的影响

硅是炼钢时采用硅铁脱氧而残留在钢中的杂质元素。硅也是一种有益元素。首先，它能大部分溶于铁素体中，使铁素体强化，从而提高钢的强度和硬度；其次，它能增加钢液的流动性。在镇静钢中，硅的含量通常在0.10%～0.40%之间；在沸腾钢中只含有0.03%～0.07%的硅。当硅的含量不多时，硅对钢的影响不显著。

5. 氮的影响

氮在钢中属于有害元素。室温下N在铁素体中的溶解度很低，钢中过饱和N在常温放置过程中以FeN、Fe_4N的形式析出，使钢变脆，这一过程称为时效脆化。加入Ti、V、Al等元素可使N固定，消除时效倾向。图5-4所示为氮在钢中的夹杂。

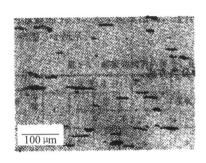

图5-3　钢中的MnS夹杂

图5-4　氮在钢中的夹杂

6. 氧的影响

氧在钢中也属于有害元素，它是在炼钢过程中自然进入钢中的。氧在钢中以氧化物形式存在，它与基体结合力弱，不易变形，易成为疲劳裂纹源。图5-5所示为氧在钢中形成的夹杂物。

7. 氢的影响

在钢中溶有氢是非常不利的，会导致氢脆、白点等缺陷。常温下，氢在钢中的溶解度也很低。当氢在钢中以原子态溶解时，会降低钢的韧性，引起"氢脆"。当氢在缺陷处以分子态析出时，会产生很高的内压，形成微裂纹，其内壁为白色，称为白点或发裂(见图5-6)。白点常在轧制的厚板、大锻件中出现。

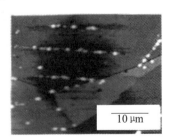

图5-5　氧在钢中形成的夹杂物　　　　图5-6　白点(左)以及氢脆断口(右)

8. 铝的影响

铝作为脱氧元素加入钢中。碳素钢中铝的含量一般小于 0.01%。加入钢液中的铝一部分与氧结合,形成 Al_2O_3 或含有 Al_2O_3 的各种夹杂物;另一部分溶入固态铁中,以后随加热和冷却条件的不同,或者在固态下形成弥散的 AlN,或者继续保留在固溶体(奥氏体或铁素体)中。铝除了起到脱氧的作用外,铝和氮结合所形成的弥散的 AlN 粒子还能起到阻止奥氏体晶粒长大的作用。

除此之外,还有由废钢和矿石带入碳素钢中的其他一些元素,常见的有铜、镍、铬等。为了使各类碳素钢的性能波动范围不致过大,它们的含量一般限制在 0.3% 以内。但这些元素的存在有助于提高热轧钢的强度。

 ## 5.2 碳素钢的分类、牌号和用途

5.2.1 碳素钢的分类

碳素钢的分类方法有很多,现介绍常用的三种分类方法。

1. 按钢的含碳量分

(1)低碳钢:$w_C \leqslant 0.25\%$。

(2)中碳钢:$0.25\% < w_C \leqslant 0.6\%$。

(3)高碳钢:$w_C > 0.6\%$。

2. 按钢的质量分

钢的质量是以磷、硫的含量来划分的。钢按其质量可分为普通质量钢、优质钢、高级优质钢和特级优质钢。根据现行标准,各质量等级钢的磷、硫含量如表 5-1 所示。

表 5-1 钢按质量分类

钢 类	碳 素 钢		合 金 钢	
	$w_P/(\%)$	$w_S/(\%)$	$w_P/(\%)$	$w_S/(\%)$
普通质量钢	≤0.045	≤0.045	≤0.045	≤0.045
优质钢	≤0.035	≤0.035	≤0.035	≤0.035
高级优质钢	≤0.030	≤0.030	≤0.025	≤0.025
特级优质钢	≤0.025	≤0.020	≤0.025	≤0.015

3. 按钢的用途分

(1)碳素结构钢:主要用于制造各种机械零件和工程结构件,其碳的质量分数一般都小于 0.7%。此类钢常用于制造齿轮、轴、螺母、弹簧等机械零件,也用于制作桥梁、船舶、建筑等工程构件。

(2)碳素工具钢:主要用于制造各种工具,如模具、刃具、量具等,其碳的质量分数一般都大于 0.7%。

5.2.2 碳素钢的牌号及用途

1. 碳素结构钢

这类钢是工程上应用最多的钢种,其使用性能以强韧性为主,工艺性能以可焊性、淬透性为主。

碳素结构钢的牌号由屈服点字母(Q)、屈服点数值、质量等级符号、脱氧方法四部分按顺序组成。Q 表示"屈服强度",屈服强度的单位是 MPa;质量等级符号为 A、B、C、D、E,由 A 到 E,其 P、S 含量依次下降,质量依次提高。脱氧方法符号:沸腾钢—F,镇静钢—Z,半镇静钢—b,特殊镇静钢—TZ。如碳素结构钢的牌号表示为 Q235AF、Q235BZ。碳素结构钢按 GB/T 700-2006 可分为五类,如表 5-2 所示。碳素结构钢的冷弯试验如表 5-3 所示。

表 5-2　碳素结构钢的牌号、化学成分、力学性能和用途(GB/T 700—2006)

牌号	等级	化学成分/(%)					脱氧方法	力学性能			用途
		C	Mn	Si	S	P		σ_s/MPa	σ_b/MPa	δ_5/(%)	
				不大于							
Q195	—	0.06~0.12	0.25~0.50	0.30	0.050	0.045	F、b、Z	(195)	315~390	≤33	塑性较高,有一定的强度,通常轧制成薄板、钢筋、钢管、型钢等,用作桥梁、钢结构等,也在机械制造中用于制作地角螺栓、螺钉、铆钉、轴套、开口销、拉杆、冲压零件等
Q215	A	0.09~0.15	0.25~0.55	0.30	0.050	0.045	F、b、Z	≤215	335~410	≤31	
	B				0.045						
Q235	A	0.14~0.22	0.30~0.65	0.30	0.050	0.045	F、b、Z	≤235	375~460	≤26	强度较高,可用于制作转轴、心轴、拉杆、摇杆、吊钩、链等
	B	0.12~0.20	0.30~0.70		0.045						
	C	≤0.18	0.35~0.80		0.040	0.040	Z				
	D	≤0.17			0.035	0.035	TZ				
Q255	A	0.18~0.28	0.40~0.70	0.30	0.050	0.045	Z	≤255	410~510	≥24	强度更高,可用于制作工具,如主轴、摩擦离合器、刹车钢带等
	B				0.045						
Q275	A	0.28~0.38	0.50~0.80	0.35	0.050	0.045	Z	≤275	490~610	≤20	
	B										

注:① Q215 A、B 级沸腾钢锰的含量上限为 0.6%。

② 碳素结构钢的牌号是以钢材厚度(或直径)不大于 16 mm 的钢的屈服点(σ_s)数值来划分的。例如 Q215 钢,当钢材直径不大于 16 mm 时,屈服点(σ_s)等于 215 MPa;当钢材直径大于 16 mm 时,屈服点(σ_s)小于 215 MPa。

表 5-3 碳素结构钢的冷弯试验

牌号	试样方向	冷弯试验 $B=2a$,180°		
		钢材厚度(直径),mm		
		$B=60$	$60<B≤10$	$100<B≤200$
		弯心直径 d		
Q195	纵	0	—	—
	横	0.5a		
Q215	纵	0.5a	1.5a	2a
	横	a	2a	2.5a

牌　号	试样方向	冷弯试验 $B=2a$，$180°$		
		钢材厚度（直径），mm		
		$B=60$	$60<B\leqslant10$	$100<B\leqslant200$
		弯心直径 d		
Q235	纵	a	$2a$	$2.5a$
	横	$1.5a$	$2.5a$	$3a$
Q255	—	$2a$	$3a$	$3.5a$
Q275	—	$3a$	$4a$	$4.5a$

注：B 为试样宽度，a 为钢材厚度（直径）。

　　碳素结构钢的特点及用途：①含碳量小于 0.4%，磷、硫及非金属夹杂物较多；②有良好的塑性和可焊性；③不需进行专门的热处理，热轧空冷状态下使用；④使用状态下的组织为 F＋P（铁素体＋珠光体）；⑤常以热轧板、带、棒及型钢使用，用量约占钢材总量的 70%，用于建筑结构，适合焊接、铆接、栓接等。常见的碳素结构钢如图 5-7 和图 5-8 所示。

图 5-7　螺纹钢

图 5-8　圆钢

2. 优质碳素结构钢

　　这类钢中有害杂质及非金属夹杂物的含量较少，化学成分控制得较为严格，塑性和韧性也不错，多用于制造重要零件。

　　优质碳素结构钢的牌号用两位数字表示，这两位数字表示钢平均含碳量的万分之几。如 45 钢表示平均含碳量为万分之四十五（即 0.45%）的优质碳素结构钢。优质碳素结构钢的牌号、化学成分、力学性能如表 5-4 所示。

表 5-4 优质碳素结构钢的牌号、化学成分、力学性能

牌号	w_C	w_S	w_{Mn}	力　学　性　能				
				σ_b/MPa	σ_s/MPa	δ_5/(%)	ψ/(%)	α_k/(1/cm²)
				不小于				
8	0.05～0.12	0.17～0.37	0.35～0.65	330	200	33	60	—
10	0.07～0.14	0.17～0.37	0.35～0.65	340	210	31	55	—
15	0.12～0.19	0.17～0.37	0.35～0.65	380	230	27	55	—

牌号	w_C	w_S	w_{Mn}	力 学 性 能				
				σ_b/MPa	σ_s/MPa	δ_5/(%)	ϕ/(%)	α_k/(1/cm²)
				不小于				
20	0.17～0.24	0.17～0.37	0.35～0.65	420	250	25	55	—
25	0.22～0.30	0.17～0.37	0.50～0.80	460	280	23	50	90
30	0.27～0.35	0.17～0.37	0.50～0.80	500	300	21	50	80
35	0.32～0.40	0.17～0.37	0.50～0.80	540	320	20	45	70
40	0.37～0.45	0.17～0.37	0.50～0.80	580	340	19	45	60
45	0.42～0.50	0.17～0.37	0.50～0.80	610	360	16	40	50
50	0.47～0.55	0.17～0.37	0.50～0.80	640	380	14	40	40
55	0.52～0.60	0.17～0.37	0.50～0.80	650	390	13	35	—
60	0.57～0.65	0.17～0.37	0.50～0.80	690	410	12	35	—
65	0.62～0.70	0.17～0.37	0.50～0.80	710	420	10	30	—
70	0.67～0.75	0.17～0.37	0.50～0.80	730	430	9	30	—
80	0.77～0.85	0.17～0.37	0.50～0.80	1100	950	6	30	—
85	0.82～0.90	0.17～0.37	0.50～0.80	1150	1000	6	30	—
15Mn	0.12～0.19	0.17～0.37	0.70～1.00	420	250	25	55	—
20Mn	0.17～0.24	0.17～0.37	0.70～1.00	460	280	26	50	—
25Mn	0.22～0.30	0.17～0.37	0.70～1.00	500	300	22	50	90
30Mn	0.27～0.35	0.17～0.37	0.70～1.00	550	320	20	45	80
35Mn	0.32～0.40	0.17～0.37	0.50～0.80	570	340	18	45	70
40Mn	0.37～0.45	0.17～0.37	0.70～1.00	600	360	17	45	60
45Mn	0.42～0.50	0.17～0.37	0.70～1.00	630	380	15	40	50
50Mn	0.48～0.56	0.17～0.37	0.50～0.80	660	400	13	40	40
60Mn	0.57～0.65	0.17～0.37	0.70～1.00	710	420	11	35	—
65Mn	0.62～0.70	0.17～0.37	0.90～1.20	750	440	9	30	—
70Mn	0.67～0.75	0.17～0.37	0.90～1.20	800	460	8	30	—

注：① 含锰量为 0.7%～1.0% 时,在两位数字后加元素符号 Mn,如 40Mn。

② 对于沸腾钢和半镇静钢,在钢号后分别加字母 F 和 b,如 08F、10b。

③ 高级优质钢在钢号后加字母 A,如 20A。

优质碳素结构钢的应用：8～25 号钢塑性好,适合制作韧性要求高的冲击件、焊接件、紧固件,如螺栓、螺母、垫圈等,渗碳淬火后用于制造强度低的耐磨件,如凸轮、滑块等;30～55 号钢的综合力学性能良好,适合制作负荷较大的零件,如连杆、曲轴、主轴、活塞杆(销)、表面淬火齿轮、凸轮等;60～85 号钢的应用范围基本与普通含锰量的优质非合金钢的应用范围相同。

3. 碳素工具钢

碳素工具钢的特点:含碳量高(0.65%～1.35%),随着含碳量的提高,碳化物量增加,耐磨性提高,但韧性下降。碳素工具钢由于热硬性、淬透性差,因此只用于制造小尺寸的手工工具和低速刃具。

碳素工具钢的编号方法是在"碳"或 T 后加数字,其中 T 表示"碳素工具钢",数字表示平均含碳量的千分之几。如 T8 表示平均含碳为千分之八(0.8%)的碳素工具钢。碳素工具钢都是优质以上质量的钢。高级优质钢在钢号后加 A,如 T8A。

碳素工具钢共有七个牌号:T7～T13。其中,T7～T9 用于制造承受冲击的工具,如手锤、木工钻、木工凿等木工工具,如图 5-9、图 5-10、图 5-11 所示;T10～T11 用于制造低速切削工具,如钻头、丝锥、车刀等,如图 5-12 所示;T12～T13 用于制造耐磨工具,如锉刀、锯条等,如图 5-13 所示。

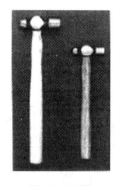

图 5-9　手锤

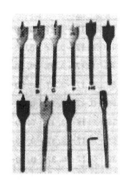

图 5-10　木工钻

图 5-11　木工凿

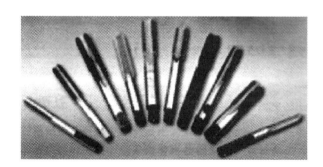

图 5-12　丝锥

图 5-13　锉刀

碳素工具钢的牌号、化学成分及性能如表 5-5 所示。

表 5-5　碳素工具钢的牌号、化学成分及性能

牌号	化 学 成 分					退火后的硬度(HBS)不大于	淬火温度(℃)及冷却剂	淬火后的硬度(HRC)不小于
	w_C	w_{Mn}	w_{Si}	w_S	w_P			
T7	0.65～0.74	≤0.40	≤0.35	≤0.030	≤0.035	187	800～820　水	62
T8	0.75～0.84	≤0.40	≤0.35	≤0.030	≤0.035	187	780～800　水	62
T8Mn	0.85～0.90	0.40～0.60	≤0.35	≤0.030	≤0.035	187	780～800　水	62

牌号	化学成分					退火后的硬度（HBS）不大于	淬火温度（℃）及冷却剂	淬火后的硬度（HRC）不小于
	w_C	w_{Mn}	w_{Si}	w_S	w_P			
T9	0.85~0.94	≤0.40	≤0.35	≤0.030	≤0.035	192	760~780　水	62
T10	0.95~1.04	≤0.40	≤0.35	≤0.030	≤0.035	197	760~780　水	62
T11	1.05~1.14	≤0.40	≤0.35	≤0.030	≤0.035	207	760~780　水	62
T12	1.15~1.24	≤0.40	≤0.35	≤0.030	≤0.035	207	760~780　水	62
T13	1.25~1.35	≤0.40	≤0.35	≤0.030	≤0.035	217	760~780　水	62

热处理方式是正火＋球化退火＋淬火＋低温回火，其中，球化退火的目的是：①降低硬度，便于加工；②为淬火做组织准备。使用状态下的组织：$M_{回}$＋颗粒状碳化物＋A（少量）。图 5-14 和图 5-15 为碳素工具钢热处理后得到的组织状态的显微照片。

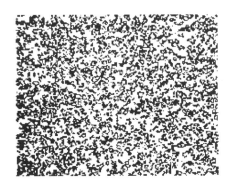

图 5-14　球状珠光体

图 5-15　T12 钢正常淬火组织

5.3　合金钢

碳素钢品种齐全，冶炼、加工成型比较简单，价格低廉，经过一定的热处理后，其力学性能可得到不同程度的改善和提高，能满足工、农业生产中许多场合的需求。但是碳素钢的基本相软、屈强比、高温强度比较低，淬透性、回火抗力、耐腐蚀性比较差，满足不了要求减轻自重的大型结构件，受力复杂、负荷大、速度高的重要机械零件及在高温、高压、腐蚀、磨损等恶劣环境下工作的机械设备和工具的使用要求。因此，人们在碳素钢中有目的地加入一定数量的合金元素，以提高钢的力学性能、改善钢的工艺性能或获得某些特殊的物理化学性能，以满足现代工业和科学技术迅猛发展的需要。加入钢中的常见合金元素主要有：Cr、Ni、Si、Mn、W、Mo、V、Ti、Nb、Co、Al、Zr、Cu、稀土元素（RE）等。含有合金元素的钢称为合金钢。

5.3.1　合金元素在钢中的作用

加入钢中的合金元素，与 Fe、C 这两个基本组元发生作用，一部分溶于铁素体中形成合金铁素体，另一部分与碳相互作用而形成碳化物，少量存在于夹杂物（氧化物、氮化物等）中。同时，合金元素之间也会发生作用。因此，合金元素对钢的基本相、Fe-Fe₃C 相图和钢的热处理相变过程产生较大的影响，改变了钢的组织和性能。

1. 合金元素对钢中基本相的影响

碳素钢的基本相是铁素体和渗碳体。合金元素中,与碳的亲和力较弱的元素称为非碳化物形成元素,如 Ni、Si、Al、Co、Cu 等,它们溶于铁素体(或奥氏体)中,形成合金铁素体(或合金奥氏体);与碳的亲和力较强的元素称为碳化物形成元素,如 Mn、Cr、Ti、Nb、Zr、Mo、V、W 等,它们与碳相互作用,形成碳化物。合金元素强化了钢的基本相,提高了钢的使用性能。

(1) 溶入铁素体,产生固溶强化。

非碳化物形成元素 Ni、Si、Al、Co、Cu 等,在钢中不与碳化合,能溶入铁素体中,形成合金铁素体(也能溶入奥氏体)。由于合金元素与铁在原子尺寸和晶格类型等方面存在着一定的差异,因此铁素体的晶格会发生不同程度的畸变,从而产生固溶强化作用,使其塑性变形抗力明显增加,强度和硬度提高。合金元素与铁的原子尺寸和晶格类型相差愈大,引起的晶格畸变就愈大,产生的固溶强化效应就愈大。同时,合金元素常常分布在位错附近,使位错的可动性降低,位错的滑移抗力增大,从而提高了强度和硬度。

图 5-16 反映了合金元素对铁素体硬度和冲击韧性的影响。由图可见,Si、Mn、Ni 的强化效果大于 Mo、W、Cr 的强化效果,而且合金元素含量越高,强化效应越明显。冲击韧性随合金元素质量分数的增加而变化的趋势有所下降,但是当 $w_{Si} \leqslant 1\%$,$w_{Mn} \leqslant 1.5\%$ 时,铁素体的冲击韧性不降低;当 $w_{Cr} \leqslant 2\%$,$w_{Ni} \leqslant 5\%$ 时,铁素体的冲击韧性还有所提高。可见,铬和镍是优良的合金元素,可改善钢的塑性和韧性。

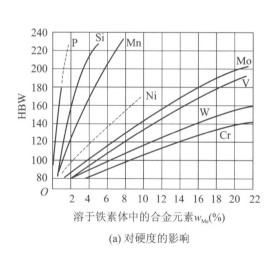

(a) 对硬度的影响

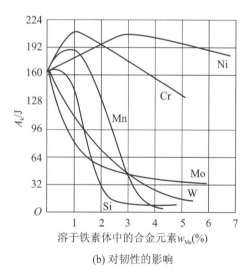

(b) 对韧性的影响

图 5-16　合金元素对铁素体力学性能的影响

(2) 形成碳化物,产生第二相强化。

碳化物是钢中的重要基本相之一。合金元素依据它们与碳亲和能力的强弱程度溶入渗碳体中,形成合金渗碳体,或是形成特殊碳化物。

弱碳化物形成元素锰,中强碳化物形成元素 Cr、W、Mo 等固溶于渗碳体中,形成合金渗碳体(渗碳体中一部分铁原子被合金元素置换后所得到的产物),如 $(Fe,Cr)_3C$、$(Fe,W)_3C$、$(Fe,Mn)_3C$ 等。合金渗碳体的晶体结构与渗碳体的相同,但比渗碳体的稳定,硬度有明显提高。

强碳化物形成元素 Ti、Nb、Zr、V 等与碳的亲和能力强,首先形成特殊碳化物,如 TiC、NbC、ZrC、VC 等。当中强碳化物形成元素的含量大于 5% 时,这些元素也与碳形成特殊碳化物。这些特殊碳化物比合金渗碳体具有更高的熔点、硬度和耐磨性,也更稳定。

当钢中同时存在几个碳化物形成元素时,这些元素会根据其与碳亲和力强弱的不同,依次形成不同的碳化物。如钢中含有 Ti、W、Mn,以及碳的含量较高时,首先形成 TiC,再形成 WC,最后才形成合金渗碳体(Fe,Mn)$_3$C。

碳化物的类型、数量、大小、形状及分布对钢的性能有很重要的影响,能有效地提高钢的强度和硬度。

2. 合金元素对 Fe-Fe$_3$C 相图的影响

(1) 改变奥氏体相区的范围,形成稳定的单相平衡组织。

合金元素溶入铁素体和奥氏体中后,会使铁的同素异构转变温度以及 A_1、A_3 线、S 点、E 点的位置发生改变。其影响可分为两类:一是扩大奥氏体相区,主要是 Ni、Mn、N 等元素,如加入 $w_{Mn} \geqslant 11\%$,$w_{Ni} \geqslant 9\%$,使 A_1、A_3 线下降,S 点、E 点向左下方移动,使奥氏体相区的范围扩大至室温,钢在室温下的平衡组织是单相奥氏体,这类钢称为奥氏体钢,如图 5-17 (a)所示;二是缩小奥氏体相区,主要是 Cr、Mo、Si、W、Ti 等元素,如加入 $w_{Cr} > 17\%$,使 A_1、A_3 线上升,S 点、E 点向左上方移动,从而缩小奥氏体相区的范围,当这些元素的含量较高时,奥氏体相区将消失,钢在室温下的平衡组织为单相铁素体组织,这类钢称为铁素体钢,如图 5-17(b)所示。单相组织的钢具有耐腐蚀、耐高温的特殊性能,是不锈钢和耐热钢的组织。

(2) 使 S 点、E 点左移,降低钢的共析点和出现莱氏体的含碳量。

合金元素使 S 点左移,导致共析点的含碳量降低。如图 5-18(a)所示,钢中含有 12% 的 Cr 时,S 点左移,共析点的含碳量降低为 0.4% 左右。含碳量为 0.4% 的合金钢具有共析成分,而含碳量为 0.5% 的合金钢原来属于亚共析钢,现在就变成了具有过共析成分的合金钢。这样,含碳量相同的合金钢与碳素钢就具有不同的组织和性能。

E 点的左移使出现莱氏体组织的含碳量降低。某些合金钢中的含碳量远低于 2.11% 时,钢中就出现莱氏体组织。如图 5-18 (b) 所示,含有大量的 Cr、W 元素的高速钢 W18Cr4V,含碳量仅为 0.7%~0.8% 时,钢中就出现莱氏体组织,这种钢称为莱氏体钢。

一般合金钢中,合金元素虽然不多,但 S 点、E 点还是不同程度地左移,因此在退火状态下,与含碳量相同的碳素钢相比,合金钢组织中的珠光体数量增加,钢得到了强化。

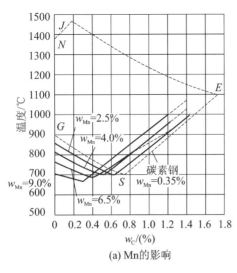

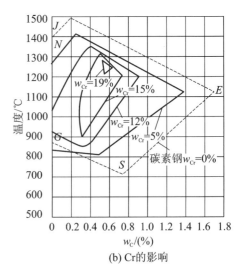

(a) Mn的影响　　　　　　　　　(b) Cr的影响

图 5-17　合金元素 Mn、Cr 对 Fe-Fe$_3$C 相图的影响

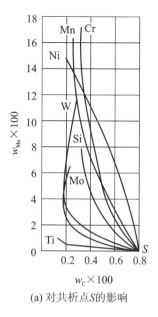

(a) 对共析点S的影响

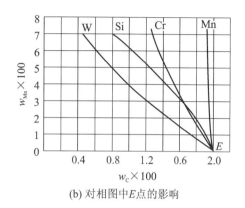

(b) 对相图中E点的影响

图 5-18　合金元素对 S、E 点的影响

3. 合金元素对钢热处理的影响

1) 合金元素对钢加热时组织转变的影响

（1）合金钢的奥氏体化。合金钢奥氏体化的过程与碳素钢的一样。由于合金元素改变了奥氏体相区的范围，因此 Fe-Fe$_3$C 相图中临界点 A_1 和 A_3 发生变化，除了锰钢、镍钢的热处理临界点温度低于碳素钢的外，大多数合金钢的热处理临界点温度均高于同一含碳量的碳素钢。大多数合金元素（除镍和钴外）均阻碍了碳原子的扩散，减缓了奥氏体的形成过程。此外，合金元素形成的合金渗碳体或特殊碳化物，难以溶解于奥氏体中，即使溶解了，也难以均匀扩散。为了得到成分均匀、含有足够数量的合金元素的奥氏体，充分发挥合金元素的有益作用，合金钢热处理时就需要比碳素钢更高的加热温度、更长的保温时间来促使奥氏体成分均匀化。

（2）奥氏体的晶粒度。合金元素对奥氏体的晶粒度有很大的影响。除了锰以外，几乎所有的合金元素都能阻止奥氏体晶粒的长大，细化奥氏体，尤其以 Mo、W、Ti、V、Al、Nb 的作用最大，这些元素与碳发生反应，形成 MoC、TiC、VC、AlC、WC、NbC，以细微质点弥散分布于奥氏体晶界上，阻止奥氏体晶粒长大。因此，与含碳量相同的碳素钢相比，在相同的加热条件下，合金钢的组织较细。除锰钢外，合金钢在加热时不易过热，这样有利于在淬火后获得细小的马氏体，力学性能更高。

2) 合金元素对钢冷却时组织转变的影响

（1）使 C 曲线右移，提高了钢的淬透性。除 Co 以外，大多数合金元素都可使钢的过冷奥氏体的稳定性提高，不同程度地使 C 曲线右移，使淬火临界冷却速度减小，提高钢的淬透性。其中，Mn、Si、Ni 等可使 C 曲线右移而不改变其形状，如图 5-19(a)所示；强碳化物形成元素 Cr、W、Mo、V、Ti 等，不仅可使 C 曲线右移，同时还将珠光体转变和贝氏体转变分成两个区域，如图 5-19(b)所示。

C 曲线右移，提高了钢的淬透性，一方面能使大尺寸零件淬透；另一方面淬火可以采用缓慢冷却的介质，减小零件的变形和开裂的危险性。且多种合金元素同时加入比各元素单

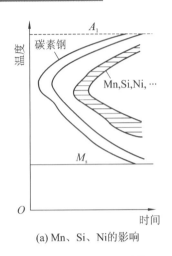

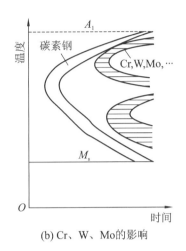

(a) Mn、Si、Ni 的影响　　　　　　　(b) Cr、W、Mo 的影响

图 5-19　合金元素对 C 曲线的影响

独加入,能更大地提高钢的淬透性。如果钢中提高淬透性的元素含量很高,则过冷奥氏体非常稳定,在空气中冷却就能得到马氏体(或贝氏体)组织,这类钢称为马氏体钢(或贝氏体钢)。但是 C 曲线右移会使钢的退火变得困难,需缓慢冷却或采取等温退火使其软化。

必须注意,只有合金元素完全溶于奥氏体中才会使 C 曲线右移,提高钢的淬透性。如果碳化物形成元素未能溶入奥氏体中,而是以未溶碳化物微粒形式存在,则在冷却过程中会促进过冷奥氏体分解,加速珠光体相变,反而降低淬透性。

(2) 使马氏体转变温度 M_s、M_f 降低,钢淬火后残余奥氏体量增多。除 Co 和 Al 以外,大多数合金元素溶入奥氏体后,都会不同程度地使马氏体转变温度 M_s、M_f 降低,尤其是 Cr、Mn、Ni 的作用更强,如图 5-20 所示。M_s 越低,钢淬火后残余奥氏体量越多,对钢的硬度、零件淬火变形、尺寸稳定性的影响越大,如图 5-21 所示。

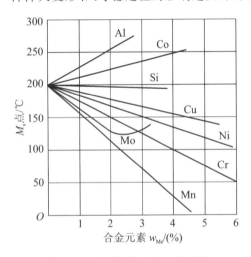

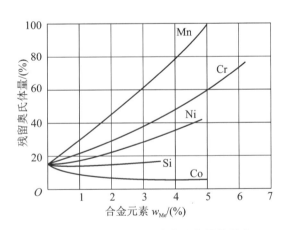

图 5-20　合金元素对 M_s 点的影响　　　　图 5-21　合金元素对残余奥氏体量的影响

3) 合金元素对钢回火时组织转变的影响

淬火后的合金钢进行回火时,其回火过程中组织转变与碳素钢的相似,但由于合金元素的加入,其在回火转变时的组织分解和转变速度减慢。

(1) 增加回火抗力(回火稳定性)。淬火钢在回火过程中抵抗硬度下降(软化)的能力称为回火抗力。由于合金元素,尤其是回火稳定性作用较强的合金元素 V、Si、Mo、W、Ni、Co 等,固溶于马氏体中后减慢了碳的扩散,在回火过程中马氏体不易分解,碳化物不易析出,即使析出,也难以聚集长大,使得合金钢回火时硬度降低的过程变缓,从而提高了钢的回火稳定性。在同一温度下回火,当含碳量相同时,合金钢具有较高的强度和硬度;而回火至相同硬度时,合金钢的回火温度比碳素钢的高,内应力消除比较充分,因而合金钢的塑性和韧性更好。图 5-22 所示为 9SiCr 钢和 T10 钢硬度与回火温度的关系。

(2) 产生二次硬化现象。一些强碳化物形成元素(Mo、W、V)含量较高的高合金钢回火时,其硬度不是随回火温度的升高而简单降低,而是到某一温度(约 400 ℃)后反而开始升高,并在 500～600 ℃ 左右达到最高值。这种淬火钢在较高温度下回火时,硬度不下降反而升高的现象称为二次硬化。这是因为在 450 ℃ 以上时渗碳体溶解,钢中开始沉淀出弥散分布的难熔碳化物 Mo_2C、W_2C、VC 等,这些碳化物的硬度很高,而且具有很高的热硬性;同时在 500～600 ℃ 时,高合金钢中残余奥氏体并未分解,仅析出特殊碳化物,并在随后冷却时残余奥氏体就会转变为马氏体,产生二次硬化。二次硬化现象对于高合金工具钢具有十分重要的意义。图 5-23 所示为合金钢中加入钼后对回火硬度的影响。

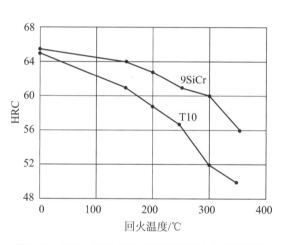

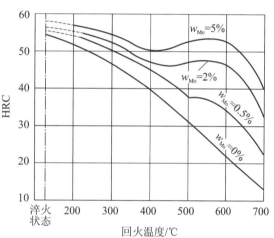

图 5-22　9SiCr 钢和 T10 钢硬度与回火温度的关系　　图 5-23　合金钢中加入钼后对回火硬度的影响

(3) 出现第二类回火脆性。在 250～350 ℃ 之间回火发生的第一类回火脆性,称为不可逆回火脆性。合金钢与碳素钢均会发生第一回火脆性,应避免在此温度区间回火。含 Cr、Mn、Ni 等元素的合金钢,在 450～550 ℃ 之间回火后缓慢冷却时,会出现冲击韧性明显下降的现象,称为第二类回火脆性。第二类回火脆性属于可逆性回火脆性,它主要与某些杂质元素以及合金元素本身在晶界上的偏聚有关。合金钢出现第二类回火脆性时,可在 600 ℃ 以上重新回火并快速冷却,以恢复其韧性。提高钢的纯度,减少杂质元素含量,或选用加入 Mo、W 的钢,可以避免第二类回火脆性的发生。在实际生产中,小尺寸零件常采用回火后快速冷却(如空冷改为油冷)的方法,大尺寸零件则选用加入 $w_{Mo}=0.2\%～0.3\%$ 或 $w_{w}=0.4\%～0.8\%$ 的钢制造。

综上所述,合金元素在钢中的作用是一个非常复杂的物理、化学过程。在配置合金时应采取多元少量的合金化原则,使用合金钢时必须遵循正确的热处理规范。

5.3.2　合金钢的分类与牌号

1. 合金钢的分类

合金钢的分类方法很多,最常用的方法有:

$$\text{(1) 按合金元素总的质量分数分类}\begin{cases}\text{低合金钢}(w_{Me}<5\%)\\\text{中合金钢}(w_{Me}=5\%\sim10\%)\\\text{高合金钢}(w_{Me}>10\%)\end{cases}$$

$$\text{(2) 按冶金质量和钢中有害杂质元素的含量分类}\begin{cases}\text{优质钢}(w_P<0.035\%,w_S<0.035\%)\\\text{高级优质钢}(w_P<0.025\%,w_S<0.025\%)\\\text{特级优质钢}(w_P<0.025\%,w_S<0.01\%)\end{cases}$$

(3) 按用作分类
- 合金结构钢：主要用于制造重要工程结构和机器零件，包括工程结构用钢和机械结构用钢。
- 合金工具钢：主要用于制造重要工具，包括刃具钢、模具钢和量具钢等。
- 特殊性能钢：具有特殊的物理、化学、力学性能的钢种，主要用于制造有特殊要求的零件或结构，包括不锈钢、耐热钢、耐磨钢等。

2. 合金钢的牌号

每一种钢都有一个简明的牌号，世界各国钢的牌号表示方法不一样。我国合金钢牌号的命名原则（根据 GB/T 221—2008）是由钢中碳的质量分数（w_C）、合金元素的种类和合金元素的质量分数（w_{Me}）的组合来表示的。

1) 合金结构钢的牌号

合金结构钢的牌号以"两位数字＋合金元素符号＋数字"的方法表示。牌号前面的两位数字表示钢中碳的平均质量分数的万分数（$w_C\times10\,000$），中间用合金元素的化学符号表明钢中的主要合金元素，质量分数由其后面的数字标明，一般以百分数表示（$w_{Me}\times100$）。当合金元素的平均含量小于 1.5% 时，只标明元素符号而不标明其含量。如果平均质量分数为 1.5%～2.49%，2.5%～3.49%，3.5%～4.49%，…时，相应地标以数字 2，3，4，…。对于质量等级的标注，优质钢不加标注，高级优质钢牌号后加"A"，特级优质钢牌号后加"E"。例如 40Cr 表示平均含碳量为 0.40%，主要合金元素 Cr 的含量小于 1.5% 的优质合金钢；又如 20Cr2Ni4A 表示平均含碳量为 0.20%，主要合金元素 Cr 的平均含量为 2.0%，Ni 的平均含量为 4.0% 的高级优质钢。

滚动轴承钢在牌号前标"滚"字的汉语拼音字首"G"，后面的数字表示 Cr 的质量分数的千分数。如 GCr15 表示钢中 Cr 的平均含量为 1.5%。滚动轴承钢都是高级优质钢，但其牌号后不加"A"。

2) 合金工具钢的牌号

合金工具钢的牌号与合金结构钢的牌号大体相同，区别在于含碳量的表示方法，钢号前面的数字表示平均含碳量的千分数。当含碳量 $w_C<1.0\%$ 时，在钢号前以一位数表示平均含碳量的千分数；当平均含碳量 $w_C\geqslant1.0\%$ 时，不标数字。如 9SiCr 表示钢的平均含碳量为 0.9%，主要合金元素 Cr、Si 的质量分数均在 1.5% 以下；又如 CrWMn 钢的平均含碳量 $w_C\geqslant1.0\%$，牌号前不标数字。

高速钢例外，当其含碳量 $w_C<1.0\%$ 时，牌号前也不标数字。例如 W18Cr4V 钢的平均含碳量为 0.7%～0.8%，牌号前不标数字。合金工具钢、高速钢都是高级优质钢，但牌号后不加"A"。

3) 特殊性能钢的牌号

特殊性能钢牌号的表示方法与合金工具钢牌号的表示方法基本相同，即牌号前的数字表示平均含碳量的千分数。如 9Cr18 表示钢中碳的平均质量分数为 0.90%，铬的平均质量分数为 18％。

当不锈钢、耐热钢中碳的质量分数较低时，其表示方法则不同。当碳的平均质量分数 $w_C \leqslant 0.08\%$ 时，在牌号前冠以"0"；当碳的平均质量分数 $w_C \leqslant 0.03\%$ 时，在牌号前冠以"00"。如 0Cr18Ni9 钢表示碳的质量分数小于 0.08％，00Cr18Ni10 钢表示碳的质量分数小于 0.03％。

高锰耐磨钢零件经常在铸造成型后使用。高锰钢牌号前标"铸钢"的汉语拼音字首"ZG"，其后是元素锰的符号和质量分数，横杠后的数字表示序号。如 ZGMn13-1 表示铸造高锰钢碳的平均质量分数 $w_C > 1.0\%$，锰的平均质量分数为 13％，序号为 1。

5.3.3　低合金结构钢

1. 低合金高强度结构钢

低合金高强度结构钢是在普通碳素结构钢中加入了少量合金元素，它比普通碳素结构钢的屈服强度高 25％～50％，因此称为低合金高强度结构钢。低合金高强度结构钢是可焊接的低碳低合金工程结构用钢，广泛用于制作桥梁、船舶、车辆、压力容器、建筑结构、大型军事工程结构件等。

1）化学成分特点

为了保证良好的塑性、冷变形能力和焊接性能，低合金高强度结构钢碳的质量分数较低，$w_C \leqslant 0.20\%$，合金元素总量 $w_{Me} < 3\%$，主加合金元素为锰，其质量分数为 $w_{Mn} = 0.8\% \sim 1.7\%$，硅的质量分数较普通碳素结构钢的高，$w_{Si} = 0.3\% \sim 0.6\%$。加入的 Si、Mn 元素溶入铁素体后可起到固溶强化的作用，还可通过对 $Fe\text{-}Fe_3C$ 相图中 S 点的影响来增加组织中珠光体的数量并使之细化；辅加 Nb、V、Ti 等强碳化物形成元素，起到第二相弥散强化和阻碍奥氏体晶粒长大的作用；加入 Cu、P 等元素则是为了提高钢的抗腐蚀能力。

2）性能特点

（1）高的屈服强度及良好的塑性和韧性。屈服强度比碳素结构钢要高 25％～50％，特别是屈强比明显提高（由 0.62 提高到 0.80）；塑性和韧性良好，冷变形能力好，伸长率 $\delta_5 = 15\% \sim 23\%$，$A_k = 34$ J，且韧脆转变温度较低（约 -30 ℃）。

（2）良好的焊接性能。含碳量低，合金元素含量少，不易在焊缝区产生淬火组织及裂纹，钢中含有的 V、Ti、Nb 还可抑制焊缝区的晶粒长大，使焊接性能大大提高。

（3）具有一定的耐腐蚀性。加入了少量合金元素 Cr、Mo、Al、P 等，可以使其比碳素钢具有更强的耐大气、海水、土壤腐蚀的能力。

（4）良好的热加工性。具有良好的导热性能，在 800～1250 ℃ 范围内有良好的塑性变形能力，且变形抗力小，热轧后不会因冷却而产生裂纹。

3）热处理特点

一般在热轧或正火状态下使用，不需要进行专门的热处理。其使用状态下的显微组织一般为细晶粒的铁素体＋索氏体。有特殊需要时，如为了改善焊接区性能，可进行一次正火处理。

4）常用钢种及应用

低合金高强度结构钢的编号与普通碳素结构钢的编号相同，由 Q（"屈"字的汉语拼音字首）＋屈服强度数值＋质量等级（A、B、C、D、E）组成。

　　低合金高强度结构钢主要用来制造各种冷弯或焊接成型,要求减轻结构自重,强度较高,长期处于低温、潮湿和暴露环境工作的工程结构件,如船舶、车辆、高压容器、输油输气管道、大型钢结构、大型军事工程结构件等。低合金高强度结构钢在建筑、石油、化工、铁道、造船、机车车辆、锅炉、压力容器、农业机械等许多部门都得到了广泛的应用。其中,Q345(16Mn)钢是用量最多、产量最大的钢种。例如,载重汽车的大梁采用 Q345 钢后,载重比由 1.05 提高到 1.25;南京长江大桥采用 Q345 钢比用碳素钢节约钢材 15% 以上。2008 年北京奥运会主运动场"鸟巢"的钢结构总重为 4.2 万吨(钢结构成型后),采用 Q460EZ 钢制作,可容纳 9 万多名观众。

　　常用的低合金高强度结构钢的牌号、化学成分、力学性能等如表 5-6、表 5-7、表 5-8 所示。

表 5-6　低合金高强度结构钢的牌号及化学成分(摘自 GB/T 1591—2008)

| 牌号 | 质量等级 | 化学成分 $w_{Me} \times 100$ | | | | | | | | | | |
		C ≤	Mn	Si ≤	P ≤	S ≤	V	Nb	Ti	Al[①] ≥	Cr ≤	Ni ≤
Q295	A	0.16	0.80~1.50	0.55	0.045	0.045	0.02~0.15	0.015~0.060	0.02~0.20	—		
	B	0.16	0.80~1.50	0.55	0.040	0.040	0.02~0.15	0.015~0.060	0.02~0.20	—		
Q345	A	0.20	1.00~1.60	0.55	0.045	0.045	0.02~0.15	0.015~0.060	0.02~0.20			
	B	0.20	1.00~1.60	0.55	0.040	0.040	0.02~0.15	0.015~0.060	0.02~0.20			
	C	0.20	1.00~1.60	0.55	0.035	0.035	0.02~0.15	0.015~0.060	0.02~0.20	0.015		
	D	0.18	1.00~1.60	0.55	0.030	0.030	0.02~0.15	0.015~0.060	0.02~0.20	0.015		
	E	0.18	1.00~1.60	0.55	0.025	0.025	0.02~0.15	0.015~0.060	0.02~0.20	0.015		
Q390	A	0.20	1.00~1.60	0.55	0.045	0.045	0.02~0.20	0.015~0.060	0.02~0.20	—	0.30	0.70
	B	0.20	1.00~1.60	0.55	0.040	0.040	0.02~0.20	0.015~0.060	0.02~0.20	—	0.30	0.70
	C	0.20	1.00~1.60	0.55	0.035	0.035	0.02~0.20	0.015~0.060	0.02~0.20	0.015	0.30	0.70
	D	0.20	1.00~1.60	0.55	0.030	0.030	0.02~0.20	0.015~0.060	0.02~0.20	0.015	0.30	0.70
	E	0.20	1.00~1.60	0.55	0.025	0.025	0.02~0.20	0.015~0.060	0.02~0.20	0.015	0.30	0.70
Q420	A	0.20	1.00~1.70	0.55	0.045	0.045	0.02~0.20	0.015~0.060	0.02~0.20	—	0.40	0.70
	B	0.20	1.00~1.70	0.55	0.040	0.040	0.02~0.20	0.015~0.060	0.02~0.20	—	0.40	0.70
	C	0.20	1.00~1.70	0.55	0.035	0.035	0.02~0.20	0.015~0.060	0.02~0.20	0.015	0.40	0.70
	D	0.20	1.00~1.70	0.55	0.030	0.030	0.02~0.20	0.015~0.060	0.02~0.20	0.015	0.40	0.70
	E	0.20	1.00~1.70	0.55	0.025	0.025	0.02~0.20	0.015~0.060	0.02~0.20	0.015	0.40	0.70
Q460	C	0.20	1.00~1.70	0.55	0.035	0.035	0.02~0.15	0.015~0.060	0.02~0.20	0.015	0.70	0.70
	D	0.20	1.00~1.70	0.55	0.030	0.030	0.02~0.15	0.015~0.060	0.02~0.20	0.015	0.70	0.70
	E	0.20	1.00~1.70	0.55	0.025	0.025	0.02~0.15	0.015~0.060	0.02~0.20	0.015	0.70	0.70

　　注:①表中的 Al 为全铝含量,如分析酸容铝时,其 $w_{Al} \geqslant 0.010\%$。

表 5-7　低合金高强度结构钢的力学性能

牌号	质量等级	厚度(直径)/mm 小于16	大于16至35	大于35至50	大于50至100	σ_b/MPa	δ_5×100	冲击吸收功 A_kv(纵向)/J +20℃	0℃	−20℃	−40℃	180°弯曲试验 d=弯心直径 a=试样厚度 钢材厚度(直径)/mm 小于16	小于16至100
		σ_s≥(MPa)						≥				小于16	至100
Q295	A	295	275	255	235	390~570	23	—	—	—	—	d=2a	d=3a
	B	295	275	255	235	390~570	23	34	—	—	—	d=2a	d=3a
Q345	A	345	325	295	275	470~630	21	—	—	—	—	d=2a	d=3a
	B	345	325	295	275	470~630	21	34	—	—	—	d=2a	d=3a
	C	345	325	295	275	470~630	22	—	34	—	—	d=2a	d=3a
	D	345	325	295	275	470~630	22	—	—	34	—	d=2a	d=3a
	E	345	325	295	275	470~630	22	—	—	—	27	d=2a	d=3a
Q390	A	390	370	350	330	490~650	19	—	—	—	—	d=2a	d=3a
	B	390	370	350	330	490~650	19	34	—	—	—	d=2a	d=3a
	C	390	370	350	330	490~650	20	—	34	—	—	d=2a	d=3a
	D	390	370	350	330	490~650	20	—	—	34	—	d=2a	d=3a
	E	390	370	350	330	490~650	20	—	—	—	27	d=2a	d=3a
Q420	A	420	400	380	360	520~680	18	—	—	—	—	d=2a	d=3a
	B	420	400	380	360	520~680	18	34	—	—	—	d=2a	d=3a
	C	420	400	380	360	520~680	19	—	34	—	—	d=2a	d=3a
	D	420	400	380	360	520~680	19	—	—	34	—	d=2a	d=3a
	E	420	400	380	360	520~680	19	—	—	—	27	d=2a	d=3a
Q460	C	460	440	420	400	550~720	17	—	34	—	—	d=2a	d=3a
	D	460	440	420	400	550~720	17	—	—	34	—	d=2a	d=3a
	E	460	440	420	400	550~720	17	—	—	—	27	d=2a	d=3a

表 5-8　新旧低合金高强度结构钢标准牌号对照和用途举例

新标准	旧标准	用途举例
Q295	09MnV,9MnNb, 09Mn2,12Mn	车辆的冲压件、冷弯型钢、螺旋焊管、拖拉机轮圈、低压锅炉汽包、中低压化工容器、轮滑管道、食油储油罐、油船等
Q345	12MnV,14MnNb, 16Mn,18Nb,16MnRE	船舶、铁路车辆、桥梁、管道、锅炉、压力容器、石油储罐、起重及矿山机械、电站设备厂房钢架等
Q390	15MnTi,16MnNb, 10MnPNbRE,15MnV	中高压锅炉汽包、中高压石油化工容器、大型船舶、桥梁、车辆、起重机及其他较大载荷的焊接构件等
Q420	15MnVN, 14MnVTiRE	大型船舶、桥梁、电站设备、起重机械、机车车辆、中压或高压锅炉及容器及其大型焊接结构件等
Q460	—	淬火加回火后用于大型挖掘机、起重运输机械、钻井平台等

2. 易切削结构钢

易切削结构钢是自动切削机床、加工中心的专用加工钢材。为了提高钢的切削加工性能，常常在钢中加入一种或数种合金元素，形成易切削结构钢。常用的合金元素有：

(1) 硫。硫是应用最广泛的易切削元素。当钢中含有足够量的锰时，硫与钢中的锰和铁易形成 MnS 或 FeS 夹杂物。含硫的夹杂物破坏了钢基体的连续性，使切屑容易脆断，从而减小了切削抗力和切削热。MnS 硬度低，可起到润滑、减磨的作用，并使切屑不会黏在刀刃上，降低了工件表面的粗糙度，延长了刀具的使用寿命。但是钢中硫的质量分数过高时，会产生热脆现象。易切削结构钢中硫的含量为 $0.08\% \sim 0.33\%$；锰的含量也有所提高，为 $0.60\% \sim 1.55\%$。

(2) 磷。磷固溶于铁素体，可提高强度、硬度，降低塑性、韧性，使切屑易断、易排除，并降低零件表面粗糙度。但是钢中磷的质量分数过高时，会产生冷脆现象。磷的作用较弱，很少单独使用，一般都复合地加入含硫或含铅的易切削结构钢中。磷的质量分数小于 0.15%。

(3) 铅。铅在常温下不溶于铁素体，它以孤立、细小的颗粒（约 $1 \sim 3\ \mu m$）均匀分布在钢中，中断基体的连续性，使切屑变脆易断。切削产生的热量达到铅的熔点（$327\ ℃$）以上时，铅开始熔化而具有润滑作用，可以降低摩擦系数、减少切削热、延长刀具的使用寿命。但当铅的质量分数过高时，会造成密度偏析，因此铅的质量分数应控制在 $0.15\% \sim 0.35\%$ 的范围内。一般认为，铅的最佳含量为 0.20%。

(4) 钙。钙在高速切削时会形成高熔点（约 $1300 \sim 1600\ ℃$）的钙铝硅酸盐，依附在刀具上，形成一层具有润滑作用的保护膜，可降低刀具的磨损，延长其使用寿命。一般加入微量的钙（$0.001\% \sim 0.005\%$）就可以明显改善钢在高速切削时的切削工艺性能。

易切削结构钢的牌号由"易"字的汉语拼音字首"Y"＋数字（w_C 的万分数）组成。含锰量较高时，在钢号后标出"Mn"。如 Y40Mn 表示平均含碳量 $w_C = 0.40\%$、平均含锰量 $w_{Mn} < 1.5\%$ 的易切削钢。

常用的易切削结构钢的牌号、化学成分、性能及用途如表 5-9 所示。

表 5-9　常用的易切削结构钢的牌号、化学成分、性能及用途（摘自 GB/T 8731—2008）

牌号	化学成分 $w/(\%)$						力学性能（热轧）				用途举例
	C	Si	Mn	S	P	其他	σ_b /MPa	$\delta_5/(\%)$	$\varphi/(\%)$	HBW	
								不小于		不大于	
Y12	0.08~0.16	0.15~0.35	0.07~1.00	0.10~0.20	0.08~0.15	—	390~540	22	36	170	双头螺柱、螺钉、螺母等一般标准紧固件
Y12Pb	0.08~0.16	≤0.15	0.70~1.10	0.15~0.25	0.05~0.10	Pb 0.15~0.35	390~540	22	36	170	同 Y12 钢，但切削加工性挺高
Y15	0.10~0.18	≤0.15	0.80~1.20	0.23~0.33	0.05~0.10	—	390~540	22	36	170	同 Y12 钢，但切削加工性显著提高
Y30	0.27~0.35	0.15~0.35	0.70~1.00	0.08~0.15	≤0.06	—	510~655	15	25	187	强度较高的小件，结构复杂、不易加工的零件，如纺织机、计算机上的零件

牌号	化学成分 $w/(\%)$						力学性能(热轧)				用途举例
	C	Si	Mn	S	P	其他	σ_b /MPa	$\delta_5/(\%)$	$\varphi/(\%)$	HBW	
								不小于		不大于	
Y40Mn	0.37~0.45	0.15~0.35	1.20~1.55	0.20~0.30	≤0.05	—	590~735	14	20	207	强度、硬度要求较高的零件,如机床丝杠、自行车、缝纫机上的零件
Y45Ca	0.42~0.50	0.20~0.40	0.60~0.90	0.04~0.08	≤0.04	Ca 0.002~0.006	600~745	12	26	241	同Y40Mn钢、齿轮、轴

注:表中 Y12 钢、Y15 钢、Y30 钢为非合金易切削结构钢。

一般来说,在自动机床上加工、强度要求不高的零件及标准紧固件,大多选用低碳易切削结构钢,如 Y12 钢、Y15 钢;精密仪表行业要求较高耐磨性与极光洁表面的零件选用 Y10Pb;对强度有较高要求的可选用 Y30 钢;Y40Mn 钢、Y45Ca 钢适用于高速切削生产的较重要的零件,如车床丝杠、齿轮等。

易切削结构钢不进行预备热处理,以免损坏其良好的易切削性。零件可进行最终热处理,如调质处理、渗碳、淬火、表面淬火等,以提高其使用性能。易切削结构钢的锻造性能和焊接性能都不好,且成本较高,只有在大批量生产时才能获得良好的经济效益。

3. 耐候钢

耐候钢即耐大气腐蚀的钢,它是近年来在我国推广应用的新钢种。它在低碳钢的基础上加入少量的 Cu、P、Cr、Ni、Mo 等合金元素,使其金属表面形成一层致密的保护膜,以提高钢材的耐蚀性。为了进一步改善钢的性能,还可添加微量的 Nb、Ti、V、Zr 等合金元素。这种钢与碳钢相比,具有良好的抗大气腐蚀能力。

我国耐候钢分为高耐候结构钢(GB/T 4171—2008)和焊接结构用耐候钢(GB/T 4171—2008)两大类。高耐候结构钢主要用于铁路车辆、农业机械、起重运输机械、建筑、塔架和其他要求高耐候性的钢结构,可根据不同需要制成螺栓连接、铆接和焊接的结构件,常用牌号有 09CuPCrNi-A 钢、09CuPCrNi-B 钢和 09CuP 钢等;焊接结构用耐候钢适用于制造桥梁、建筑及其他要求耐候性的结构件,常用牌号有 12MnCuCr。

4. 低合金专业用钢

为了适应某些专业的特殊需要,对低合金高强度结构钢的成分、工艺及性能做相应的调整和补充,从而发展了门类众多的低合金专业用钢,例如锅炉、各种压力容器、船舶、桥梁、汽车、农机、自行车、矿山、建筑钢筋等专业用钢。

汽车用低合金钢是一类用量极大的专业用钢,它广泛用于制作汽车大梁、托架、车壳等结构件,主要包括冲压性能良好的低强度钢(制作发动机罩等)、微合金化钢(制作大梁等)、低合金双相钢(制作轮毂、大梁等)和高延性高强度钢(制作车门、挡板等)等四类。目前国内外汽车钢板技术发展迅速。

当前石油和天然气管线工程正向大管径、高压输送方向发展,这对管线用钢提出了更高的要求。管线用钢国际上采用 API(美国石油学会)标准,按屈服强度等级分类。随着油气管线工程的发展,管线用钢的屈服强度等级也在逐年提高。为了适应现场焊接条件,管线用钢采取降碳措施,为了弥补降碳损失而又不损害焊接性,向钢中添加 Nb、V、Ti 等碳氮化合物形成元素;采用适应螺旋焊管的控轧控冷钢,或适应压力机成型焊管的淬火-回火钢。海底管线用钢在 C-Mn-V 系基础上添加 Cu 或 Nb,以提高耐蚀性;低温管线用钢在 C-Mn 系基础上添加 Ni、Nb、N 等元素,以使钢具有很好的低温韧性。

5.3.4 机械结构用合金钢

机械结构用合金钢,是在优质碳素钢中加入一定量的合金元素而形成的合金结构钢,属于低、中合金钢。机械结构用合金钢有较好的淬透性,较高的强度和韧性,经热处理后具有优良的力学性能,用于制造重要的工程结构件和机器零件。按机械结构用合金钢的用途和热处理特点,可将其分为合金渗碳钢、合金调质钢、合金弹簧钢和滚动轴承钢。

1. 合金渗碳钢

合金渗碳钢主要用于制造在工作时表面既承受强烈的摩擦、磨损和交变应力的作用,又承受较强烈的冲击载荷作用的机械零件,如汽车、拖拉机、重型机床中的齿轮、内燃机上的凸轮轴、活塞销等。这些零件表层要求具有高硬度、高耐磨性及高接触疲劳强度,心部则要求具有良好的塑性和韧性。合金渗碳钢经渗碳热处理后达到"表硬内韧"的性能,属于表面硬化钢。

1)化学成分及性能特点

合金渗碳钢碳的质量分数一般为 0.10%~0.25%,以保证零件心部有足够的塑性和韧性。主加合金元素为 Cr、Ni、Mn、B 等,这些元素除了提高合金渗碳钢的淬透性,保证零件的心部获得尽量多的低碳马氏体外,还能提高渗碳层的强度和韧性;辅加合金元素为微量的Ti、V、W、Mo 等强碳化物形成元素,这些元素可以形成稳定的特殊碳化物,阻止渗碳时奥氏体晶粒长大并提高零件表面的硬度和接触疲劳强度。经过渗碳热处理后,零件的表层具有高碳钢的性能,而心部仍保持低碳钢的性能。

2)热处理特点

为了改善切削加工性,合金渗碳钢的预备热处理一般采用正火,渗碳后的热处理是淬火加低温回火,或是渗碳后直接淬火。渗碳后合金渗碳钢碳的质量分数达到 0.80%~1.05%,热处理后表面渗碳层的组织是针状回火马氏体+合金碳化物+残余奥氏体,硬度为 58~64 HRC;全部淬透时心部组织为低碳回火马氏体,硬度为 40~48 HRC;未淬透时心部组织为索氏体+铁素体+低碳回火马氏体,硬度为 25~40 HRC,$A_k>47$ J。

3)常用钢种

按照淬透性大小,可将合金渗碳钢分为三类。

(1)低淬透性渗碳钢:水淬临界淬透直径为 20~35 mm,渗碳淬火后,$\sigma_b \approx 700$~850 MPa,$A_k \approx 47$~55 J,适用于制造受力不大、冲击载荷较小的耐磨零件,如活塞销、凸轮、滑块、小齿轮等,常用牌号有 20Cr、20MnV 等。这类钢(特别是锰钢)渗碳时晶粒易长大,对性能要求高的零件,渗碳后要采用双重淬火。

(2)中淬透性渗碳钢:油淬临界淬透直径为 25~60 mm,渗碳淬火后,$\sigma_b \approx 900$~1000 MPa,$A_k \approx 52$~55 J,主要用于制造承受中等载荷、要求足够冲击韧性和耐磨性的零件,如汽车变速齿轮、花键轴套、齿轮轴等,常用牌号有 20CrMnTi、20CrMn、20CrMnMo 等。这类钢奥氏体晶粒长大倾向小,渗碳后直接淬火。

(3)高淬透性渗碳钢:油淬临界淬透直径大于 100 mm,甚至空冷时也能淬成马氏体,渗碳淬火后,$\sigma_b \approx 950$~1200 MPa,$A_k \approx 63$~78 J,主要用于制造承受重载荷及强烈磨损的重要大型耐磨件,如飞机、坦克、重型载重卡车中的传动轴、大模数齿轮等,常用牌号有18Cr2Ni4WA、20Cr2Ni4 等。这类钢的渗碳层存在较多的残余奥氏体,淬火后需进行冷处理。

常用合金渗碳钢的牌号、化学成分、热处理、力学性能及用途如表 5-10 所示。

表5-10 常用合金渗碳钢的牌号、化学成分、热处理、力学性能及用途(摘自 GB/T 3077—2015)

类别	牌号	化学成分 w/(%)					热处理			力学性能					钢材退火或高温回火供应状态硬度/HBW	用途举例
		C	Si	Mn	Cr	其他	第一次淬火温度/℃	第二次淬火温度/℃	回火温度/℃	σ_b/MPa	σ_s/MPa	δ_5/(%)	ψ/(%)	A_k/J		
										不小于						
低淬透性	15Cr	0.12~0.18	0.17~0.37	0.40~0.70	0.70~1.00	—	800 水、油	780~820 水、油	200 水、空气	735	490	11	45	55	≤179	截面不大、心部要求较高强度和韧性,表面承受磨损的零件,如齿轮、凸轮、活塞、活塞环、活塞销、联轴节、轴等
	20Cr	0.18~0.24	0.17~0.37	0.50~0.80	0.70~1.00	—	800 水、油	780~820 水、油	200 水、空气	835	540	10	40	47	≤179	截面在30 mm以下、形状复杂、心部要求受磨损的零件,如机床变速箱齿轮、凸轮、蜗杆、活塞销、爪形离合器等
	20MnV	0.17~0.24	0.17~0.37	1.30~1.60	—	V:0.07~0.12	800 水、油	—	200 水、空气	785	590	10	40	55	≤187	锅炉、高压容器、大型高压管道等受较大载荷的焊接结构件,使用温度上限为450~475℃,亦可用于冷拉、冷冲压件,如活塞销、齿轮等
	20Mn2	0.17~0.24	0.17~0.37	1.40~1.80	—	—	800 水、油	—	200 水、空气	785	590	10	40	47	≤187	代替20Cr钢制作渗碳的小齿轮、小轴,低要求的活塞销,汽门顶杆、变速箱操纵杆等

续表

类别	牌号	化学成分 w/(%)					热处理			力学性能					钢材退火或高温回火供应状态硬度/HBW	用途举例
		C	Si	Mn	Cr	其他	第一次淬火温度/°C	第二次淬火温度/°C	回火温度/°C	σ_b/MPa	σ_s/MPa	δ_5/(%)	ψ/(%)	A_k/J		
										不小于						
中淬透性	20CrMnTi	0.17~0.23	0.17~0.37	0.80~1.10	1.00~1.30	Ti:0.04~0.10	880 油	870 油	200 水、空气	1080	850	10	45	55	≤217	在汽车、拖拉机工业中用于截面在30 mm以下、承受高速、中或重载荷，以及受冲击、摩擦作用的重要渗碳件，如齿轮、轴、齿轮轴、爪形离合器、蜗杆等
	20MnVB	0.17~0.23	0.17~0.37	1.20~1.60	—	B:0.000 5~0.003 5	860 油	—	200 水、空气	1080	885	10	45	55	≤207	模数较大、载荷较重的中、小渗碳件，如重型机床上的齿轮、轴，汽车后桥主动、从动齿轮等
	20MnMo	0.17~0.23	0.17~0.37	0.90~1.20	1.10~1.40	Mo:0.20~0.30	850 油	—	200 水、空气	1180	885	10	45	55	≤127	大截面的渗碳件，如大型拖拉机齿轮、活塞销等
	20MnTiB	0.17~0.24	0.17~0.37	1.30~1.60	—	B:0.000 5~0.003 5 Ti:0.04~0.10	860 油	—	200 水、空气	1130	930	10	45	55	≤187	20CrMnTi的代用钢，主要用于制造汽车、拖拉机上的小截面，中等载荷的齿轮

类别	牌号	化学成分 w/(%)					热处理			力学性能					钢材退火或高温回火供应状态硬度/HBW	用途举例
		C	Si	Mn	Cr	其他	第一次淬火温度/℃	第二次淬火温度/℃	回火温度/℃	σ_b/MPa	σ_s/MPa	δ_5/(%)	ψ/(%)	A_k/J		
										不小于						
高淬透性	20Cr2Ni4	0.17~0.23	0.17~0.37	0.30~0.60	1.25~1.65	Ni:3.25~3.65	880 油	780 油	200 水、空气	1180	1080	10	45	63	≤269	大截面、较大载荷、交变载荷作用下的重要渗碳件，如大型齿轮、轴等
	18Gr2Ni4WA	0.13~0.19	0.17~0.37	0.30~0.60	1.35~1.65	Ni:4.0~4.50 W:0.08~1.20	950 空气	850 空气	200 水、空气	1180	835	10	45	78	≤269	大截面、高强度、良好的切性及缺口敏感性低的重要渗碳件，如大截面的齿轮、传动轴、曲轴、花键轴、活塞销、精密机床上控制进刀的蜗轮等

注：表中各牌号的合金碳钢式样的毛坯尺寸均为 15 mm。

2. 合金调质钢

合金调质钢用于制造在工作时承受复杂载荷、复杂应力,要求高强度、高韧性相结合的具有良好的综合力学性能的重要零件,如各种重要齿轮、发动机曲轴、机床主轴、连杆、高强度螺栓等。在优质中碳结构钢中加入合金元素,经调质处理后达到强韧性均衡的性能的结构钢,是制造重要机械零件的主体合金结构钢。

1) 化学成分及性能特点

合金调质钢的含碳量为 0.25%~0.50%,以保证在调质处理后能够达到强韧性的最佳配合。主加合金元素为 Cr、Mn、Si、Ni 等,目的是提高钢的淬透性,形成合金铁素体固溶强化,提高钢的强度。辅加合金元素为 W、Mo、V、Al、Ti 等,这些强碳化物形成元素可细化晶粒,提高回火稳定性和钢的强韧性。W、Mo 可抑制第二类回火脆性的发生;Al 与氮有很强的亲和力,能加速渗氮的进程。

合金调质钢具有良好的综合力学性能,高强度,良好的塑性、韧性和很好的淬透性。整个截面全部淬透的零件高温回火后,能得到高的屈强比。一般来说,如果零件要求较高的塑性、韧性,则选用 $w_C<0.4\%$ 的合金调质钢;如果零件要求较高的强度、硬度,则选用 $w_C>0.4\%$ 的合金调质钢。

2) 热处理特点

合金调质钢零件的预备热处理是毛坯料的退火或正火(一般采用正火),以及粗加工件的调质处理。合金调质钢的最终性能取决于回火温度,常采用 500~650 ℃回火,调质后的组织为回火索氏体。合金调质钢一般都用油淬,淬透性特别好,甚至可以空冷,这样能减少热处理缺陷。为了防止第二类回火脆性,回火后应快速冷却(水冷或油冷),这样有利于提高韧性。对于局部表面要求硬度高、耐磨性好的零件,其最终热处理一般为感应淬火、低温回火或渗氮。

合金调质钢在退火或正火状态下使用时,其力学性能与相同含碳量的碳素钢的力学性能差别不大,只有通过调质才能获得优于碳素钢的性能。合金调质钢正火、调质后的力学性能如表 5-11 所示。

表 5-11 合金调质钢正火、调质后的力学性能

热处理方法	牌号	热处理工艺	试样尺寸/mm	力学性能			
				σ_b/MPa	σ_s/MPa	δ/(%)	A_k/J
正火	40	870 ℃空冷	25	580	340	19	48
	40Cr	860 ℃空冷	60	740	450	21	72
调质	40	870 ℃水淬,650 ℃回火	25	620	450	20	72
	40Cr	860 ℃油淬,550 ℃回火	25	960	800	13	68

3) 常用钢种

按淬透性的高低,合金调质钢大致可以分为三类。

(1) 低淬透性调质钢:油淬临界淬透直径为 20~40 mm,调质处理后,$\sigma_b\approx800\sim1000$ MPa,$A_k\approx47\sim55$ J,广泛用于制造中等截面、承受中等载荷的重要零件,如齿轮、轴、连杆、高强度螺栓等,常用牌号有 40Cr、40MnB、42SiMn 等,机床中使用最多的是 40Cr。

(2) 中淬透性调质钢:油淬临界淬透直径为 40~60 mm,调质处理后,$\sigma_b\approx900\sim1100$ MPa,$A_k\approx47\sim71$ J,用于制造截面较大、承受较大载荷的重要零件,如内燃机曲轴、变速箱主动轴、大电机轴、连杆等,常用牌号有 30CrMnSi、38CrMoAlA、40CrNi 等,使用最多的是 30CrMnSi。38CrMoAlA 是高级渗氮钢,用于制造重要的精密机械零件。

(3)高淬透性调质钢:油淬临界淬透直径为 $60\sim100$ mm,调质处理后,$\sigma_b\approx800\sim1200$ MPa,$A_k\approx63\sim78$ J,用于制造大截面、重载荷的重要零件,如汽轮机主轴、叶轮、压力机曲轴、航空发动机曲轴等,常用牌号有 40CrNiMoA、40CrMnMo、25Cr2Ni4WA 等。

常用合金调质钢的牌号、化学成分、热处理、力学性能及用途如表 5-12 所示。

3. 合金弹簧钢

用来制造各种弹性元件(如板簧、螺旋弹簧、钟表发条等)的钢种称为弹簧钢。弹簧是广泛应用于机械、交通、仪表、国防等行业及日常生活中的重要零件,利用其较高的弹性变形能力吸收、储存能量,以起到驱动作用,依靠弹性以缓和、消除振动和降低冲击。

1)化学成分及性能特点

弹簧承受循环交变载荷和冲击载荷,其主要失效形式为发生塑性变形而失去弹性和发生疲劳断裂。因此,要求制造弹簧的材料具有高的弹性极限和屈强比,高的疲劳强度和韧性,在高温或腐蚀介质下工作时,具有较好的耐热性和耐腐蚀性。弹簧钢还要求有良好的淬透性,不易脱碳和过热等。

合金弹簧钢的含碳量一般为 $0.50\%\sim0.70\%$,以保证得到高的疲劳极限和屈服极限。含碳量过高,则塑性、韧性差,疲劳极限下降。主加合金元素为 Mn、Si、Cr,这些元素可以提高合金弹簧钢的淬透性,Mn、Si 溶入铁素体中后可使屈强比提高到接近于 1,其中硅的作用更为突出;辅加元素为 Mo、V、W 等,这些元素可以减小脱碳、过热倾向,同时进一步提高弹性极限、屈强比和耐热性,钒还可以细化晶粒,提高韧性。

2)热处理特点

弹簧的尺寸不同,其成型与热处理方法也不同。

(1)冷成型弹簧的热处理。弹簧钢丝直径或板簧厚度小于 10 mm 时,常用冷拉弹簧钢丝或弹簧钢带冷卷成型。按制造工艺的不同,冷拉弹簧钢丝可分为铅浴等温淬火冷拉钢丝、油淬回火钢丝、退火钢丝三种类型。

铅浴等温淬火冷拉钢丝:在钢丝的冷拉过程中,将盘条坯料奥氏体化后,在 $500\sim550$ ℃ 的铅浴中等温,以获得索氏体组织,然后经多次冷拔至所需直径。这类钢丝的强度很高,可达 3100 MPa,而且有足够的韧性。冷卷成型后,只需在 $200\sim300$ ℃ 的温度下进行一次回火,以消除内应力,并使弹簧定型。此后,不需再进行淬火、回火处理。

油淬回火钢丝:钢丝冷拔到规定尺寸后,进行油淬和中温回火。这类钢丝的抗拉强度不及上述钢丝的,但其性能比较均匀。冷卷成型后,在 $200\sim300$ ℃ 的温度下进行低温回火,以消除内应力。此后,不需再进行淬火、回火处理。

退火钢丝:退火状态供应的合金弹簧钢丝。冷卷成型后,应进行淬火和中温回火处理。

(2)热成型弹簧的热处理。弹簧钢丝直径或板簧厚度大于 10 mm 时,常采用热态成型,一般在淬火加热时成型。当淬火加热温度比正常淬火温度高 $50\sim80$ ℃ 时进行热卷成型,成型后利用余热立即淬火、中温回火,得到回火托氏体组织,硬度为 $40\sim48$ HRC,具有较高的弹性极限、疲劳强度和一定的塑性和韧性。

弹簧经淬火、回火后,要进行表面喷丸处理,以消除表面氧化和脱碳等缺陷,使表面产生残留压应力,提高疲劳强度。如汽车板簧热成型后,经喷丸处理可使其寿命提高 $3\sim5$ 倍。

对于要求高的弹簧,还可进行"强压处理",将弹簧加压,各圈相互接触保持 24 h,使塑性变形预先发生,以避免在工作中因出现塑性变形而影响弹性和尺寸精度。

114

表 5-12　常用合金调质钢的牌号、化学成分、热处理、力学性能及用途(摘自 GB/T 3077—2015)

类别	牌号	化学成分 w/(%)					热处理		力学性能					钢材退火或高温回火供应状态硬度/HBW	用途举例
		C	Si	Mn	Cr	其他	淬火温度/℃	回火温度/℃	σ_b/MPa	σ_s/MPa	δ_5/(%)	ψ/(%)	A_{kU}/J		
									不小于						
低淬透性	40Cr	0.37~0.44	0.17~0.37	0.50~0.80	0.80~1.10	—	850 油	520 水、油	980	785	9	45	47	≤207	制造承受中等载荷和中等速度下工作的零件,如汽车后半轴及机床上的齿轮、轴、花键轴、顶尖套等
	40Mn2	0.37~0.44	0.17~0.37	1.40~1.80	—	—	840 水、油	540 水	885	735	12	45	55	≤217	轴、半轴、活塞杆、连杆、螺栓
	42SiMn	0.39~0.45	1.10~1.40	1.10~1.40	—	—	880 水	590 水	885	735	15	40	47	≤229	在高频淬火及中温回火状态下制造中速、中等载荷的齿轮;调质后,在高频淬火及低温回火状态下制造表面要求高硬度、较高耐磨性、较大截面的零件,如主轴、齿轮等
	40MnB	0.37~0.44	0.17~0.37	1.10~1.40	—	B:0.005~0.003 5	850 油	550 水、油	980	785	10	45	47	≤207	代替 40Cr 钢制造中、小截面的重要调质件,如汽车半轴、转向轴、蜗杆,以及机床主轴、齿轮等
	40MnVB	0.37~0.44	0.17~0.37	1.10~1.40	—	V:0.05~0.10 B:0.000 5~0.003 5	850 油	520 水、油	980	785	10	45	47	≤207	代替 40Cr 钢制造汽车、拖拉机和机床上的重要调质件,如轴、齿轮等

类别	牌号	化学成分 w/(%)					热处理		力学性能					钢材退火或高温回火供应状态硬度/HBW	用途举例
		C	Si	Mn	Cr	其他	淬火温度/℃	回火温度/℃	σb/MPa	σs/MPa	δ5/(%)	ψ/(%)	AkU/J		
									不小于						
中淬透性	35CrMo	0.32~0.40	0.17~0.37	0.40~0.70	0.80~1.10	Mo:0.15~0.25	850 油	550 水，油	980	835	12	45	63	≤229	通常用作调质件，也可在高、中频感应淬火或表面淬火后用于制造高载荷下工作的重要结构件，特别是受冲击、振动、扭转载荷作用的机件，如主轴、大电机轴、曲轴、锤杆等
	40CrMn	0.37~0.45	0.17~0.37	0.90~1.20	0.90~1.20	—	840 油	550 水，油	980	835	9	45	47	≤229	用于制造在高速、重载荷下工作的齿轮轴、齿轮、离合器等
	30CrMnSi	0.27~0.34	0.90~1.20	0.80~1.10	0.80~1.10	—	880 油	520 水，油	1080	885	10	45	9	≤229	用于制造重要用途的调质件，如高速重载荷的砂轮轴、齿轮、螺母、螺栓、轴套等
	40CrNi	0.37~0.44	0.17~0.37	0.50~0.80	0.45~0.75	Ni:1.00~1.40	820 油	550 水，油	980	785	10	45	55	≤241	用于制造截面较大、载荷较重的零件，如轴、连杆、齿轮轴等
	38CrMoAl	0.35~0.42	0.20~0.45	0.30~0.60	1.35~1.65	Mo:0.15~0.25 Al:0.70~1.10	940 水，油	640 水，油	980	835	14	50	71	≤229	高级氮化钢，常用于制造磨床主轴、自动车床主轴、精密丝杠、精密齿轮、高压阀门、压缩机活塞杆，像胶及塑料挤压机上的各种耐磨件

类别	牌号	化学成分 w/(%)					热处理		力学性能					钢材退火或高温回火供应状态硬度/HBW	用途举例
		C	Si	Mn	Cr	其他	淬火温度/℃	回火温度/℃	σ_b/MPa	σ_s/MPa	δ_5/(%)	ψ/(%)	A_{kU}/J		
									不小于						
高淬透性	40CrMnMo	0.37~0.45	0.17~0.37	0.90~1.20	0.90~1.20	Mo:0.20~0.30	850 油	600 水、油	980	785	10	45	63	≤217	用于制造截面较大，要求高强度和高韧性的调质件，如8t卡车的后桥半轴、齿轮轴、偏心轴、齿轮、连杆等
	40CrNiMoA	0.37~0.44	0.17~0.37	0.50~0.80	0.60~0.90	Mo:0.15~0.25 Ni:1.25~1.65	850 油	600 水、油	980	835	12	55	78	≤269	用于制造要求韧性好、强度高及尺寸大的重要调质件，如重载荷中重载荷的轴类，直径大于250 mm的汽轮机轴，叶片，曲轴等
	25CrNi4WA	0.21~0.28	0.17~0.37	0.30~0.60	1.35~1.65	W:0.80~1.20 Ni:4.00~4.50	850 油	550 水、油	1080	930	11	45	71	≤269	用于制造200 mm以下要求淬透的大截面重要零件

注：表中38CrMoAl钢试样的毛坯尺寸为φ30 mm，其余牌号的合金调质钢试样的毛坯尺寸均为φ25 mm。

3）常用钢种

合金弹簧钢中应用最广的是 60Si2Mn 钢，其价格较低，淬透性、弹性极限、屈服强度、疲劳强度均较高，主要用于制作截面尺寸较大的弹簧，如汽车、拖拉机、机车上的减震板簧和螺旋弹簧等。

50CrVA 钢淬透性更高，有较高的高温强度、韧性，可制作截面尺寸较大、承受重载的在300 ℃以下工作的弹簧，如阀门弹簧、活塞弹簧、高速柴油机的气阀弹簧等。

常用合金弹簧钢的牌号、化学成分、热处理、力学性能及用途如表5-13所示。

4. 滚动轴承钢

用来制作各类滚动轴承的内、外套圈及滚动体（滚珠、滚柱、滚针等）的专用钢称为滚动轴承钢。

1）化学成分及性能特点

滚动轴承是一种高速转动的零件，工作时滚动体与内、外套圈不仅有滚动摩擦，而且有滑动摩擦，滚动体承受很大、很集中的周期性交变载荷作用，载荷的大小由零升到最大值，再由最大值降为零，每分钟的循环受力次数达上万次，属于点接触或线接触方式，接触应力在1500～5000 MPa 以上。所以，套圈及滚动体局部常常产生小块的金属剥落，形成麻坑，即发生"接触疲劳"破坏。因此，要求滚动轴承钢具有高而均匀的硬度和耐磨性、高的接触疲劳强度和抗压强度、高的弹性极限、足够的韧性和淬透性，还要求滚动轴承钢在大气和润滑介质中有一定的耐腐蚀能力和良好的尺寸稳定性。

为了保证滚动轴承钢具有高强度、高硬度和足够量的碳化物，以提高其耐磨性，滚动轴承钢的含碳量较高，$w_C = 0.95\% \sim 1.15\%$。Cr 为基本合金元素，其质量分数 $w_{Cr} \leqslant 1.65\%$，主要作用是提高钢的淬透性，使淬火、回火后整个截面上获得较细小、均匀的合金渗碳体$(Fe,Cr)_3C$，提高钢的强度、接触疲劳强度和耐磨性。Cr 还能使钢在淬火时得到细针状或隐晶马氏体，使钢在高强度的基础上增加韧性。但 Cr 的含量过高会使残余奥氏体量增多，零件的尺寸稳定性降低。大型轴承加入 Si、Mn、V 等元素，可以进一步提高淬透性。适量的 Si（0.4%～0.7%）能明显地提高钢的强度和弹性极限；V 部分溶于奥氏体中，部分形成碳化物 VC，可提高钢的耐磨性并防止过热。滚动轴承钢中的非金属夹杂物会降低其接触疲劳极限，因此滚动轴承钢中 S、P 的含量限制极严，$w_P < 0.03\%$，$w_S < 0.025\%$，它属于高级优质钢。从化学成分看，滚动轴承钢属于工具钢范畴，所以滚动轴承钢也经常用于制造各种精密量具、冷冲模具、丝杠、冷轧辊和高精度的轴类等耐磨零件。

2）热处理特点及工艺

滚动轴承钢的预备热处理工艺为球化退火，最终热处理工艺为淬火和低温回火。

球化退火的目的是降低锻造后钢的硬度，以便于切削加工，并为最终热处理作组织准备。退火组织为球状珠光体，硬度为180～210 HBW。若钢的原始组织中有粗大的片状珠光体和网状渗碳体，应在球化退火前进行正火处理，以改善钢的原始组织。

滚动轴承钢淬火后要进行低温回火，回火温度一般为150～170 ℃。滚动轴承钢使用状态下的组织为细小的回火马氏体＋细小均匀分布的碳化物＋少量残余奥氏体，硬度为61～65 HRC。

精密轴承或量具在长期保存及使用过程中，因应力释放、残余奥氏体转变等原因会发生尺寸变化。所以为了保证尺寸稳定性，淬火后立即进行冷处理（−60～80 ℃），使残余奥氏体转变，然后再进行低温回火，以消除应力。磨削加工后要进行稳定化处理（120～130 ℃，保温 10～15 h），从而进一步提高尺寸稳定性。

表 5-13　常用合金弹簧钢的牌号、化学成分、热处理、力学性能及用途(摘自 GB/T 1222—2007)

牌号	化学成分 w/(%)									热处理		力学性能					用途举例
	C	Si	Mn	Cr	Ni	Cu	P	S	其他	淬火温度/℃	回火温度/℃	σ_s/MPa	σ_b/MPa	δ_5/(%)	δ_{10}/(%)	ψ/(%)	
					不大于									不小于			
55Si2Mn	0.52~0.60	1.50~2.00	0.60~0.90	≤0.35	0.35	0.25	0.035	0.035	—	870 油	480	1177	1275	—	6	30	用于制造汽车、拖拉机、机车上的减振板簧和螺旋弹簧、气缸安全阀簧、电力机车用升弓钩弹簧、止回阀簧、还可用于制造 250 ℃以下使用的耐热弹簧
55Si2MnB	0.52~0.60	1.50~2.00	0.60~0.90	≤0.35	0.35	0.25	0.035	0.035	B:0.000 5~0.004	870 油	480	1177	1275	—	6	30	同 55Si2Mn 钢
60Si2Mn	0.56~0.64	1.50~2.00	0.60~0.90	≤0.35	0.35	0.25	0.035	0.035	—	870 油	480	1177	1275	—	5	25	同 55Si2Mn 钢
55SiMnVB	0.52~0.60	0.70~1.00	1.00~1.30	≤0.35	0.35	0.25	0.035	0.035	V:0.08~0.16 B:0.000 5~0.003 5	860 油	460	1226	1373	—	5	30	代替 60Si2Mn 钢制作重型、中型、小型汽车的板簧和其他中型截面的板簧和螺旋弹簧
60Si2CrA	0.56~0.64	1.40~1.80	0.40~0.70	0.70~1.00	0.35	0.25	0.030	0.030	—	870 油	420	1596	1765	6	—	20	用于制作承受高应力及工作温度在 300~350 ℃以下的弹簧,如调速器弹簧、汽轮机汽封弹簧、破碎机用弹簧等
55CrMnA	0.52~0.60	0.17~0.37	0.65~0.95	0.65~0.95	0.35	0.25	0.030	0.030	—	830~860 油	460~510	1079	1226	9	—	20	用于车辆、拖拉机工业上制作载荷较重、应力较大的板簧和直径较大的螺旋弹簧
50CrVA	0.46~0.54	0.17~0.37	0.50~0.80	0.80~1.10	0.35	0.25	0.030	0.030	V:0.10~0.20	850 油	400	1128	1275	10	—	40	用于制作较大截面的高载荷的重要弹簧及工作温度小于 350 ℃的阀门弹簧、活塞弹簧、安全阀簧等
30W4Cr2VA	0.26~0.34	0.17~0.37	≤0.40	2.00~2.50	0.35	0.25	0.030	0.030	V:0.50~0.80 W:4.00~4.50	1050~1100 油	600	1324	1471	7	—	40	用于制作工作温度不超过 500 ℃的耐热弹簧,如锅炉主安全阀弹簧、汽轮机汽封弹簧等

注:表列性能适用于截面单边尺寸不超过 80 mm 的钢材。

3）常用钢种

我国滚动轴承钢分为高铬轴承钢和无铬轴承钢。目前以高铬轴承钢应用最广,其中用量最大的是 GCr15 钢,它除了用于制作中、小轴承外,还可以制作精密量具、冷冲模具和机床丝杠等。制造大型轴承采用 GCr15SiMn 钢;制造承受冲击载荷和特大型轴承采用渗碳轴承钢 G20Cr2Ni4A;制造耐腐蚀的不锈轴承常用不锈工具钢,如 9Cr18。

常用滚动轴承钢的牌号、化学成分、力学性能及用途如表 5-14 所示。

表 5-14　常用滚动轴承钢的牌号、化学成分、力学性能及用途(摘自 GB/T 18254—2002)

牌　号	化学成分 w/(%)								力学性能			用途举例
	C	Cr	Mn	Si	Mo	V	RE	S、P	淬火温度/℃	回火温度/℃	回火后硬度/HRC	
GCr9	1.00 ~ 1.10	0.90 ~ 1.20	0.20 ~ 0.40	0.15 ~ 0.35	—	—	—	≤ 0.025	810 ~ 830	150 ~ 170	62 ~ 66	φ10～φ20 mm 的滚珠
GCr15	0.95 ~ 1.05	1.30 ~ 1.65	0.20 ~ 0.40	0.15 ~ 0.35		—	—	≤ 0.025	825 ~ 845	150 ~ 170	62 ~ 66	壁厚为 20 mm 的中、小型套圈,直径小于 50 mm 的滚珠
GCr15SiMn	0.95 ~ 1.05	1.30 ~ 1.65	0.90 ~ 1.20	0.40 ~ 0.65	—	—	—	≤ 0.025	820 ~ 840	150 ~ 170	≥ 62	壁厚大于 30 mm 的大型套圈,φ50～φ100 mm 的滚珠
GSiMnV	0.95 ~ 1.10	—	1.30 ~ 1.80	0.55 ~ 0.80	0.20 ~ 0.30			≤ 0.03	780 ~ 810	150 ~ 170	≥ 62	可代替 GCr15 钢
GSiMnVRE	0.95 ~ 1.10	—	1.10 ~ 1.30	0.55 ~ 0.80	0.20 ~ 0.30	0.10 ~ 0.15		≤ 0.03	780 ~ 810	150 ~ 170	≥ 62	可代替 GCr15 钢及 GCr15SiMn 钢
GSiMnMoV	0.95 ~ 1.10	—	0.75 ~ 1.05	0.40 ~ 0.65	0.20 ~ 0.40	0.20 ~ 0.30			770 ~ 810	165 ~ 175	≥ 62	可代替 GCr15SiMn 钢

注:表中后两种钢为新钢种,RE 为稀土元素。

5.3.5　合金工具钢与高速钢

在碳素工具钢的基础上加入一定种类和数量的合金元素所形成的钢,称为合金工具钢。与碳素工具钢相比,合金工具钢的硬度和耐磨性更高,而且还具有更好的淬透性、红硬性和回火稳定性,因此常被用来制作截面尺寸较大、几何形状较复杂、性能要求更高的工具。

刃具是用于对机械工程材料进行切削加工的工具,模具是用于对机械工程材料进行变形加工的工具,量具是用于测量和检验零件尺寸精度的工具。所以,合金工具钢按用途可分为合金刃具钢、合金模具钢和合金量具钢。

1. 合金刃具钢

1) 合金刃具钢的工作条件和性能要求

合金刃具钢工作条件较差,切削工件时刃具的工作部分只是刃部的一个区域。刃部区域在切削时受到工件很大的压力作用,并承受强烈的摩擦磨损;由于切削发热,刃部区域温度可达 500~600 ℃,局部区域温度可达 800 ℃以上;刃具切削时还承受相当大的冲击和振动。因此,对合金刃具钢的基本性能要求是:

(1) 高硬度。高硬度是对合金刃具钢的基本要求。硬度不够时,易导致刃具卷刃、变形,切削无法进行。刃具的硬度一般应在 60 HRC 以上。合金刃具钢淬火后的硬度主要取决于钢的含碳量。

(2) 高耐磨性。高耐磨性是保证刃具锋利的主要因素,耐磨性的好坏直接影响刀具的使用寿命。更重要的是,刃具在高温下应保持高耐磨性。耐磨性不仅与硬度有关,而且与钢中碳化物的性质、数量、大小和分布有关。

(3) 高热硬性。热硬性(又称为红硬性或耐热性)是指钢在高温下保持高硬度的能力,通常用保持 60 HRC 硬度时的加热温度来表示。大多数刃具工作部分的温度都远高于 200 ℃。热硬性与钢的回火抗力有关。

(4) 足够的强度和韧性。切削时刃具要承受弯曲、扭转、冲击和振动等载荷,应保证刃具在这些情况下不发生突然断裂和崩刃。

2) 低合金刃具钢

(1) 化学成分及性能特点。低合金刃具钢的含碳量高,一般为 $w_c = 0.75\% \sim 1.50\%$,以保证钢淬火后获得高硬度(大于或等于 62 HRC)并形成适量的合金碳化物,提高耐磨性。加入 Cr、W、Si、Mn、V、Mo 等合金元素,可提高钢的淬透性和回火稳定性,减小变形和开裂倾向。合金元素还能强化基体、细化晶粒。

(2) 热处理特点。低合金刃具钢的预备热处理通常是锻造后进行球化退火,目的是改善锻造组织和切削加工性能;最终热处理为淬火+低温回火,其组织为细回火马氏体+粒状合金碳化物+少量残余奥氏体,具有较高的硬度和耐磨性。

由于合金元素的加入,合金刃具钢的导热性较差。因此,对于形状复杂或截面较大的刃具,淬火加热时应在 600~650 ℃温度下进行预热,一般可采用油淬、分级淬火或等温淬火。

(3) 常用钢种。低合金刃具钢的热硬性为 300~350 ℃。在低合金刃具钢中,以 9SiCr 钢应用最多,它常用于制造几何形状较复杂、要求变形小的薄刃低速切削刃具,如板牙、丝锥、铰刀等。CrWMn 钢淬透性高,淬火变形小,称为微变形钢,适合制造较细长、要求淬火变形小且耐磨性好的低速切削刃具,如拉刀、长丝锥、长铰刀等。

常用合金刃具钢的牌号、化学成分、力学性能及用途如表 5-15 所示。

表 5-15 常用合金刃具钢的牌号、化学成分、力学性能及用途(摘自 GB/T 1299—2014)

牌 号	化学成分 w/(%)					力学性能				用途举例
	C	Mn	Si	Cr	S、P	淬火温度/℃	硬度/HRC	回火温度/℃	硬度/HRC	
9SiCr	0.85 ~ 0.95	0.30 ~ 0.60	1.20 ~ 1.60	0.95 ~ 1.25	≤ 0.03	820 ~ 860 油	≥ 62	180 ~ 200	62 ~ 66	板牙、丝锥、铰刀、搓丝板、冷冲模、齿轮铣刀、拉刀等
8MnSi	0.75 ~ 0.85	0.80 ~ 1.10	0.30 ~ 0.60		≤ 0.03	800 ~ 820 油	≥ 60			木工錾子、锯条、切削工具
Cr06	1.30 ~ 1.45	≤ 0.40	≤ 0.40	0.50 ~ 0.70	≤ 0.03	780 ~ 810 水	≥ 64			外科手术刀、剃刀、刮刀、刻刀、锉刀等
Cr2	0.95 ~ 1.10	≤ 0.40	≤ 0.40	1.30 ~ 1.65	≤ 0.03	830 ~ 860 油	≥ 62		—	车刀、插刀、铰刀、钻套、量具、样板、偏心轮、拉丝模、大尺寸冷冲模等
9Cr2	0.80 ~ 0.95	≤ 0.40	≤ 0.40	1.30 ~ 1.70	≤ 0.03	820 ~ 850 油	≥ 62		—	木工工具、冷冲模、钢印、冷轧辊等

2. 高速钢

高速钢是含有大量合金元素的刃具钢,具有高的热硬性。高速钢高速切削时,切削温度高达 600 ℃ 时仍保持刃口锋利,故名"锋钢";高速钢中 Cr 的含量较多,淬火后空冷即可得到马氏体,故又称为"风钢";高速钢(刀片)出厂时磨得光亮洁白,俗称"白钢"。

1)化学成分及性能特点

高速钢按其成分特点可分为钨系、钼系和钨钼系等,这些材料的成分特点是:

(1)高碳:含碳量 $w_C = 0.7\% \sim 1.65\%$。含碳量高一方面可保证能与 W、Cr、V 等合金元素形成大量的合金碳化物,另一方面保证淬火得到的马氏体有较高的硬度和耐磨性。含碳量也不宜过高,应与合金元素的含量相适宜。

(2)高合金:加入的合金元素主要有 W、Mo、Cr、V 等。W 一部分形成稳定的合金碳化物,以提高钢的硬度和耐磨性;另一部分溶于马氏体,以提高回火稳定性,在 560 ℃ 回火时析出弥散的特殊碳化物,产生"二次硬化",以提高热硬性;Mo 的作用与 W 的相似,可以 1.0% 的 Mo 代替 2.0% 的 W,以节省重要的战略物资 W,而且 Mo 可以提高韧性和消除第二类回火脆性;Cr 可以大大提高钢的淬透性,当 Cr 的含量 $w_{Cr} = 4\%$ 时,空冷即可得到马氏体;V 与 C 的亲和力很强,在高速钢中可形成稳定性很强的碳化物 VC,VC 不但硬度极高(83 ~ 85 HRC),而且在多次高温回火过程中呈细小颗粒弥散析出,形成"二次硬化",进一步提高高速钢的硬度、耐磨性和热硬性。

2）高速钢的锻造和热处理特点

（1）高速钢的锻造。高速钢因为加入了大量合金元素，使 Fe-Fe₃C 相图中的 E 点左移，出现莱氏体组织，因此属于莱氏体钢。高速钢的铸态组织中出现大量的共晶碳化物，这些碳化物呈鱼骨状分布，既硬又脆，如图 5-24 所示。用热处理方法不能消除这些碳化物，必须通过多次镦拔，反复锻造打碎，并使之均匀分布于基体上。因此，高速钢的锻造具有成型和改善碳化物的两重作用，是非常重要的加工工序。高速钢的塑性、导热性较差，锻造后必须缓冷，以免开裂。

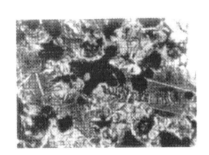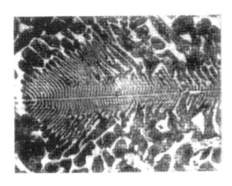

图 5-24　高速钢（W18Cr4V 钢）的铸态组织

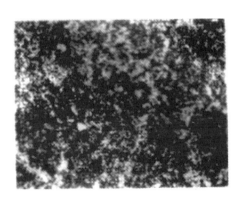

图 5-25　高速钢（W18Cr4V 钢）的退火组织

（2）高速钢的热处理。高速钢锻造后需进行球化退火，以降低硬度，消除锻造应力，便于切削加工，并为淬火作好组织准备。退火后的组织为索氏体及粒状碳化物，如图 5-25 所示，硬度为 207～255 HBW。为了缩短退火时间，生产中常采用等温退火工艺。

高速钢的淬火工艺比较特殊。高速钢的优越性能只有经正确的淬火、回火后才能获得。

第一，高速钢中有大量的 W、Mo、Cr、V 的难熔碳化物，它们只有在 1200 ℃以上的高温下才能充分溶于奥氏体中，淬火后马氏体的强度高、硬度高，且较稳定，回火后得到高热硬性。因此，高速钢淬火加热温度非常高，一般在 1200～1300 ℃之间。

第二，高速钢中合金元素多，导热性较差，淬火加热温度高。为了减小淬火加热时的热应力，防止变形和开裂，必须在 800～850 ℃温度下进行预热，待工件整个截面上的温度均匀后，再加热到淬火温度。对于大截面、形状复杂的刃具，常采用两次预热（500～600 ℃，800～850 ℃），采用油淬或盐浴中分级淬火，淬火后的组织为马氏体＋粒状碳化物＋残余奥氏体（约 20%～30%）。为了保证得到高硬度和高热硬性，高速钢一般都在二次硬化的峰值温度或较高温度（550～570 ℃）下回火，并且进行多次（一般是三次）回火，使残余奥氏体量从 20%～30%减少到 1%～2%。在回火过程中，马氏体析出弥散的特殊碳化物（W₂C、VC），形成"弥散硬化"；在随后冷却时残余奥氏体转变为马氏体，发生"二次淬火"现象，也可使硬度提高。这两个原因造成"二次硬化"。高速钢回火后的组织为回火马氏体＋粒状合金碳化物＋少量残余奥氏体（小于 2%），硬度为 63～65 HRC。图 5-26 是高速钢（W18Cr4V 钢）

的退火、淬火、回火工艺曲线,图 5-27 是高速钢(W18Cr4V 钢)的淬火组织,图 5-28 是高速钢(W18Cr4V 钢)淬火、回火后的组织。

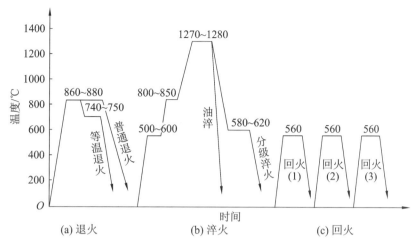

图 5-26　高速钢(W18Cr4V 钢)的退火、淬火、回火工艺曲线

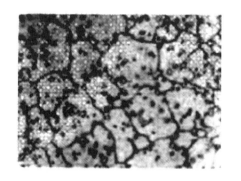

图 5-27　高速钢(W18Cr4V 钢)的淬火组织

图 5-28　高速钢(W18Cr4V 钢)淬火、回火后的组织

3) 常用钢种

我国常用的通用型高速钢中最重要的有两种——钨系高速钢和钨-钼系高速钢。

(1) 钨系高速钢:典型牌号是 W18Cr4V 钢。W18Cr4V 钢的发展最早、应用最广,它具有较高的热硬性(工作温度大于 600 ℃),过热和脱碳倾向小,主要用于制作各种精加工刀具,如螺纹车刀、成型车刀、精车刀、宽刃精刨刀等;或制作结构复杂的低速切削刃具,如拉刀、齿轮刀具及各种铣刀等。W18Cr4V 钢的碳化物颗粒较粗大,不适宜制作薄刃刀具和小截面刃具。钨价格较贵,又是重要的战略物资,W18Cr4V 钢的使用量已逐渐减少。

(2) 钨-钼系高速钢:用适量的钼(1.0%)代替部分钨(2.0%),典型牌号是 W6Mo5Cr4V2 钢。由于钼的碳化物颗粒比较细小,因此 W6Mo5Cr4V2 钢在 950～1100 ℃时具有良好的塑性,便于压力加工,热处理后也有较好的韧性。此外,W6Mo5Cr4V2 钢中钒的质量分数较高,耐磨性高于 W18Cr4V 钢的耐磨性,但热硬性略差。W6Mo5Cr4V2 钢适合制造要求耐磨性和韧性较好的刃具,如铣刀、插齿刀、锥齿轮刨刀等。这种钢尤其适合制作采用热态轧制或扭制成型的薄刃刀具,如丝锥、麻花钻头等。

常用高速钢的牌号、化学成分、热处理及用途如表 5-16 所示。

表 5-16 常用高速钢的牌号、化学成分、热处理及用途(摘自 GB/T 9943—2008)

牌 号	化学成分 w/(%)							热处理				应　　用
	C	Mn	V	Cr	W	V	Mo	淬火温度/℃	硬度/HRC	回火温度/℃	硬度/HRC	
W18Cr4V	0.70～0.80	≤0.40	≤0.40	3.80～4.40	17.50～19.00	1.00～1.40	—	1260～1280 油	≥63	550～570 (三次)	63～66	用于制作中速切削用车刀、刨刀、钻头、铣刀等
9W18Cr4V	0.90～1.00	≤0.40	≤0.40	3.80～4.40	17.50～19.00	1.00～1.40	—	1260～1280 油	≥63	570～580 (1 h 次)	67.5	在切削不锈钢及其他硬或韧的材料时,可显著提高刀具使用寿命和降低加工零件表面粗糙度
W6Mo5Cr4V2	0.80～0.90	≤0.35	≤0.30	3.80～4.40	5.50～6.75	1.75～2.20	4.50～5.50	1210～1230 油	≥64	540～560 (三次)	63～66	用于制作要求耐磨性和韧性相配合的中速切削刀具,如丝锥、钻头等
W6Mo5Cr4V3	1.10～1.25	≤0.35	≤0.30	3.80～4.40	5.75～6.75	2.80～3.30	4.75～5.75	1200～1220 油	≥63	540～560 (三次)	>65	用于制作要求较高耐磨性和热硬性,且耐磨性和韧性较好配合的形状稍复杂的刀具,如拉刀、铣刀等

3. 合金模具钢

主要用来制造各种模具的钢称为模具钢。根据使用状态,用于冷态金属成型的模具钢称为冷作模具钢,模具工作温度一般不超过 200 ℃;用于热态金属成型的模具钢称为热作模具钢,模具型腔表面温度可达 600 ℃以上;用于塑料制品成型的模具钢称为塑料模具钢,工作温度不高,但对模具型腔表面质量要求较高。

1) 冷作模具钢

冷作模具钢用于制造在室温下对金属进行变形加工的模具,包括冷冲模、冷镦模、冷挤压模、拉丝模、落料模等。

(1) 工作条件和性能要求。冷作模具钢的性能要求与刃具钢的相似。冷作模具工作时承受很大的载荷,如压力、弯曲力、剪切力、冲击力和摩擦力,其主要失效形式是磨损和胀裂,也常出现变形、崩刃和断裂等失效现象。因此,冷作模具钢应具有高的硬度和耐磨性,以承受很大的压力和强烈的摩擦;足够的强度、韧性和疲劳强度,以承受很大的冲击负荷,保证尺寸的精度并防止胀裂。截面尺寸较大的模具要求具有较高的淬透性,而高精度模具还要求热处理变形小。

(2) 化学成分特点。目前应用广泛的冷作模具钢是高碳高铬钢,即 Cr12 型钢,其含碳

量 $w_C=1.0\%\sim2.0\%$。高含碳量的目的是获得高硬度(约 60 HRC)和耐磨性。加入合金元素 Cr、Mo、W、V 等,可提高耐磨性、淬透性和耐回火性,尤其是 Cr 的含量高达 11%～13%,主要是为了提高淬透性和细化晶粒。

(3)常用钢种及热处理特点。制作尺寸较小、形状简单、工作负荷不太大的冷作模具,常用碳素工具钢和低合金工具钢,如 T10A、9Cr2、9SiCr、GCr15 等;制作截面大、形状复杂、负荷大的冷冲模、挤压模、滚丝模、剪裁模等,用高碳高铬钢,典型牌号是 Cr12 钢、Cr12MoV 钢。

Cr12 型冷作模具钢也属于莱氏体钢,其锻造工艺、热处理工艺过程与高速工具钢的大体相同。只是 Cr12 钢一般在 560～580 ℃温度下回火二次,Cr12MoV 钢一般在 560 ℃温度下回火三次。常用冷作模具钢的牌号、化学成分、热处理及用途如表 5-17 所示。

表 5-17　常用冷作模具钢的牌号、化学成分、热处理及用途(摘自 GB/T 1299—2014)

| 牌　号 | 化学成分 w /(%) | | | | | P | S | 交货状态(退火)/HBW | 热处理 | | 应　　用 |
	C	Si	Mn	Cr	其他	不大于			淬火温度/℃	硬度/HRC不小于	
CrWMn	0.90～1.05	≤0.40	0.80～1.10	0.90～1.20	W:1.20～1.60	0.03	0.03	207～255	800～830 油	62	用于制作淬火要求变形很小、长而形状复杂的切削刀具,如拉刀、长丝锥及形状复杂、精度高的冷冲模等
Cr12	2.00～2.30	≤0.40	≤0.40	11.50～13.00	—	0.03	0.03	217～269	950～1000 油	60	用于制作耐磨性高、不受冲击、尺寸较大的模具,如冷冲模、冲头、钻套、量规、螺纹滚丝模、拉丝模、冷切剪刀等
Cr12MoV	1.45～1.70	≤0.40	≤0.40	11.00～12.50	Mo:0.40～0.60;V:0.15～0.30	0.03	0.03	207～255	950～1000 油	58	用于制作截面较大、形状复杂、工作条件繁重的各种冷作模具及螺纹搓丝板、量具等
Cr4W2MoV	1.12～1.25	0.40～0.70	≤0.40	3.50～4.00	W:1.20～1.60;Mo:0.80～1.20;V:0.80～1.10	0.03	0.03	≤269	960～980 油	60	可代替 Cr12MoV 钢、Cr12 钢制作冷冲模、冷挤压模、搓丝板等
W6Mo5Cr4V	0.55～0.6	≤0.40	≤0.60	3.70～4.30	Mo:4.50～5.50;V:0.70～1.10	0.03	0.03	≤269	1180～1200 油	60	用于制作冲头、冷作凹模等

2）热作模具钢

热作模具钢用于制造使热态下固体金属或液体金属在压力下成型的模具，如热锻模、热镦模、热挤压模、高速锻模、压铸模等。

（1）工作条件和性能要求。热作模具工作时接触炽热的金属，型腔温度很高（大于 600 ℃）；被加工的金属在巨大的压力、扩张力和冲击载荷的作用下，与型腔作相对运动，从而产生强烈的摩擦；剧烈的急冷急热循环引起不均匀的热应力，模具工作表面发生高温氧化，热疲劳导致出现"龟裂"现象，以致模具破坏。因此，热作模具钢应具备以下性能：高的热硬性和高温耐磨性；足够的强度和韧性；高的热稳定性，不易氧化；高抗热疲劳性和高淬透性等。

（2）化学成分特点。热作模具钢一般是中碳钢，其含碳量 $w_C = 0.3\% \sim 0.6\%$，以保证良好的强度、韧性和较高的硬度（35～52 HRC），加入的合金元素为 Cr、Ni、Mn、Mo、W、V 等。Cr、Ni、Mn 是提高淬透性的主要元素；同时 Cr 和 Ni 一起可提高钢的回火稳定性；Ni 在强化铁素体的同时还可增加钢的韧性；Cr、W、V 可提高抗热疲劳性；Mo 主要防止第二类回火脆性，提高高温强度和回火稳定性。

（3）常用钢种。热作模具钢按模具加工对象的不同，大致可分为两类。

① 使热态固体金属在压力下成型的模具，如热锻模、热挤压模、高速锻模等。用于制造这种模具的热作模具钢的含碳量 $w_C = 0.5\% \sim 0.6\%$。中型热锻模（模具边长 300～400 mm）常用 5CrMnMo 钢，制造大、中型热锻模（模具边长大于 400 mm）选用 5CrNiMo 钢。

② 使液态金属在压力下成型的模具，如压铸模。用于制造这种模具的热作模具钢的含碳量 $w_C = 0.3\% \sim 0.4\%$。常用的热作模具钢为 3Cr2W8V 钢、4Cr5MoSiV 钢。4Cr5MoSiV 钢既可用于制造铝合金压铸模、热挤压模、锻模，还可用于制造耐 500 ℃ 以下的飞机、火箭零件。

（4）热处理特点。热作模具钢锻造后的预备热处理是退火，其目的是消除锻造应力，降低硬度，改善切削加工性。退火后的组织为细片状珠光体与铁素体，硬度为 190～250 HBW；最终热处理是淬火＋高温（或中温）回火。是采用高温回火或是中温回火，应根据模具大小、是模面还是模尾来确定。一般来说，截面尺寸较大的模具及模尾部分采用高温回火，组织为回火索氏体，硬度为 30～39 HRC；模面（工作部分）采用中温回火，组织为回火托氏体，硬度为 34～48 HRC。

常用热作模具钢的牌号、化学成分、热处理及用途如表 5-18 所示。

表 5-18　常用热作模具钢的牌号、化学成分、热处理及用途（摘自 GB/T 1299—2014）

牌　　号	化学成分 w /（%）							交货状态（退火）/HBW 不大于	淬火温度/℃	应　　用
	C	Si	Mn	Cr	其他	P	S			
						不大于				
5CrMnMo	0.50～0.60	0.25～0.60	1.20～1.60	0.60～0.90	Mo：0.15～0.30	0.03	0.03	197～241	820～850 油	用于制作中、小型热锻模（边长不超过 400 mm）
5CrNiMo	0.50～0.60	≤0.40	0.50～0.80	0.50～0.80	Mo：0.15～0.30	0.03	0.03	197～241	830～860 油	用于制作形状复杂、冲击载荷大的各种大、中型热锻模（边长大于 400 mm）

牌　　号	化学成分 w /(%)					交货状态（退火）/HBW	淬火温度/℃	应　　用
	C	Si	Mn	Cr	其他	P	S		
						不大于		

牌　　号	C	Si	Mn	Cr	其他	P	S	交货状态（退火）/HBW	淬火温度/℃	应　　用
3Cr2W8V	0.30~0.40	≤0.40	≤0.40	0.20~2.79	W:7.50~9.00;V:0.20~0.50	0.03	0.03	207~255	1075~1125 油	用于制作压铸模,平锻机上的凸模和凹模、镶块、铜合金挤压模等
4Cr5W2VSi	0.32~0.42	0.08~1.20	≤0.40	4.50~5.50	W:1.60~2.40;V:0.60~1.00	0.03	0.03	≤229	1030~1050 油或空气	可用于制作高速锤用模具与冲头、热挤压用模具及芯棒、有色金属压铸模等
4Cr5MoSiV	0.33~0.43	0.08~1.20	0.20~0.50	4.75~5.50	Mo:1.10~1.60;V:0.30~0.60	0.03	0.03	≤235	790 ℃预热,1100 ℃盐浴或 1010 ℃(炉控气氮)加温,保温 5~15 mm,空冷 550 ℃回火	使用性能和寿命高于 3Cr2W8V 钢,用于制作铝合金压铸模、热挤压模、锻模和耐 500 ℃以下的飞机、火箭零件等
5Cr4W5Mo2V	0.32~0.42	0.08~1.20	≤0.40	4.50~5.50	Mo:1.50~2.10;V:0.70~1.10	0.03	0.03	≤269	1100~1150 油	热挤压模、精密锻造模具钢。常用于制造中、小型精锻模,或代替 3Cr2W8V 钢制作热挤压模具

3）塑料模具钢

(1) 工作条件和性能要求。一般来说,塑料制品的强度、硬度、熔点比钢低得多,但塑料制品的表面质量要求很高,塑料的成分又比较复杂。因而,塑料模具失效的主要原因不是模具的磨损和开裂,而是模具表面质量下降。所以,塑料模具钢应具备的性能主要有:良好的加工性,易于蚀刻各种图文符号,并且表面易达到高镜面度;足够的强度、韧性和耐磨性;热处理变形很小,变形方向性很小;良好的耐腐蚀性。

(2) 常用塑料模具钢。一般的中小型、形状简单的塑料模具,通常用碳素工具钢、合金工具钢、合金结构钢或铸铁等材料制造。为了适应塑料制品的发展,提高塑料制品的质量,开发研制了各种用途的塑料模具钢。其中,预硬型塑料模具钢在国内外应用较广。所谓预硬型模具钢,就是由生产厂家预先热处理至 25~40 HRC 供货,模具加工成型后不需热处理即可直接使用,可保证模具使用要求的钢。有的预硬型塑料模具钢还可进行表面渗氮或离子镀。预硬型塑料模具钢的含碳量一般为中碳,钢中合金元素的种类比较多。典型的预硬型塑料模具钢的钢种按其性能特点,主要有:

① 3Cr2Mo钢：通用型预硬型塑料模具钢，预硬硬度为25～32 HRC，工艺性能优良，表面粗糙度 Ra 可达 0.025 μm，具备了塑料模具钢的综合性能，主要用于制作形状复杂、精密、大型的塑料模具。

② 5NiSCa钢：复合系易切削高韧性预硬钢，预硬硬度为30～35 HRC，表面粗糙度 Ra 为 0.05～0.10 μm，易于蚀刻各种图案，适宜制作高精密度、小粗糙度值的塑料模具。

③ PMS钢：耐磨镜面预硬钢，预硬硬度为38～45 HRC，镜面抛光性好，表面粗糙度 Ra 可达 0.008 μm，用于制作精度要求高、镜面度高、透明度高的塑料模具，可进行渗氮处理。

④ PCR钢：耐蚀预硬钢，预硬硬度为32～35 HRC，用于制作含氟、氯、氨成分的塑料制品和高硬耐蚀的塑料模具。

⑤ 无磁塑料模具钢：用于制作添加了铁氧体成分的塑料制品，需要在磁场内注射成型，要求模具本身无磁性，一般采用奥氏体钢制作，耐磨性要求高时采用无磁塑料模具钢。

常用塑料模具钢的牌号、化学成分、力学性能及用途如表 5-19 所示。

常用塑料模具用钢如图 5-20 所示。

4. 合金量具钢

合金量具钢用于制造各种测量工具，如游标卡尺、千分尺、块规、塞规等。

1）工作条件和性能要求

量具在使用过程中经常与工件接触，受到磨损和碰撞，因此对合金量具钢的主要性能要求是：工作部分有高硬度（58～64 HRC）和高耐磨性，以防止在使用过程中因磨损而失效；要求组织稳定、尺寸精度高，在使用过程中形状不变，以保证高的尺寸精度；有良好的磨削加工性和耐腐蚀性。

2）常用钢种及热处理特点

我国目前没有量具专用钢，通常用弹簧钢、碳素工具钢、合金工具钢、轴承钢来制造量具。

精度要求不高、形状简单的量具，如量规、量块、游标卡尺、套模等，用碳素工具钢 T10A、T12A 制造；使用频繁、精度要求不高的卡板、样板、直尺等，可选用 60、60Mn、65Mn 等制造，再进行表面热处理；高精度的精密量具或形状复杂的量具，如块规、塞规、极限量规等，应选用热处理变形小的 9SiCr、CrWMn、GCr15 等钢制造；对于在化工、煤矿、野外使用的对耐蚀性要求较高的量具，可用 4Cr13、9Cr18 等钢制造。

合金量具钢的热处理一般是球化退火、淬火＋低温回火。为了获得高硬度和高耐磨性，回火温度可以低一些。

合金量具钢热处理的目的是保证尺寸稳定性。精度要求高的量具，淬火后立即进行冷处理（－50～80 ℃），使残余奥氏体转变成马氏体，然后在 150～160 ℃ 温度下进行低温回火。低温回火后，尚需进行一次人工时效处理（110～150 ℃，24～36 h），使马氏体正方度降低、残余奥氏体稳定和残余应力消除。合金量具钢精磨后要在 120 ℃ 温度下人工时效 2～3 h，以消除磨削应力。

5.3.6 特殊性能钢

特殊性能钢是指具有特殊物理化学性能并可在特殊环境下工作的钢。这类钢在化学成分、组织和热处理原理上，都与其他钢材不同。这类钢主要有不锈钢、耐热钢及耐磨钢等。

表 5-19　常用塑料模具钢的牌号、化学成分、力学性能和及用途

牌号(代号)	化学成分 w/(%)									试样状态	力学性能				用途举例
	C	Cr	Ni	Mo	Mn	Si	S	P	其他		σ_b/MPa	σ_s/MPa	δ_5/(%)	ψ/(%)	
3Cr2Mo	0.28~0.40	1.40~2.00	—	0.30~0.55	0.60~1.00	0.20~0.50	≤0.03	≤0.03	—	预硬硬度 33~55 HRC	1120	1020	16	61	用于制作各种塑料模具和低熔点的金属压铸模
3Cr2NiMo	0.36~0.43	1.85~2.00	0.80~1.20	0.43~0.50	0.85~1.00	0.14	≤0.02	≤0.015	—	预硬硬度 35 HRC	1200	1030	15	60	是 3Cr2Mo 钢的改进型，用途同 3Cr2Mo 钢
S48C①	0.45~0.51	≤0.20	≤0.20	—	0.50~0.80	—	—	—	—	—	—	—	—	—	用于制作标准注塑模架和模板
Y55CrNiMnMoV	0.50~0.60	0.80~1.20	1.00~1.50	0.20~1.50	0.80~1.20	—	4.75~5.50	—	V:0.10~0.30; Ca:0.50	—	—	—	—	—	用于制作热塑性模具、线路板冲孔模、热固性塑料模具
5NiCa	0.50~0.60	0.89~0.90	0.90~1.30	0.52	1.19	—	0.028	—	V:0.26; Ca:0.003 6	预硬硬度 35~45 HRC	—	1083~1392	—	—	用于制作高精度、小粗糙度值的塑料模具，例如录音机磁带门仓、收音机外壳、后盖、齿轮等塑料模具
PMS	0.06~0.16	—	2.80~3.40	0.20~0.50	1.40~1.70	≤0.35	0.04~0.05 或≤0.01	≤0.03	Cu:0.8~1.2; Al:0.7~1.1	530 ℃时效预硬至 41.4 HRC	1292.7	1194.6	15	52.7	用于制作精度要求高、粗糙度值小、透明度高的塑料模具
718	0.33	1.80	0.90	0.20	0.80~1.40	≤0.30	≤0.03	≤0.008~0.015	—	—	—	—	—	—	用于制作镜面度高、或有细致蚀刻纹及透明度要求高的塑料模具
PCR	≤0.07	15~17	3~5	—	<1.00	<1.00	≤0.03	≤0.03	Cu:2.50~3.50; Nb:0.20~0.40	460 ℃时效预硬至 46 HRC	1428	1324	14	38	用于制作高硬度耐腐蚀的塑料模具，例如氟氯塑料成形模具或成型机械
40CrMnNiMo	0.40	2.00	1.10~1.50	0.20	—	—	4.59~5.50	—	—	—	—	—	—	—	用于制作大型电视机外壳、洗衣机面板，厚度大于 400 mm 的塑料模具

注：①S 表示塑料模具类。

表 5-20　常用塑料模具用钢

模具类型及工作条件	推 荐 用 钢
中小型、精度不高、受力不大、生产规模小的模具	45、40Cr、T10、10、20、20Cr
受磨损较大、受动载荷较大、生产批量大的模具	20Cr、12CrNi13、20CMnTi
大型复杂的注射成型模或挤压成型模	4Cr5MoSiV、4Cr5MoSiV1、4Cr3Mo3SiV、5CrNiMnMoVSCa
热固性成型模,高耐磨、高强度的模具	9MnV、CrWMn、GCr15、Cr12、Cr12MoV、7CrSiMnMoV
耐腐蚀、高精度模具	21Cr13、4Cr13、9Cr18、Cr18MoV、3Cr2Mo、Cr14MoV、8Cr2MnWMoVS、3Cr17Mo
无磁模具	7Mn15Cr2AlV2WMo

1. 不锈钢

不锈钢是指在自然环境和一定介质中具有耐腐蚀性能的钢种,它广泛应用于石油、化工、原子能、航天、航海、医疗等行业,用于制造要求耐腐蚀的零、构件。能够抵抗空气、蒸气和水等弱腐蚀性介质腐蚀的钢,称为不锈钢;能够抵抗酸、碱、盐等强腐蚀性介质腐蚀的钢,称为耐酸钢。一般来说,不锈钢不一定耐酸,而耐酸钢有良好的耐蚀性能。通常将不锈钢、耐酸钢统称为不锈钢。

1)金属的腐蚀和防护

金属表面受到周围介质作用而逐渐被破坏的现象称为腐蚀。据统计,全世界每年因腐蚀而报废的金属材料和设备,大约相当于全年金属产量的 1/3,且腐蚀容易造成一些隐蔽性和突发性的严重事故,带来巨大的经济损失。腐蚀通常可分为化学腐蚀和电化学腐蚀。

化学腐蚀是金属与周围介质发生纯化学反应而引起的腐蚀,一般发生在干燥的气体中或不导电的流体场合。如钢在高温下的氧化就属于典型的化学腐蚀。化学腐蚀的特点是:腐蚀过程不产生微电流;温度越高,腐蚀越快;腐蚀发生于金属表面,一旦形成保护膜,腐蚀会中止。

电化学腐蚀是金属与电解质溶液(如酸、碱、盐)产生电化学作用而引起的腐蚀,它是金属腐蚀最主要的形式,如金属在海水中发生的腐蚀、地下金属管道在土壤中的腐蚀等。电化学腐蚀实质上是由原电池作用引起的。图 5-29 是 Zn-Cu 原电池示意图。锌和铜在电解质 H_2SO_4 溶液中形成原电池。锌的电位低,为阳极;铜的电位高,为阴极。锌(阳极)不断失去电子,变为锌离子,溶于电解质中,锌被腐蚀;铜(阴极)起传递电子的作用,不被腐蚀,只发生析氢反应,放出氢气。异种金属之间会形成原电池。同样,合金中由于组成相的电极电位不同,因此也会形成原电池,产生电化学腐蚀。如钢中珠光体、铁素体的电位低,为阳极,被腐蚀;渗碳体的电位高,为阴极,不被腐蚀。图 5-30 是珠光体的电化学腐蚀示意图。电化学腐蚀的特点是:腐蚀过程产生微电流,电位低的失去电子,被腐蚀;腐蚀

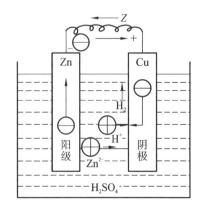

图 5-29　Zn-Cu 原电池示意图

是由表及里并具有选择性的,如微孔、细隙、晶界、相界等;腐蚀导致的失效具有突然性。

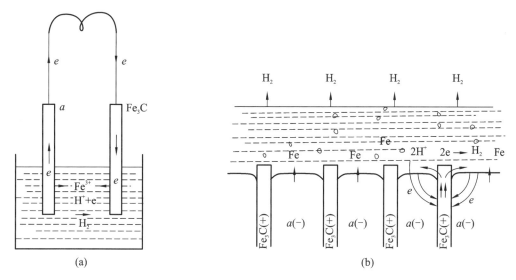

图 5-30　珠光体的电化学腐蚀示意图

针对金属腐蚀的机理,特别是电化学腐蚀,可采取相应措施加以防护。

(1)金属获得均匀的单相组织,避免形成原电池,如单相铁素体钢、单相奥氏体钢。

(2)双相组织可通过提高基体的电极电位来缩小电极电位差,以减缓金属的腐蚀速度。如在钢中加入大于 12% 的 Cr,则铁素体的电极电位由 -0.56 V 提高到 $+0.20$ V。

(3)在金属表面形成致密的保护膜(又称为钝化膜),使金属不与电解质溶液接触,保护金属内部不受腐蚀。如 Cr、Al、Si 等合金元素易于在材料表面形成致密的氧化膜 Cr_2O_3、Al_2O_3、SiO_2 等。

2)不锈钢化学成分特点

不锈钢的耐蚀性要求越高,则其含碳量越低。大多数不锈钢的含碳量 $w_C = 0.10\% \sim 0.20\%$,耐蚀性特别高的奥氏体不锈钢的含碳量 $w_C \leqslant 0.03\%$。

不锈钢中加入的合金元素有 Cr、Ni、Mo、Cu、Ti、Nb、Mn、N 等。Cr 是不锈钢获得耐蚀性的基本合金元素。钢中铬的含量 $w_{Cr} \geqslant 12\%$ 时,能提高基体铁素体的电极电位,减小原电池极间电位差;Cr 在金属表面生成致密的 Cr_2O_3 保护膜,使钢获得单相铁素体组织。Ni 与 Cr 可扩大奥氏体区,在室温下可获得单相奥氏体组织,或形成奥氏体+铁素体组织。加入 Mo、Cu 等元素,可提高钢在非氧化性酸中的耐蚀能力。Ti、Nb 能优先同碳形成稳定的碳化物,使 Cr 保留在基体中,避免晶界贫铬,减小钢的晶界腐蚀倾向。

3)常用不锈钢

不锈钢按室温组织的不同,分为马氏体不锈钢、铁素体不锈钢、奥氏体不锈钢和奥氏体+铁素体不锈钢。常用不锈钢的牌号、化学成分、力学性能及用途如表 5-21 所示。

(1)马氏体不锈钢。常用马氏体不锈钢的含碳量 $w_C = 0.1\% \sim 1.2\%$,含铬量 $w_{Cr} = 12\% \sim 18\%$,属于铬不锈钢。这类钢的含碳量比铁素体不锈钢的高,淬火后能得到马氏体,故称为马氏体不锈钢。马氏体不锈钢通常指 Cr13 型不锈钢和高碳 Cr17 型不锈钢。

① Cr13 型不锈钢。含碳量较低的 1Cr13、2Cr13 等钢类似于调质钢,有较好的力学性能,具有抗大气、蒸气等介质腐蚀的能力,常作为耐腐蚀的结构钢使用,用于制造力学性能要

表 5-21　常用不锈钢的牌号、化学成分、热处理、力学性能及用途（摘自 GB/T 1299—2014）

类别	牌号	化学成分 w/(%)						热处理温度/℃				力学性能						用途举例
		C	Si	Mn	Cr	Ni	其他	退火温度	固溶处理温度	淬火温度	回火温度	σ_b/MPa	$\sigma_{p0.2}$/MPa	δ_5/(%)	ψ/(%)	A_k/J	硬度/HBW	
铁素体型	1Cr17	≤0.12	≤0.75	≤1.00	16.00~18.00	—	—	780~850 空冷或缓冷	—	—	—	≥450	≥205	≥22	≥40	—	≤183	耐蚀性良好的通用不锈钢，用于制作建筑装潢、家用电器、家庭用具
	00Cr30Mo2	≤0.010	≤0.40	≤0.40	28.50~32.00	—	Mo: 1.50~2.50	缓冷	—	900~1050 快冷	—	≥450	≥295	≥20	≥45	—	≤228	耐蚀性很好，用于制作耐有机酸、碱、点腐蚀的设备
马氏体型	1Cr13	≤0.15	≤1.00	≤1.00	11.50~13.50	≤0.60	—	800~900 缓冷或约750 快冷	—	950~1000 油	700~750 快冷	≥540	≥345	≥25	≥55	≥78	≤159	具有良好的耐蚀性和切削加工性，用于制作一般用途的零件和刃具，例如螺栓、螺母、日常生活用品等
	3Cr13	0.26~0.40	≤1.00	≤1.00	12.00~14.00	≤0.60	—		—	920~980 油	600~750 快冷	≥735	≥540	≥12	≥40	≥24	≤217	用于制作硬度较高的耐蚀、耐磨刃具，量具、喷嘴、阀座、阀门、医疗器械等
	7Cr17	0.60~0.75	≤1.00	≤1.00	16.00~18.00	—	—	800~920 缓冷	—	1010~1070 油冷	100~180 快冷	—	—	—	—	—	≥54 HRC	淬火、回火后，强度、韧性、硬度较好，可制作刃具、量具、轴承等
	11Cr17	0.95~1.20	≤1.00	≤1.00	16.00~18.00	—	—	退火	—	淬火	回火	—	—	—	—	—	≥58 HRC	在所有不锈钢和耐热钢中，其硬度最高，用于制作喷嘴、轴承等

续表

类别	牌号	化学成分 w/(%)						热处理温度/℃				力学性能						用途举例
		C	Si	Mn	Cr	Ni	其他	退火温度	固溶处理温度	淬火温度	回火温度	σ_b/MPa	$\sigma_{p0.2}$/MPa	δ_5/(%)	ψ/(%)	A_k/J	硬度/HBW	
奥氏体型	1Cr18Ni9	≤0.15	≤1.00	≤2.00	17.00~19.00	8.00~10.00	—	—	1050~1150冷	—	—	≥520	≥205	≥40	≥60	—	≤187	冷加工后有高的强度,用于制作建筑装潢材料和生产硝酸、化肥等的化工设备零件
	0Cr19Ni9	≤0.08	≤1.00	≤2.00	18.00~20.00	8.00~10.50	—	—	1050~1150快冷	—	—	≥520	≥205	≥40	≥60	—	≤187	应用最广泛的不锈耐蚀钢,用于制作食品、化工、核能设备的零件
	00Cr19Ni10	≤0.03	≤1.00	≤2.00	18.00~20.00	9.00~13.00	—	—	1010~1150快冷	—	—	≥480	≥177	≥40	≥60	—	≤187	含碳量低,耐晶界腐蚀。用于制作焊后不需热处理的零件
奥氏体+铁素体型	0Cr26Ni5Mo2	≤0.08	≤1.00	≤1.50	23.00~28.00	3.00~6.00	Mo:1.00~3.00	—	950~1100快冷	—	—	≥590	≥390	≥18	≥40	—	≤277	具有双相组织,抗氧化性、耐点腐蚀性好、强度高,用于制作耐海水腐蚀的零件
	0Cr18Ni11Ti	≤0.08	≤1.00	≤2.00	17.00~19.00	9.00~13.00	Ti:≥0.50	—	920~1150快冷	—	—	≥520	≥205	≥40	≥50	—	≤187	加入Ti可提高耐晶界腐蚀性,不宜用作装饰材料

求较高、有一定耐蚀性的零件,如汽轮机叶片、医疗器械等。为了获得良好的综合性能,需进行调质处理,得到回火索氏体组织。含碳量较高的 3Cr13、4Cr13 等钢的硬度为 50 HRC,用来制造耐蚀工具、不锈钢轴承及弹簧等,经淬火+低温回火,得到回火马氏体。

② 高碳 Cr17 型不锈钢。7Cr17、11Cr17 等钢类似于工具钢,含碳量增加,强度和耐磨性提高,耐蚀性相对差一些,用于制造医疗手术工具、刀具、模具、轴承等,经淬火+低温回火,得到回火马氏体,硬度为 50 HRC。

(2) 铁素体不锈钢。常用铁素体不锈钢的含碳量较低,$w_C < 0.15\%$,含铬量 $w_{Cr} = 12\% \sim 30\%$,属于铬不锈钢,通常指低碳 Cr17 型不锈钢。因铬含量高,使得奥氏体区缩小,获得单相铁素体组织。这类钢从室温加热到高温 960~1100 ℃时,均不发生相变,其显微组织始终是单相铁素体,故称为铁素体不锈钢。铁素体不锈钢不能用热处理方法强化,只能通过冷变形强化。

由于含碳量相应地降低,含铬量相应地提高,因此铁素体不锈钢的耐蚀性、塑性、焊接性较好,具有良好的高温抗氧化性(700 ℃以下),特别是抗应力腐蚀性能较好,但力学性能较马氏体不锈钢的低。

典型牌号:

Cr17 型不锈钢,如 1Cr17、1Cr17Mo 等,是耐蚀性良好的通用不锈钢,主要用于制作力学性能要求不高、耐大气、稀硝酸环境下工作的结构件(如化工设备、容器、管道)和建筑家庭装潢。

Cr27-30 型不锈钢,如 00Cr27Mo、00Cr30Mo2 等,是耐强腐蚀介质的耐酸钢,用于制作耐有机酸、苛性碱的设备。

(3) 奥氏体不锈钢。这类钢的含碳量很低,平均含铬量 $w_{Cr} = 18\%$,含镍量 $w_{Ni} = 8\% \sim 11\%$,属于铬镍不锈钢,通常称为 18-8 型不锈钢。因加入了镍,扩大了奥氏体区,在室温下可得到单相奥氏体组织,因此奥氏体不锈钢有很好的耐蚀性和耐热性,不仅能抗大气、海水、燃气的腐蚀,而且能抗酸的腐蚀,抗氧化温度可达 850 ℃,具有抗磁性,用其制造的电器、仪表零件不受周围磁场及地球磁场的影响。奥氏体不锈钢为面心立方晶格,具有很好的塑性和韧性。奥氏体不锈钢在固态时不发生相变,不能通过热处理强化,其强化方式是冷变形强化,强化后的强度由 600 MPa 提高到 1200~1400 MPa,可用于制作某些结构材料,是目前应用最广、耐蚀性能最好的不锈钢。

奥氏体不锈钢在退火状态下的组织为奥氏体+少量碳化物,碳化物的存在对钢的耐蚀性有很大损害。为了获得单相奥氏体组织,提高钢的耐蚀性,并使钢软化,应进行固溶处理,即把钢加热至 1050~1150 ℃,使全部碳化物溶解于奥氏体中,再水淬快冷至室温,以获得单相奥氏体组织,这一过程称为固溶处理。固溶处理后的钢不仅耐腐蚀性能好,而且塑性很好($\delta = 40\%$),冷加工性能优良。显然,固溶处理与一般钢的淬火完全不同。

奥氏体不锈钢在 450~850 ℃温度下加热或焊接时,晶界处析出铬的碳化物 $(Cr,Fe)_{23}C_6$,导致晶界附近的含铬量 $w_{Cr} < 11.7\%$,低于耐蚀性的极限值,晶界附近就容易引起腐蚀,称为晶间腐蚀。为了防止晶间腐蚀,奥氏体不锈钢的含碳量一般控制在 $w_C \leqslant 0.10\%$,有时甚至控制在 $w_C \leqslant 0.03\%$ 左右,使钢中不形成铬的碳化物;加入 Ti、Nb,使钢中优先形成 TiC、NbC,而不形成铬的碳化物,以保证奥氏体中的含铬量。

为了彻底消除晶间腐蚀倾向,固溶处理后再进行稳定化处理,即将钢加热到 850~880 ℃,保温 6 h,使钢中铬的碳化物 $(Cr,Fe)_{23}C_6$ 完全溶解,而钛或铌的碳化物部分溶解,然后缓慢冷却。在缓冷过程中,碳几乎全部稳定于 TiC、NbC 中,不会再析出 $(Cr,Fe)_{23}C_6$。

为了消除冷加工或焊接后的残余应力，防止应力腐蚀，须进行充分的去应力退火处理。一般将钢加热到 $300\sim350$ ℃，以消除冷加工应力；加热到 850 ℃以上，以消除焊接残余应力。

奥氏体不锈钢主要用于制作在腐蚀介质中工作的零件，如食品、化工、核工业的耐酸容器，管道，医疗器械，抗磁仪表等。奥氏体不锈钢较软，切削时易粘刀，通常用万能硬质合金刀具切削。奥氏体不锈钢的典型牌号有 0Cr19Ni9、00Cr19Ni10、1Cr18Ni9Ti 等。

近年来，在 18-8 型不锈钢的基础上，通过提高铬含量，减少镍含量，再根据不同用途加入 Mn、Mo、Si 等元素，从而形成由铁素体（占 $20\%\sim60\%$）＋奥氏体两相组成的双相不锈钢。铁素体的存在提高了奥氏体不锈钢的抗晶间腐蚀能力，奥氏体的存在降低了高铬铁素体不锈钢的脆性，因此，这类钢得到了广泛的应用，如 0Cr26Ni5Mo2 钢。

2. 耐热钢

耐热钢是指在高温下具有热化学稳定性和热强性的特殊性能钢。

1）耐热钢工作条件及耐热性要求

在航空、航天、发动机、热能工程、化工及军事工业部门，高温下工作的零件常常采用具有高耐热性的钢制得。钢的耐热性包括高温抗氧化性和高温强度两个方面。

（1）高温抗氧化性（又称为热化学稳定性）是指金属在高温下对氧化作用的抗力。氧化是一种典型的化学腐蚀，在高温空气、燃烧废气等氧化性气氛中，金属与氧接触而发生化学反应，生成的氧化膜就会附在金属的表面。随着氧化的进行，氧化膜的厚度继续增加，氧化腐蚀到一定程度后是否继续氧化，取决于金属表面氧化膜的性能。如果生成的氧化膜致密而稳定，与基体金属的结合力强，就能阻止氧原子向金属内部扩散，降低氧化速度；相反，若氧化膜强度低，则会加速氧化而使零件过早失效。一般碳钢在高温时表面生成疏松多孔的氧化亚铁（FeO），且易剥落。环境中的氧原子不断地通过 FeO 扩散至钢基体，使钢连续不断地被氧化腐蚀。

耐热钢通过合金化方法，如向钢中加入 Cr、Si、Al 等元素后，在高温氧化环境下，其表面就容易生成高熔点的致密的且与基体结合牢固的 Cr_2O_3、SiO_2、Al_2O_3 等氧化膜，或与铁一起形成致密的复合氧化膜，抑制 FeO 的生成，阻止氧的扩散。另外，为了防止碳与 Cr 等抗氧化元素作用而降低钢的耐氧化性，耐热钢一般只含有较少的碳，$w_C=0.1\%\sim0.2\%$。

（2）高温强度（又称为热强性）是指金属在高温下抵抗塑性变形和破坏的能力。金属在高温下承受载荷时的力学性能有两个特点：一是温度升高，原子间结合力减弱，强度下降；二是在再结晶温度以上，即使金属承受的应力不超过该温度下的弹性极限，在恒定应力的作用下金属也会缓慢地发生塑性变形，且变形量随时间的延长而增大，最后导致金属破坏，这种现象称为蠕变。提高钢的高温强度，最重要的是防止蠕变。我们不能指望全部消除蠕变，但可以减缓蠕变的过程。

为了提高钢的高温强度，通常采用以下几种方法。

① 提高再结晶温度。在钢中加入合金元素 Cr、Ni、Mo、Mn 等，可增大钢中基体相固溶体的原子间结合力，使原子扩散困难，延缓再结晶过程的进行。

② 利用析出弥散相来产生强化作用。在钢中加入 Ti、V、Nb、Mo、W 等合金元素，以及 N、Al、B 等，形成稳定且均匀分布的碳化物 NbC、TiC、VC、WC 等或氮化物、硼化物等难熔化合物，它们在较高温度下也不易聚集长大，可起到阻碍位错运动、提高高温强度的作用。

③ 采用较粗晶粒的钢。高温下长时间使用的耐热钢，一般都是沿晶界断裂的。因此，适当"粗化"的粗晶粒钢的高温强度比细晶粒钢的好。

2）常用耐热钢

（1）珠光体型耐热钢。这类钢碳的质量分数较低,合金元素总的质量分数 $w_{Me} < 3\%$,是低合金耐热钢,常用牌号有 15CrMo 钢、12CrMoV 钢等,其工作温度小于 600 ℃,常用于制造锅炉炉管、汽轮机转子、热交换器、耐热紧固件等耐热构件。

（2）马氏体型耐热钢。这类钢是在 Cr13 型不锈钢的基础上加入一定量的 W、Mo、V 等合金元素。常用牌号有 1Cr13 钢、1Cr11MoV 钢等,使用温度小于 650 ℃,一般在调质状态下使用,组织为均匀的回火索氏体,主要用于制造承受较大载荷的零件,如汽轮机叶片、增压器叶片、内燃机排气阀、转子、轮盘等,其中 4Cr9Si2 钢称为气阀钢。

（3）奥氏体型耐热钢。这类钢含有较多的 Cr 和 Ni,热强性与高温、室温下的塑性、韧性好,具有较好的冷作成型能力和可焊性,得到了广泛的应用,用于制造一些比较重要的零件,如燃气轮机轮盘和叶片、排气阀、锅炉用部件、喷气发动机的排气管等。

常用牌号有 1Cr18Ni9Ti 钢和 4Cr14Ni14W2Mo 钢。1Cr18Ni9Ti 钢常用于制作在小于900 ℃的腐蚀条件下工作的部件、高温用焊接结构件;4Cr14Ni14W2Mo 钢(又称为 14-14-2 型钢)的热强性、组织稳定性、抗氧化性均高于气阀钢 4Cr9Si2,常用于制造工作温度不低于650 ℃的内燃机重负荷排气阀。奥氏体型耐热钢一般要进行固溶处理和时效处理。

（4）铁素体型耐热钢。这类钢主要含有 Cr,以提高钢的抗氧化性,经退火后可用于制作工作温度小于 900 ℃的耐氧化零件,如散热器、喷嘴等,常用牌号有 1Cr17、2Cr25N 钢等。1Cr17 钢可长期在 580～650 ℃的温度下使用;2Cr25N 钢用于制作工作温度小于 1080 ℃的高温抗氧化零件,如燃烧室等。

选用耐热钢时,必须注意耐热钢允许的工作温度范围以及在该温度下的力学性能指标。

常用耐热钢的牌号、化学成分、热处理、力学性能及用途如表 5-22 所示。

3. 高锰耐磨钢

高锰耐磨钢主要是指在强烈冲击载荷或严重磨损下发生表面硬化的高锰钢。高锰耐磨钢在一般工作条件下其优越性无法体现。

高锰耐磨钢的主要成分:含碳量高,$w_C = 0.9\% \sim 1.5\%$,以保证钢的耐磨性;含锰量高,$w_{Mn} = 11\% \sim 14\%$,锰是扩大奥氏体区的元素,可以保证热处理后得到单相奥氏体组织。由于高锰耐磨钢极易冷变形强化,很难进行切削加工,因此大多数高锰耐磨钢件采用铸造成型。

高锰耐磨钢的铸态组织是奥氏体＋碳化物,而碳化物会沿奥氏体晶界析出,因此降低了钢的韧性和耐磨性。为了使高锰耐磨钢具有良好的韧性和耐磨性,必须对其进行"水韧处理",即将钢加热到 1000～1100 ℃,保温一定时间,使碳化物全部溶解到奥氏体中,然后在水中激冷,碳化物来不及析出,在室温下获得均匀单一的过饱和单相奥氏体组织。水韧处理后,钢的强度、硬度并不高,但塑性、韧性很好($\sigma_b = 637 \sim 735$ MPa,硬度小于等于 229 HBW,$\delta_5 = 20\% \sim 35\%$,$A_k \geqslant 118$ J)。当工件在工作中受到强烈冲击或严重磨损时,高锰耐磨钢表面层的奥氏体会产生塑性变形而出现强烈的加工硬化现象,并且还会发生马氏体转变及碳化物沿滑移面析出,使表面层硬度迅速达到 500～600 HBW,耐磨性也大幅度提高,而心部则仍然是奥氏体组织,保持原来的高塑性和高韧性状态。当表面层磨损后,新露出的表面又可在强烈冲击或严重磨损时获得新的硬化层。需要指出的是,高锰耐磨钢经水韧处理后,不可再回火或在高于 300 ℃的温度下工作,否则碳化物又会沿奥氏体晶界析出而使钢脆化。

表 5-22　常用耐热钢的牌号、化学成分、热处理、力学性能及用途（摘自 GB/T 1221—2007）

类别	牌号	化学成分 w/(%)						热处理/℃				力学性能						用途举例
		C	Mn	Si	Ni	Cr	其他	退火温度	固溶处理温度	淬火温度	回火温度	σ_b/MPa	$\sigma_{r0.2}$/MPa	δ_5/(%)	ψ/(%)	A_k/J	硬度/HBW	
珠光体型	15CrMo	0.12~0.18	0.40~0.70	0.17~0.37	—	0.80~1.10	Mo:0.4~0.55; W:0.8~1.10			900~950 空冷	630~700 空冷	≥440	≥295	≥22	≥60	≥12	≥179	用于制作工作温度不超过 550 ℃的锅炉受热管子、垫圈等
	12CrMoV	0.08~0.15	0.40~0.70	0.17~0.37	—	0.40~0.60	Mo:0.25~0.35; V:0.15~0.30			960~980 空冷	700~760 空冷	≥440	≥225	≥22	≥50	≥10	≥241	用于制作工作温度不超过 570 ℃的汽轮机叶片、过热器管、导管等
马氏体型	1Cr13	≤0.15	≤1.00	≤1.00	≤0.60	11.50~13.50		800~900 缓冷或约 750 快冷		950~1000 快冷	700~780 油冷	≥540	≥345	≥25	≥55	≥78	≥159	用于制作工作温度小于 800 ℃的抗氧化零件
	4Cr9Si2	0.35~0.50	≤0.70	2.00~3.00	≤0.60	8.00~11.00				1020~1040 空冷	700~780 油冷	≥885	≥590	≥19	≥50	—	—	有较高的热强性，用于制作工作温度小于 700 ℃的内燃机进气阀或轻载荷发动机排气阀
	1Cr11MoV	0.11~0.18	≤0.60	≤0.50	≤0.60	10.0~11.50	Mo:0.50~0.70; V:0.25~0.40			1050~1100 空冷	720~740 空冷	≥685	≥490	≥16	≥55	≥47	—	兼有热强性，组织稳定性和减震性。用于制作汽轮机叶片和导向叶片
	1Cr12WMoV	0.12~0.18	0.50~0.90	≤0.50	0.40~0.80	11.0~13.0	W:0.70~1.70; Mo:0.5~0.7			1000~1050 油冷	680~700 空冷	≥735	≥585	≥15	≥40	≥47	—	较好的热强性、组织稳定性和减震性。用于制作汽轮叶片、轮子、轮盘和紧固件

类别	牌号	化学成分 w/(%)						热处理温度/℃				力学性能						用途举例
		C	Mn	Si	Cr	Ni	其他	退火温度	固溶处理温度	淬火温度	回火温度	σ_b/MPa	$\sigma_{r0.2}$/MPa	δ_5/(%)	ψ/(%)	A_k/J	硬度/HBW	
奥氏体型	1Cr18Ni9Ti	≤0.12	≤2.00	≤1.00	17.0~19.0	8.00~11.00	Ti:0.5~0.8	—	1000~1100 快冷			≥520	≥205	≥40	≥50	—	≤187	良好的耐热性和抗蚀性,用于制作加热炉管、燃烧室筒体、退火炉罩等,也是不锈耐蚀钢
	0Cr25Ni20	≤0.08	≤2.00	≤1.50	24.0~26.0	19.0~22.0		—	1030~1180 快冷			≥520	≥205	≥40	≥60	—	≤187	抗氧化钢,可承受1035℃加热,用于制作炉用材料、汽车净化装置材料
	0Cr18Ni11Ti	≤0.08	≤2.00	≤1.00	17.0~19.0	9.00~13.00		—	920~1150 快冷			≥520	≥205	≥40	≥50	—	≤187	用于制作400~900℃的腐蚀介质中的材料、高温焊接件
	4Cr14Ni14W2Mo	0.40~0.50	≤0.70	≤0.80	13.00~15.00	13.00~15.00	Mo:0.25~0.40;W:2.00~2.75	—	820~850 快冷			≥705	≥315	≥20	≥35	—	≤248	用于制作500~600℃温度下工作的钢汽轮机零件、内燃机重载荷排气阀
	3Cr18Mn12Si2N	0.22~0.30	10.50~12.50	1.40~2.20	17.0~19.0		N:0.22~0.30	—	1100~1150 快冷			≥685	≥390	≥35	≥45	—	≤248	有较高的热强性,有抗氧化、抗硫性和抗渗碳性,用于制作渗碳炉构件、加热炉传送带、料盘、炉爪等,最高使用温度为1000℃
铁素体型	0Cr13Al	≤0.08	≤1.00	≤1.00	11.50~14.50		Al:0.10~0.30	780~830 空冷或缓冷				≥410	≥175	≥20	≥60	—	≥183	用于制作燃气轮机、压缩机叶片、淬火台架、退火箱
	1Cr17	≤0.12	≤1.00	≤0.75	16.0~18.0			780~850 空冷或缓冷				≥450	≥205	≥22	60	—	≥183	用于制作工作温度小于900℃的抗氧化部件,如散热器、喷嘴、炉用部件
	00Cr12	≤0.03	≤1.00	≤0.75	11.0~13.0			退火				≥365	≥195	≥22	≥60	—	≥183	用于制作抗高温氧化、且要求焊接的部件,如汽车排气阀净化阀等的燃烧室、喷嘴
	2Cr25N	≤0.20	≤1.50	≤1.00	23.00~27.00	≤0.60	N:≤0.25	780~880 快冷				≥510	≥275	≥20	≥40	—	≤201	用于制作工作温度在1080℃以下的抗高温氧化件,如燃烧室等

高锰耐磨钢通常将锰碳比（Mn/C）控制在 9～11 之间。对于以耐磨性为主、低冲击载荷、形状较简单的零、构件,锰碳比取较小值($w_{Mn}=11\%\sim14\%$,$w_C=1.1\%\sim1.5\%$),牌号有 ZGMn13-1、ZGMn13-2,常用于制作球磨机衬板、破碎机颚板等;对于以高冲击载荷为主、耐磨性稍低、形状较复杂的高韧性零、构件,锰碳比一般取较大值($w_{Mn}=11\%\sim14\%$,$w_C=0.9\%\sim1.3\%$),牌号有 ZGMn13-3、ZGMn13-4,常用于制作挖掘机斗齿,坦克、拖拉机的履带板,铁路道岔,防弹钢板和保险柜钢板等。

高锰耐磨钢是非磁性钢,可用于制造既耐磨又抗磁化的零件,如吸料器的电磁铁罩等。常用高锰耐磨钢的牌号、化学成分、热处理、力学性能及用途如表 5-23 所示。

表 5-23 常用高锰耐磨钢的牌号、化学成分、热处理、力学性能及用途(摘自 GB/T 5680—2010)

牌 号	化学成分 w /(%)					热 处 理		力 学 性 能				用途举例
	C	Si	Mn	S	P	淬火温度/℃	冷却介质	δ_b/MPa	δ_5/(%)	A_k/J	硬度/HBW	
ZGMn13-1	1.00～1.50	0.30～1.00	11.00～14.00	≤0.05	≤0.09	1060～1100	水	637	20	—	229	用于制作结构简单、要求以耐磨为主的低冲击铸件,如衬板、齿板、辊套、铲齿等
ZGMn13-2	1.00～1.40	0.30～1.00	11.00～14.00	≤0.05	≤0.09	1060～1100	水	637	20	118	229	
ZGMn13-3	0.90～1.30	0.30～0.80	11.00～14.00	≤0.05	≤0.08	1060～1100	水	686	25	118	229	用于制作结构复杂、要求以韧性为主的高冲击铸件,如履带板等
ZGMn13-4	0.90～1.20	0.30～0.80	11.00～14.00	≤0.05	≤0.07	1060～1100	水	735	35	118	229	

思考与练习题

一、思考题

1. 碳素钢中主要包括哪些杂质元素？它们各有什么作用？

2. 请简述碳素钢的分类方法。

3. 请举例说明碳素钢的命名方法。

二、问答题

1. 合金钢中经常加入的合金元素有哪些？按其与碳的作用如何分类？

2. 合金元素对 $Fe\text{-}Fe_3C$ 合金状态图有什么影响？这种影响有什么重要意义？

3. 为什么碳素钢在室温下不存在单一的奥氏体组织或单一的铁素体组织,而合金钢中有可能存在这类组织？

4. 为什么含 Ti、Cr、W 等元素的合金钢的回火稳定性比碳素钢的高？

5. 合金渗碳钢中常加入哪些合金元素？它们对钢的热处理、组织和性能有何影响？

6. 说明合金调质钢的最终热处理的名称及目的。

7. 为什么合金弹簧钢把 Si 作为重要的主加合金元素？合金弹簧钢淬火后为什么要进行中温回火？

8. 为什么滚动轴承钢的含碳量均为高碳，而又限制钢中的含铬量不超过 1.65%？滚动轴承钢的预备热处理和最终热处理的特点是什么？

9. 一般刃具钢要求具有什么性能？高速钢要求具有什么性能？为什么？

10. 高速钢经铸造后为什么要经过反复锻造？锻造后切削前为什么要进行退火？淬火温度选用高温的目的是什么？淬火后为什么需进行三次回火？

11. 什么叫热硬性（红硬性）？它与"二次硬化"有何关系？W18Cr4V 钢的二次硬化发生在哪个回火温度范围？如何避免与预防？

12. 模具钢分为哪几类？各采用何种最终热处理工艺？为什么？

13. 不锈钢通常采取哪些措施来提高其性能？说明不锈钢的分类及热处理特点。

14. 影响耐热钢热强性的因素有哪些？如何解决？

15. ZGMn13 钢为什么具有优良的耐磨性和良好的韧性？

16. 用 20CrMnTi 钢制作的汽车变速齿轮，拟改用 40 钢和 40Cr 钢经高频淬火，这样是否可行？为什么？

17. 为什么一般钳工用的锯条烧红后置于空气中冷却即会变软，并可进行加工；而机用锯条烧红后（约 900 ℃）置于空气中冷却，仍有高的硬度？

18. 下列钢材的组织是用什么热处理工艺获得的？

(1) 40Cr 钢表面是回火马氏体，心部是回火索氏体；

(2) 20CrMnTi 钢表面是回火马氏体和碳化物，心部是低碳马氏体；

(3) 60Si2Mn 钢获得回火托氏体；

(4) 9SiCr 钢获得细回火马氏体和碳化物；

(5) W18Cr4V 钢获得索氏体和粒状碳化物。

19. 指出下列牌号的钢种，并说明其数字和符号的含义，每个牌号的用途各举 1～2 个实例。

Q345、20CrMnTi、40Cr、60Si2Mn、GCr15、9SiCr、W18Cr4V、W6Mo5Cr4V2、1Cr18Ni9Ti、1Cr13、7Cr17、Cr12MoV、5CrNiMo。

第6章 铸铁与铸钢

6.1 铸铁的石墨化

6.1.1 铁碳合金双重相图

1. 石墨的特性

石墨（G），含碳量 $w_C \approx 100\%$，具有简单六方晶格，如图 6-1 所示。碳原子呈层状排列，同一层面上的原子间距较小，为 0.142 nm，原子间结合力较强；两层面之间的原子间距较大，为 0.340 nm，原子间结合力较弱。由于石墨晶体具有这样的结构特点，从液态中结晶时，沿六方晶格每个原子层面方向上的生长速度大于原子层间方向上的生长速度，即层的扩大较快，而层的加厚慢，使其易形成片状，导致层面之间容易相对滑动。因此，石墨的强度不高（抗拉强度约为 20 MPa），塑性、韧

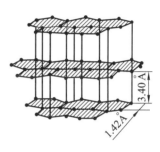

图 6-1 石墨的晶体结构

性接近于零，硬度仅为 3 HBW。石墨的存在相当于铸铁完整的基体上出现孔洞和裂缝一样，分割、破坏了基体的连续性，它的形状、数量、大小及分布是决定铸铁组织和性能的关键。

2. 铁碳合金双重相图

熔融状态的铁液在冷却过程中，由于碳、硅的含量和冷却条件的不同，既可以从液相或奥氏体中直接析出渗碳体，也可以从液相或奥氏体中直接析出石墨。因此，描述铁碳合金结晶过程和组织转变的相图实际上就有两个：一个是 Fe-Fe$_3$C 相图，描述 Fe$_3$C 的析出规律；另一个是 Fe-G 相图，描述 G 的析出规律。为了便于比较、研究和应用铸铁，通常把两者叠合在一起，所形成的相图称为铁碳合金双重相图，如图 6-2 所示。图中的实线表示 Fe-Fe$_3$C 相图，虚线表示 Fe-G 相图。虚线均位于实线上方或左上方，说明 Fe-G 相图比 Fe-Fe$_3$C 相图更为稳定。石墨是稳定相，渗碳体是亚稳定相，在一定条件下渗碳体将分解为铁素体和石墨（Fe$_3$C→3Fe+G）。根据合金的成分和结晶条件的不同，铁碳合金的石墨化可以全部和部分地按照其中的一个相图进行。

6.1.2 铸铁的石墨化

铸铁中的碳原子析出和形成石墨的过程称为石墨化。

按 Fe-G 相图，可将铸铁结晶时的石墨化过程分为三个阶段。

第一阶段（高温阶段）石墨化：包括从铸铁液中结晶出一次石墨 G$_I$ 和 1154 ℃时发生共晶转变而析出共晶石墨 G$_{共晶}$。共晶反应式：L$_{C}{}'$→A$_{E}{}'$+G$_{共晶}$。

第二阶段（中温阶段）石墨化：在共晶温度和共析温度之间（738～1154 ℃），奥氏体沿 ES 线析出二次石墨 G$_{II}$。

第三阶段（低温阶段）石墨化：在 738 ℃时，发生共析转变而析出共析石墨 G$_{共析}$。共析反

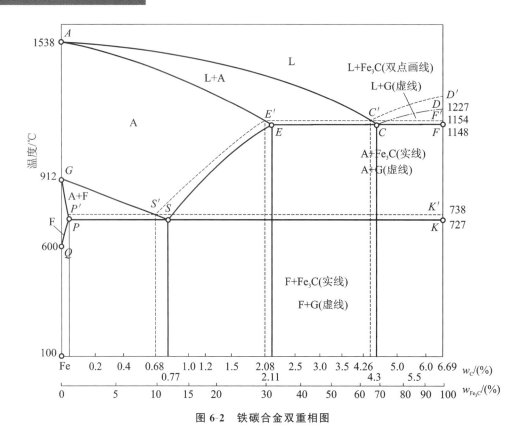

图 6-2　铁碳合金双重相图

应式：$A_S' \rightarrow F_P' + G_{共析}$。

上述成分的铁液若按 $Fe\text{-}Fe_3C$ 相图进行结晶，然后由渗碳体分解出石墨，石墨化过程同样可分为三个阶段。

第一阶段：一次渗碳体和共晶渗碳体在高温下分解析出石墨。

第二阶段：二次渗碳体分解析出石墨。

第三阶段：共析渗碳体分解析出石墨。

按石墨化程度的不同，可得不同类型的铸铁。如果三个阶段的石墨化均被抑制，碳以 Fe_3C 的形式存在于铸铁中，则将这种铸铁称为白口铸铁；如果三个阶段的石墨化均充分进行，碳主要以 G 的形式存在于铸铁中，则将这种铸铁称为灰口铸铁；如果第一、第二阶段的石墨化过程部分进行，而第三阶段的石墨化过程没有进行，碳以 G 和 Fe_3C 两种形式存在于铸铁中，则将这种铸铁称为麻口铸铁。

铸铁的最终组织同样取决于石墨化程度。第一、第二阶段温度高，碳原子的扩散能力强，石墨化过程比较容易进行，石墨化也主要发生于此；第三阶段温度低，碳原子的扩散能力较弱，石墨化过程进行困难。在铸铁的全部冷却过程中，若三个阶段的石墨化过程均充分进行，则形成铁素体＋石墨的组织；若第一、第二阶段的石墨化过程充分进行，第三阶段的石墨化过程部分进行，则形成铁素体＋珠光体＋石墨的组织；若第一、第二阶段的石墨化过程充分进行，第三阶段的石墨化过程全部未进行，则形成珠光体＋石墨的组织。

6.1.3　影响铸铁石墨化的因素

影响铸铁石墨化的因素虽然很多，但主要因素是铸铁的化学成分和冷却速度。

1. 化学成分的影响

碳、硅、锰、硫、磷对石墨化有不同的影响,其中碳和硅是强烈促进石墨化的元素。铸铁中碳、硅的含量越高,石墨化越容易进行,灰口组织就越容易得到。因此,灰口铸铁中碳和硅的含量都比较高(一般含碳量为 2.7%~3.6%,含硅量为 1.0%~2.3%)。

锰是阻碍石墨化的元素。但锰与硫结合生成 MnS,可减弱硫的有害影响,又可间接促进石墨化。铸铁中的含锰量要适当,含锰量过高,易产生游离渗碳体,增加铸铁的脆性。一般含锰量在 0.5%~1.4% 范围内。

硫是强烈阻碍石墨化的元素,它会强烈促进形成白口组织,而且降低铁液的流动性,恶化铸造性能,因此应严格控制硫的含量。一般铸铁中的含硫量 $w_S \leqslant 0.15\%$。

磷是微弱促进石墨化的元素。磷可以提高铁液的流动性和耐磨性,但会增加铸件的冷裂倾向。一般铸铁中的含磷量 $w_P < 0.3\%$。

2. 冷却速度的影响

一定成分的铸件,其石墨化程度取决于冷却速度。铸件的冷却速度越缓慢,原子扩散越充分,就越有利于石墨化过程的充分进行;铸件的冷却速度越快,原子扩散越困难,析出渗碳体的可能性就越大。

影响铸铁冷却速度的因素主要有浇注温度、铸件壁厚、铸型材料等。当其他条件相同时,升高浇注温度,可使铸型温度升高,冷却速度减慢;铸件壁厚越大,铸型材料导热性越差,冷却速度越慢。

图 6-3 所示为铸铁的成分和冷却速度对铸铁组织的影响。由图可知,铸件壁越薄,碳、硅含量越低,则越易形成白口组织。因此,调整碳、硅含量及冷却速度是控制铸铁组织和性能的重要措施。

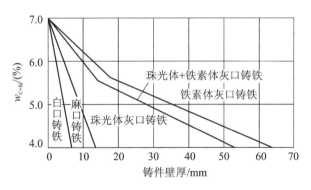

图 6-3　铸铁的成分和冷却速度对铸铁组织的影响

6.2　灰口铸铁

1. 灰口铸铁的成分、组织、性能和用途

如前所述,灰口铸铁的基体组织有铁素体、珠光体及铁素体＋珠光体三种类型。在灰口铸铁中碳以片状石墨形式存在,因此灰口铸铁的组织可以表示为 $F + G_{片}$、$P + G_{片}$、$(F+P) + G_{片}$,如图 6-4 所示。实际铸件能否得到灰口组织和得到何种基体,主要取决于其石墨化程度。影响铸铁石墨化的主要因素是铸铁的化学成分和铸件的实际冷却速度。

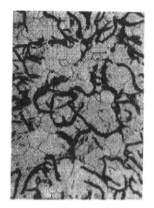

(a) 铁素体灰口铸铁

(b) 铁素体+珠光体灰口铸铁

(c) 珠光体灰口铸铁

图 6-4　灰口铸铁的显微组织

1）铸铁化学成分的影响

实践表明，碳和硅是强烈促进石墨化的元素，铸铁中碳和硅的含量越高，则其石墨化越充分。所以，为了使铸件在浇注后能够得到灰口组织，且不致含有过多粗大的片状石墨，通常把铸铁的成分控制在含碳量为 2.5%～4% 及含硅量为 1%～2.5%。硫不仅是强烈阻碍石墨化的元素，而且还会降低铸铁的机械性能和流动性，故其含量应尽量低，一般应在 0.1% 以下。锰虽然是阻碍石墨化的元素，但锰可与硫形成硫化锰，减弱硫的有害作用，因此允许其含量在 0.5%～1.5% 之间。

2）铸件实际冷却速度的影响

铸件的实际冷却速度越慢，则越有利于原子扩散，对石墨化越有利，而快冷则阻碍石墨化。铸造时，除了造型材料和铸造工艺会影响铸件的冷却速度外，铸件的不同壁厚也会影响铸件的冷却速度，使铸件得到不同的组织。图 6-5 所示为在一般砂型铸造条件下，铸件的壁厚和铸铁中碳和硅的含量对其组织的影响。生产中根据铸件壁厚的不同，利用这一关系调整铸铁中碳和硅的含量，以保证得到所需要的灰口组织。

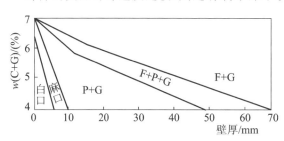

图 6-5　铸铁成分（C＋Si）和铸件壁厚
对石墨化（组织）的影响

从硅对铁碳合金相图的影响可知，若把铸铁中的碳当量（C%＋1/3Si%）控制在 4% 左右时，铸铁具有最佳的流动性。因为碳当量在 4% 左右时，接近于共晶成分；而过高的碳当量，则会使铸铁在凝固过程中有可能形成粗大的石墨片，使铸铁的性能显著下降。

灰口铸铁的抗拉强度、塑性及韧性均比同基体的钢低。这是因为石墨的强度、塑性和韧性极低，同时由于片状石墨对基体的割裂作用大，使基体的有效承载面积减小，应力集中增加，从而使灰口铸铁的抗拉强度、塑性及韧性很低。灰口铸铁的硬度和抗压强度取决于基体组织，石墨对其影响不大。因此，灰口铸铁的硬度和抗压强度与同基体的钢相差不大。

铸铁中的石墨虽然降低了铸铁的抗拉强度、塑性和韧性，但也给铸铁带来了一系列其他的优越性能，如优良的铸造性能、良好的切削加工性、优良的减摩性、良好的消振性和低的缺口敏感性等。因而灰口铸铁广泛用于制作受压构件，要求具有消振性的轴承座、机床床身、机架、箱体、壳体和经受摩擦的导轨、缸体等。

灰口铸铁的牌号、机械性能及用途如表 6-1 所示。

表 6-1　灰口铸铁的牌号、机械性能及用途

铸铁类别	牌号	铸件主要壁厚/mm	试样毛坯直径 D/mm	抗拉强度 $\delta_b \geqslant$ /MPa	抗弯强度 $\delta_s \geqslant$ /MPa	挠度(支距—10D)≥ /mm	硬度/HB	适用范围及举例
铁素体灰口铸铁	HT100	所有尺寸	30	100	260	2	143～229	低负荷和不重要的零件,如盖、外罩、手轮、支架、重锤等
铁素体＋珠光体灰口铸铁	HT150	4～8	13	280	470	1.5	170～241	承受中等应力(抗弯压应力约达100 MPa)的零件,如支柱、底座、齿轮箱、工作台、刀架、端盖、阀体、管路附件及一般无工作条件要求的零件
		8～15	20	200	390	2	170～241	
		15～30	30	150	330	2.5	163～229	
		30～50	45	120	250	3	163～229	
		＞50	60	100	210	4	143～229	
珠光体灰口铸铁	HT200	6～8	13	320	530	1.8	187～255	承受较大应力(抗弯压应力达300 MPa)和较重要的零件,如汽缸、齿轮、机座、飞轮、床身、汽缸体、汽缸套、活塞、刹车轮、联轴器、齿轮箱、轴承座、油缸等
		8～15	20	250	450	2.5	170～241	
		15～30	30	200	400	2.5	170～241	
		30～50	45	180	340	3	170～241	
		＞50	60	160	310	5.5	153～229	
	HT250	8～15	20	290	500	2.8	187～255	
		15～30	30	250	470	3	170～241	
		30～50	45	220	420	4	170～241	
		＞50	60	200	390	4.5	163～229	
变质铸铁	HT300	15～30	30	300	540	3	187～255	承受高弯曲应力(至500 MPa)及抗拉应力的重要零件,如齿轮、凸轮、车床卡盘、剪床,以及压力机的机身、床身、高压液压筒、有阀壳体等
		30～50	45	270	500	4	170～241	
		＞50	60	260	480	4.5	170～241	
	HT350	15～30	30	350	610	3.5	197～269	
		30～50	45	320	560	4	187～255	
		＞50	50	310	540	4.5	170～241	
	HT400	20～30	30	400	680	3.5	207～269	
		30～50	45	380	650	4	197～269	
		＞50	60	370	630	4.5	197～269	

2. 灰口铸铁的孕育处理

改善灰口铸铁机械性能的关键,是改善铸铁中石墨片的形状、数量、大小和分布。石墨片越少、越细、越均匀,则铸铁的机械性能越高。生产中采用孕育处理来改善铸铁的机械性能。孕育处理就是在浇注前向铁水中加入少量的孕育剂(如硅铁)来进行孕育处理,使铁水在凝固过程中产生大量的人工晶核,以促进石墨的形核和结晶,从而获得细珠光体基体上分布着少量细小、均匀的石墨片组织。经孕育处理后的铸铁称为孕育铸铁或变质铸铁,其强度、塑性和韧性较普通灰口铸铁的高,因此常用于制作气缸、曲轴、凸轮轴等较重要的零件。

3. 灰口铸铁的热处理

铸铁中的基体组织是决定其力学性能的重要因素。铸铁可采用合金化和热处理的方法来强化基体,进一步提高铸铁的力学性能,这一点在球墨铸铁中尤为重要。但热处理并不能改变灰口铸铁中石墨的形态及分布状态,所以利用热处理来提高灰口铸铁的机械性能的效果并不明显,通常只进行退火或表面淬火处理。

(1)去应力退火。铸件在冷却过程中由于各部分的收缩和组织转变速度的不同,铸件内部会产生不同程度的内应力,可能导致铸件翘曲和裂纹。为了保证尺寸稳定性,防止变形开裂,对于一些形状复杂的铸件,如机床床身、气缸等,往往应进行去应力退火,其规范一般为:加热至 500~550 ℃,保温一定时间后,炉冷到 150~220 ℃,出炉空冷。

(2)高温退火。铸件冷却时,由于表层及截面较薄处因冷却速度快而易形成白口组织,因此铸件的硬度增大,难以切削加工。为了使自由渗碳体分解,硬度减小,改善切削加工性,需将铸件加热至 850~950 ℃,保温 2~5 h 后,随炉冷至 600 ℃,出炉空冷,最终组织为铁素体或铁素体+珠光体灰口铸铁。

(3)表面淬火。某些大型铸件的工作表面需要有较高的硬度和耐磨性,如机床导轨的表面及内燃机汽缸套的内壁等,在机加工后可用快速加热的方法对铸铁表面进行淬火处理。淬火后铸铁表面的组织为 M+G$_片$,珠光体基体铸铁淬火后的表面硬度可达到 50 HRC 左右。

6.3 球墨铸铁

在浇注前向铁水中加入一定量的球化剂(如镁、钙及稀土元素等)和少量的孕育剂(如硅铁或硅钙合金),结晶后获得球状石墨的铸铁,这种铸铁称为球墨铸铁。因球墨铸铁具有优良的机械性能、加工性能和铸造性能,生产工艺简单、成本低廉,因而得到了越来越广泛的应用。

1. 球墨铸铁的成分、组织、性能和用途

球墨铸铁的一般成分范围是:含碳量为 3.5%~3.8%,含硅量为 2%~2.7%,含锰量为 0.6%~0.8%,含磷量不超过 0.1%,含硫量不超过 0.06%,含镁量为 0.03%~0.06%,稀土元素含量为 0.02%~0.04%。与灰口铸铁相比,球墨铸铁的碳当量较高(一般在 4.3%~4.6%之间),含硫量较低。碳当量高是为了得到共晶左右的成分,使铁水具有良好的流动性;含硫量较低则是因为硫与球化剂(Mg 及 RE)具有很强的亲和力,会消耗球化剂,造成球化不良。大量试验数据表明,铸铁中镁和稀土元素的残留量适当时才能使石墨完全呈球状析出。由于镁和稀土元素都是阻碍石墨化的元素,故在进行球化处理的同时,还必须加入适量的硅铁等孕育剂,以防止出现白口组织。

球墨铸铁中应用最广泛的是铁素体球墨铸铁和珠光体球墨铸铁,其显微组织如图 6-6 所示,而铁素体+珠光体球墨铸铁则应用得较少。与可锻铸铁相比,球墨铸铁中石墨的形态更为圆整,因而对基体的割裂作用很小,应力集中程度小。在球墨铸铁中,基体强度的利用率可达 70%~90%;而在灰口铸铁中,基体强度的利用率仅为 30%~50%。所以,球墨铸铁的强度、塑性和韧性都远远超过灰口铸铁,也优于可锻铸铁。

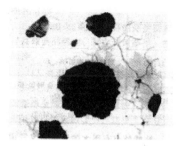

(a) 铁素体球墨铸铁

(b) 珠光体球墨铸铁

图 6-6　球墨铸铁的显微组织

　　球墨铸铁同样具有灰口铸铁的一系列优点,如良好的铸造性能、减摩性、切削加工性及低的缺口敏感性等。球墨铸铁在某些方面的性能可与钢相媲美,如疲劳强度与中碳钢的相近,耐磨性优于表面淬火钢等。此外,球墨铸铁还可进行各种热处理,进一步提高其机械性能。球墨铸铁的牌号、机械性能和用途如表 6-2 所示,球墨铸铁经不同热处理后的机械性能如表 6-3 所示。

表 6-2　球墨铸铁的牌号、机械性能和用途

牌号	基体	σ_b/MPa	$\sigma_{0.2}$/MPa	δ/(%)	A_k/J	硬度/HB
		≥				
QT400-17	铁素体	400	250	17	48	≤179
QT420-10	铁素体	420	270	10	24	≤207
QT500-5	铁素体+珠光体	500	350	5	—	147~241
QT600-2	珠光体	600	420	2	—	229~302
QT700-2	珠光体	700	490	2	—	229~302
QT800-2	珠光体	800	560	2	—	241~321
QT1200-1	下贝氏体	1200	840	1	24	≥38 HRC
牌号	应用举例					
QT400-17 QT420-10	汽车、拖拉机的牵引框、轮毂、离合器、差速器及减速器等的壳体等;农机具的犁铧、犁柱、犁托、犁侧板及牵引架;高压阀门的阀体、阀盖及支架等					
QT500-5	内燃机的机油原泵齿轮、水轮机的阀门体、铁路机车车辆的轴瓦等					
QT600-2 QT700-2 QT800-2	柴油机和汽油机的曲轴、连杆、凸轮轴、汽缸套、进排气门座,脚踏脱粒机的齿条、轻载齿轮、畜力犁铧、空气压缩机及冷冻机的缸体、缸套及曲轴,球磨机齿轴、矿车轮及桥式起重机大、小车滚轮等					
QT1200-1	汽车螺旋伞齿轮、拖拉机减速齿轮、柴油机凸轮轴及犁铧、耙片等					

表 6-3　球墨铸铁经不同热处理后的机械性能

球墨铸铁类型	热处理	机械机能				备　注
		σ_b/MPa	$\delta/(\%)$	A_k/J	硬度/HBW	
铁素体球墨铸铁	退火	400～500	15～25	48～96	121～179	可代替碳素钢,如35钢、40钢
珠光体球墨铸铁	正火	700～950	2～5	16～24	229～302	可代替碳素钢、合金钢,如45钢、35CrMo钢、40CrMnMo钢
	调质	900～1200	1～5	4～24	32～43 HRC	
	等温淬火	1200～1500	1～3	16～48	38～50 HRC	可代替合金钢,如20CrMnTi钢

球墨铸铁的屈强比(σ_s/σ_b)几乎比钢的高一倍,这一性能特点有很重要的实际意义。因为在机械设计中材料的许用应力是按屈服强度来确定的,因此对于承受静载荷的零件,用球墨铸铁代替钢,就可以减轻机器的重量。所以,在生产中常用球墨铸铁代替铸钢、锻钢、合金钢及可锻铸铁来制造各种受力复杂、负荷较大和耐磨的重要铸件。如珠光体球墨铸铁常用来制造汽车、拖拉机或柴油机中的曲轴、连杆、凸轮轴、齿轮,机床中的主轴、蜗杆、蜗轮,轧钢机的轧辊、大齿轮,大型水压机的工作缸、缸套、活塞等;而铁素体球墨铸铁则可用来制造受压阀门、机器底座、汽车的后桥壳等。

2. 球墨铸铁的热处理

1)球墨铸铁热处理的特点

球墨铸铁的热处理主要用来改变基体组织和性能。由于球墨铸铁中含有较多的硅及其他元素,因而使得球墨铸铁的热处理有如下特点。

(1)硅可以提高共析转变温度,并使共析转变温度范围变宽。同时硅能减弱碳在奥氏体中的溶解能力。另外,石墨的导热性差,向奥氏体中溶解较渗碳体困难。因此,球墨铸铁进行热处理时,加热温度要高,保温时间要长,加热和冷却速度要缓慢。

(2)过冷奥氏体等温转变曲线显著右移,且珠光体与贝氏体转变曲线分离成两部分,使得临界冷却速度显著降低,淬透性显著增加,比较容易实现油冷淬火和等温淬火,淬火应力减小,铸件变形、开裂的倾向小。

2)球墨铸铁热处理的方法

(1)退火。退火的主要目的是为了获得高韧性的铁素体基体,改善切削加工性,消除铸造应力。根据球墨铸铁具体的铸态组织的不同,退火工艺包括高温退火和低温退火。

① 高温退火。当铸态组织中出现莱氏体和自由渗碳体时,铸件的脆性增大,硬度升高,切削性能恶化。为了消除白口组织,获得高韧性的铁素体球墨铸铁,需进行高温石墨化退火。方法是将铸件加热至 900～950 ℃,保温 1～4 h,进行第一阶段的石墨化,然后炉冷至720～780 ℃,保温 2～8 h,进行第二阶段的石墨化。如果不进行第二阶段的石墨化,将得到铁素体＋珠光体球墨铸铁。

② 低温退火。当铸态组织中只有铁素体、珠光体及球状石墨而无自由渗碳体时,为了获得高韧性的铁素体球墨铸铁,可采用低温退火。其工艺是将铸件加热至 720～760 ℃,保温 3～6 h,然后随炉缓冷至 600 ℃,出炉空冷,使珠光体中的渗碳体发生石墨化分解。

(2)正火。正火的目的是使铁素体＋珠光体球墨铸铁转变为珠光体球墨铸铁,并细化组织,以提高球墨铸铁的强度、硬度和耐磨性。根据正火加热温度的不同,可将正火分为高温正火和低温正火两种。

① 高温正火。为了获得高强度的珠光体球墨铸铁,应进行高温正火。即将铸件加热至880～950 ℃,保温 1～3 h,使基体全部转变为奥氏体,然后出炉空冷、风冷或喷雾冷却,从而获得全部珠光体基体球墨铸铁。因球墨铸铁导热性差,正火后易产生内应力,故正火后需进行回火处理,以消除内应力。具体方法是将正火后的铸件重新加热至550～600 ℃,保温 2～4 h 后空冷。

球墨铸铁高温正火后应得到细珠光体和石墨组织,但往往其中会混有少量的铁素体,常分布在石墨的周围,呈牛眼状,如图 6-7 所示。在珠光体球墨铸铁中,铁素体的含量一般不允许超过 15%,过多的铁素体会降低铸铁的强度。正火时冷却速度增加,则铁素体量将明显减少。

② 低温正火。将铸件加热到 820～860 ℃(共析温度区间),保温 1～4 h,使球墨铸铁组织处于奥氏体、铁素体和球状石墨三相平衡区,然后出炉空冷,得到珠光体＋少量铁素体＋球状石墨的组织,从而可以使球墨铸铁获得较高的塑性、韧性和一定的强度。

(3) 调质处理。对于一些受力比较复杂、综合机械性能要求较高的零件,如承受拉压交变应力的连杆、承受交变弯曲应力的曲轴等,若采用正火,仍嫌其强度和韧性不足,在此情况下可采用调质处理。

调质处理的淬火温度为 850～900 ℃,保温 2～4 h 后油淬,再在 550～620 ℃的温度下回火 4～6 h,得到回火索氏体基体加球状石墨组织,其目的是为了得到高强度和高韧性的球铁,获得良好的综合机械性能。

(4) 等温淬火。对于一些要求综合机械性能(强度、硬度、耐磨性及冲击韧性等)较高,且外形又比较复杂、热处理易变形或开裂的零件,如齿轮、滚动轴承套、凸轮轴等可采用等温淬火。

球墨铸铁的等温淬火是将铸件加热到 860～920 ℃,适当保温后迅速移至 250～300 ℃的硝盐中等温 30～90 min,使过冷奥氏体转变为下贝氏体＋球状石墨的组织,如图 6-8 所示。球墨铸铁经等温淬火后,其强度极限可达 1200～1500 MPa,硬度为 38～50 HRC,冲击韧性为 16～48 J,并具有良好的耐磨性。等温盐浴的温度愈低,则强度愈高;而温度愈高,则塑性和韧性愈好。等温淬火后应进行低温回火,使残余奥氏体转变为下贝氏体或等温后空冷过程中形成少量的回火马氏体,以进一步提高球墨铸铁的强韧性。但由于盐浴的冷却能力有限,故一般仅适用于截面尺寸不大的零件。

图 6-7 球墨铸铁中的"牛眼"

图 6-8 球墨铸铁的等温淬火组织——球状石墨＋下贝氏体＋少量残余奥氏体

6.4 其他铸铁

6.4.1 可锻铸铁

可锻铸铁俗称玛钢、马铁,它是白口铸铁经石墨化退火,使渗碳体分解成团絮状的石墨而获得的一种铸铁。由于石墨呈团絮状,相对于片状石墨而言,减小了对基体的割裂作用和应力集中,因而可锻铸铁相对于灰口铸铁有较高的强度,塑性和韧性也有很大的提高。

1. 可锻铸铁的组织与性能

可锻铸铁的获得首先要先浇注成白口铸铁,然后再进行长时间的石墨化退火。为了保证在一般冷却条件下获得白口铸铁件,又要在退火时使渗碳体易分解,并使团絮状石墨析出,就要严格控制铁水的化学成分。与灰口铸铁相比,可锻铸铁碳和硅的含量要低一些,以保证铸件获得白口组织,但也不能太低,否则退火时难以石墨化。

可锻铸铁的成分一般为:$w_C = 2.3\% \sim 2.8\%$,$w_{Si} = 1.0\% \sim 1.6\%$,$w_{Mn} = 0.3\% \sim 0.8\%$,$w_p \leqslant 0.1\%$,$w_S \leqslant 0.2\%$。

由于白口铸铁件的退火工艺不同,因此可形成铁素体可锻铸铁和珠光体可锻铸铁(见图6-9)。其中铁素体可锻铸铁因其断口心部呈灰黑色,表层呈灰白色,故又称为黑心可锻铸铁。

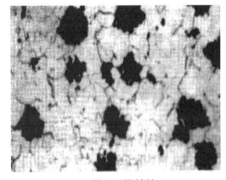

(a) 黑心可锻铸铁

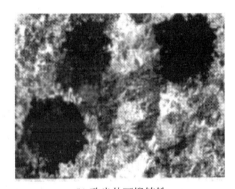

(b) 珠光体可锻铸铁

图 6-9 可锻铸铁的显微组织

可锻铸铁的基体组织不同,其性能也不同。黑心可锻铸铁具有一定的强度、塑性及韧性;而珠光体可锻铸铁则具有较高的强度、硬度和耐磨性,塑性与韧性较低。

2. 可锻铸铁的牌号与应用

可锻铸铁的牌号由三个字母及两组数字组成。前两个字母"KT"是"可铁"的汉语拼音字首,第三个字母代表可锻铸铁的类别,后面两组数字分别代表最低抗拉强度和伸长率数值。如 KTH300-06 表示黑心可锻铸铁,其最低抗拉强度为 450 MPa,最低伸长率为 6%。

可锻铸铁具有铁水处理简单、质量稳定、容易组织流水生产、低温韧性好等优点,广泛应用于管道配件和汽车、拖拉机制造行业,常用于制造形状复杂、承受冲击载荷的薄壁、中小型零件。

表 6-4 列举了黑心可锻铸铁与珠光体可锻铸铁的牌号、力学性能与用途。

表 6-4 黑心可锻铸铁与珠光体可锻铸铁的牌号、力学性能与用途(摘自 GB/T 9440—2010)

种类	牌号	试样直径/mm	力学性能				用 途 举 例
			σ_b/MPa	$\sigma_{0.2}$/MPa	δ/(%)	硬度/HBW	
			不大于				
黑心可锻铸铁	KTH300-06	12 或 5	300	—	6	≤150	用于制作弯头、三通管件、中低压阀门
	KTH330-08*		330	—	8		用于制作机床扳手、犁刀、犁柱、车轮壳、钢丝绳扎头等
	KTH350-10		350	200	10		用于制作汽车、拖拉机前后轮壳、后桥壳、减速器壳、转向节壳、制动器、铁道零件等
	KTH370-12*		370	—	12		
珠光体可锻铸铁	KTH450-06		450	270	6	150~200	用于制作载荷较大和耐磨损零件,如曲轴、凸轮轴、连杆、齿轮、活塞环、摇臂、轴套、耙片、万向接头、棘轮、扳手、传动链条、犁刀、矿车轮等
	KTH550-04		550	340	4	180~250	
	KTH650-02		650	430	2	210~260	
	KTH700-02		700	530	2	240~290	

注:1. 试样直径 12 mm 只适用于主要壁厚小于 10 mm 的铸件;

2. 带 * 号为过渡牌号。

6.4.2 蠕墨铸铁

蠕墨铸铁是 20 世纪 80 年代发展起来的一种新型铸铁材料。它是在高碳、低硫、低磷的铁水中加入蠕化剂(目前采用的蠕化剂有镁钛合金、稀土镁钛合金或稀土镁钙合金),经蠕化处理后,使石墨变为短蠕虫状的高强度铸铁。

1. 蠕墨铸铁的组织与性能

蠕墨铸铁中的蠕虫状石墨介于片状石墨和球状石墨之间,金属基体与球墨铸铁的相近。图 6-10 所示为蠕墨铸铁的显微组织。在金相显微镜下观察,蠕虫状石墨像片状石墨,但较短而厚,头部较圆,形似蠕虫。因此,蠕墨铸铁的性能介于优质灰口铸铁与球墨铸铁之间,抗拉强度和疲劳强度与铁素体球墨铸铁的相似,减震性、导热性、耐磨性、切削加工性及铸造性近似于灰口铸铁。

图 6-10 蠕墨铸铁的显微组织

2. 蠕墨铸铁的牌号与应用

表 6-5 列举了蠕墨铸铁的牌号、力学性能及用途。牌号中的字母"RuT"表示"蠕铁",字母后面的数字表示最低抗拉强度(MPa)。

表 6-5 蠕墨铸铁的牌号、力学性能及用途

| 牌 号 | 力学性能 | | | | 用 途 举 例 |
| | σ_b/MPa | $\sigma_{0.2}$/MPa | δ/(%) | 硬度/HBW | |
	不大于				
RuT260	260	195	3	121～197	用于制作增压器废气进气壳体、汽车底盘零件等
RuT300	300	240	1.5	140～217	用于制作排气管、变速箱体、气缸盖、液压件、纺织机零件、钢锭模等
RuT340	340	270	1.0	170～249	用于制作重型机床件,大型齿轮箱体、盖、座,飞轮,起重机卷筒等
RuT380	380	300	0.75	193～274	用于制作活塞环、气缸盖、制动盘、钢珠研磨盘、吸淤泵体等
RuT420	420	335	0.75	200～280	

由于蠕墨铸铁的组织介于灰口铸铁与球墨铸铁之间,因此其性能也介于二者之间,即强度和韧性高于灰口铸铁,但低于球墨铸铁。蠕墨铸铁的耐磨性较好,适用于制造重型机床的床身、机座、活塞环、液压件等;蠕墨铸铁的导热性比球墨铸铁的导热性要高得多,几乎接近于灰口铸铁,它的高温强度、热疲劳性大大优于灰口铸铁,适用于制造承受交变热负荷的零件,如钢锭模、结晶器、排气管和汽缸盖等;蠕墨铸铁的减振能力优于球墨铸铁,铸造性能接近于灰口铸铁,铸造工艺简单,成品率高。

6.4.3 合金铸铁

在普通铸铁中加入一定量的合金元素,使之具有某些特殊性能的铸铁称为合金铸铁。通常加入的合金元素有 Si、Mn、P、Ni、Cr、Mo、W、Ti、V、Cu、Al、B 等。合金元素能使铸铁基体组织发生变化,从而使铸铁获得特殊的耐热、耐磨、耐腐蚀、无磁和耐低温等物理、化学性能,因此这种铸铁也称为"特殊性能铸铁"。目前,合金铸铁被广泛应用于机器制造、冶金矿山、化工、仪表工业等领域。合金铸铁主要包括耐磨铸铁、耐热铸铁和耐蚀铸铁。

1. 耐磨铸铁

(1)高磷铸铁。在润滑条件下工作的零件,如机床导轨、气缸套、活塞环等,可采用高磷铸铁。在铸铁中提高磷的含量,可形成磷化物共晶体,这些共晶体呈网状分布在珠光体基体上,形成坚硬的骨架,可使铸铁的耐磨能力比普通灰口铸铁的耐磨能力提高一倍以上。

(2)冷硬铸铁。在干摩擦及抗磨料磨损的条件下工作的零件,如犁铧、轧辊、球磨机磨球、抛丸机叶片等,可采用冷硬铸铁。生产中常采用"激冷"方法制造冷硬铸铁。"激冷",即造型时在铸件要求抗磨的部位(通常是表面)采用金属型,其余部位采用砂型,并适当调整化学成分,利用高碳低硅,使要求抗磨的部位得到白口组织,而其余部得到有一定强度和韧性的灰口组织(片状石墨或球状石墨),从而使铸铁具有"外硬内韧"的特性,可承受一定的冲击。

(3)中锰耐磨球墨铸铁。这种铸铁具有较高的耐磨性和较好的强度及韧性。它不需要贵重的合金元素,可用冲天炉熔炼,设备简单,成本低。中锰耐磨球墨铸铁可代替高锰钢或锻钢制造承受冲击的抗磨铸件。

(4)高铬抗磨铸铁。在白口铸铁中加入较多的铬(13%～15%),所形成的 Cr_7C_3 团块的

硬度高于 Fe_3C 的硬度,并明显改善了铸铁的韧性。高铬抗磨铸铁可用于生产球磨机的磨球、衬板,轧钢机的导向辊、轧辊等。

2. 耐热铸铁

普通铸铁只能在 400 ℃ 左右的温度下工作。耐热铸铁是指在高温下具有良好的抗氧化能力的铸铁,可代替耐热钢制造在高温下工作的加热炉底板、换热器、粉末冶金用坩埚及钢锭模等。

为了提高铸铁的耐热性,在铸铁中加入 Al、Si、Cr 等元素,使铸件表面形成致密的氧化膜,保护铸件内层不被氧化。此外,还可提高铸铁的临界相变温度,使铸铁不发生石墨化过程和由此而产生的体积变化及防止显微裂纹的产生。

3. 耐蚀铸铁

耐蚀铸铁具有较高的耐蚀性能,其耐蚀措施与不锈钢的相似,一般加入 Si、Al、Cr、Ni、Cu 等合金元素,在铸件表面形成牢固、致密而又完整的保护膜,阻止腐蚀继续进行,并提高铸铁基体的电极电位,提高铸铁的耐蚀性。

耐蚀铸铁广泛应用于化工部门,用于制作管道、阀门、泵类、容器及反应锅等。耐蚀铸铁有许多种类,其中最常用的是高硅耐蚀铸铁。这种铸铁在含氧酸(如硝酸、硫酸)中的耐蚀性不亚于 1Cr18Ni9 不锈钢,在盐类介质中也有良好的耐蚀性。

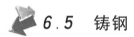

6.5 铸钢

对于一些形状复杂,强度、塑性和韧性要求更高,难以用锻压方法成型的零件,若采用铸铁不能满足性能要求,则可采用铸钢,如水压机横梁、轧钢机机架、重载大齿轮等。铸钢是一种很重要的金属结构材料,它具有良好的综合机械性能和物理、化学性能。将一些合金元素加入其中,还可以获得耐磨、耐热、无磁、不锈等特殊性能。

6.5.1 铸钢的分类

铸钢的种类有很多,按照化学成分的不同,铸钢可分为碳素铸钢和合金铸钢两大类。其中以碳素铸钢的应用最为广泛,占铸钢总产量的 80% 以上;按照用途的不同,铸钢可分为结构钢、工具钢、不锈钢、耐热钢、耐磨钢、磁钢等。一般工程用铸钢的牌号、元素含量及力学性能如表 6-6 所示。

6.5.2 铸钢的牌号

按 GB/T 5613—2014《铸钢牌号表示方法》,铸钢牌号中的"ZG"是"铸钢"两字汉语拼音的字首。

(1)以强度表示的铸钢牌号,则"ZG"后面的两组数字表示力学性能。第一组数字表示铸钢的屈服强度最小值,第二组数字表示铸钢的抗拉强度最小值。两组数字间用"-"隔开。例如 ZG200-400,其中 200 表示屈服强度(MPa),400 表示抗拉强度(MPa)。

(2)以化学成分表示的铸钢牌号,则"ZG"后面的一组数字表示铸钢的万分含碳量。平均含碳量大于 1% 时,在牌号中不表示;当平均含碳量小于 0.1% 时,第一位数字为 0。在含碳量后面排列各主要合金元素符号,每个元素符号后面用整数标出其百分含量。

表 6-6　一般工程用铸钢的牌号、元素含量及力学性能（GB/T 11352—2009）

牌号	元素含量（质量分数）/（%）≤					残余元素						力学性能			按合同规定		
	w_C	w_{Si}	w_{Mn}	w_S	w_P	w_{Ni}	w_{Cr}	w_{Cu}	w_{Mo}	w_V	$w_{残}$	屈服强度 $\sigma_s(\sigma_{0.2})$/MPa	抗拉强度 σ_b/MPa	伸长率 δ/（%）	断面收缩率 Z/（%）	冲击吸收功 A_{kV}/J	冲击韧度 A_{kU}/J
ZG200-400	0.20		0.80									200	400	25	40	30	47
ZG230-450	0.30											230	450	22	32	25	35
ZG270-500	0.40	0.60	0.90	0.035	0.035	0.40	0.35	0.40	0.20	0.05	1.00	270	500	18	25	22	27
ZG310-570	0.50											310	570	15	21	15	24
ZG340-640	0.60											340	640	10	18	10	16

注：① 对上限每减少 0.01% 的碳，允许增加 0.04% 的锰，对于 ZC200-400，锰的最高含量为 1.00%，其余四个牌号的铸钢锰的最高含量为 1.20%。

② 表中所列的各牌号铸钢的性能，适应于厚度为 100 mm 以下的铸件。当铸件厚度超过 100 mm 时，表中规定的屈服强度仅供设计使用。

③ 表中冲击吸收功 A_{kV} 的试样缺口为 2 mm。

当主要合金元素多于三种时,可在牌号中只标注前两种或前三种合金元素的含量。例如 ZG20Cr13,其中 20 为碳的万分含量,Cr 是铬的元素符号,13 是铬的名义百分含量。

(3)另加一些字母和符号分别表示不同的含义,如 ZGD345-570 为一般工程与结构用低合金铸钢,ZG200-400H 为焊接结构用碳素铸钢。

6.5.3 碳素铸钢(铸造碳素钢)

碳素铸钢中除了铁以外,还有碳、硅、锰、硫、磷等元素。碳是影响碳素铸钢力学性能的主要元素,其他元素的含量在各类碳素铸钢中基本不变。随着含碳量的增加,碳素铸钢的屈服点和抗拉强度均升高,且抗拉强度比屈服点上升得更快。另外,随着含碳量的增加,碳素铸钢的塑性和韧性降低。当碳素铸钢中的含碳量超过 0.45% 时,屈服点升高得很少,而塑性和韧性却显著降低。随着含碳量的增加,碳素铸钢的凝固温度降低,钢水的流动性和铸造性能变好。

碳素铸钢件的尺寸一般较大,在铸型中的冷却速度较慢,且无须锻压加工,所以组织特点是晶粒粗大且不均匀,而偏析较明显,较普遍地存在树枝状、柱状、网状组织和魏氏组织。此外,碳素铸钢件的内应力较大,力学性能较差,特别是断面收缩率和冲击韧性低。但是因为碳素铸钢具有良好的综合机械性能和铸造性能,而且对原材料的要求不高,合金元素消耗少,成本低,熔炼和铸造工艺简单,所以碳素铸钢广泛用于制作矿山机械、冶金机械、机车车辆、船舶、水压机、水轮机等大型钢制零件和其他形状复杂的钢制零件。碳素铸钢的产量约占全部铸钢产量的 75%～80%。

一般工程用的五种碳素铸钢的特点和用途如下。

ZG200-400 具有良好的塑性、韧性和焊接性,一般用于制作韧性要求较高的各种机械零件,如机座、变速箱壳等;ZG230-450 具有一定的强度和较好的塑性、韧性,有良好的焊接性,而且切削性尚好,常用于制作韧性要求较高的各种机械零件,如砧座、轴承盖、外壳、底板、阀体等;ZG270-500 具有较好的塑性和强度,良好的铸造性能,焊接性能尚好,其应用广泛,用于制作机架、卷筒、轴承座、连杆、箱体、横梁、缸体、挡环等;ZG310-570 的强度和切削性能良好,一般用于制作负荷较大的耐磨零件,如辊子、缸体、制动轮、滚轮、大齿轮等;ZG340-640 具有较高的强度、硬度和耐磨性,切削性能中等,焊接性较差,流动性好,裂纹敏感性较差,一般用于制作齿轮、棘轮、吊头等。

6.5.4 合金铸钢

根据合金元素总量的多少,合金铸钢可分为低合金铸钢和高合金铸钢两大类。

1. 低合金铸钢

一般工程用低合金铸钢的牌号、硫和磷的含量及力学性能如表 6-7 所示。低合金铸钢多用于制造齿轮、水压机工作缸和水轮机转子等零件。

2. 高合金铸钢

高合金铸钢具有耐磨、耐热或耐腐蚀等特殊性能。例如,高锰钢 ZGMn13 是一种耐磨钢,主要用于制造在干摩擦工作条件下使用的零件,如挖掘机的抓斗前壁和抓斗齿、拖拉机和坦克的履带等;铬镍不锈钢 ZG1Cr18Ni9 和铬不锈钢 ZG1Cr13 和 ZGCr28 等,对硝酸的耐腐蚀性很高,主要用于制造化工、石油、化纤和食品等设备上的零件。

表 6-7　一般工程用低合金铸钢的牌号、硫和磷的含量及力学性能(GB/T 14408—2014)

牌　　号	最高含量/(%)		力 学 性 能 ≤			
	w_S	w_P	屈服强度 σ_s/MPa	抗拉强度 σ_b/MPa	延伸率 δ/(%)	收缩率 ψ/(%)
ZGD270-480	0.040	0.040	270	480	18	35
ZGD290-510			290	510	16	35
ZGD345-570			345	570	14	35
ZGD410-620			410	620	13	35
ZGD535-720			535	720	12	30
ZGD650-830			650	830	10	25
ZGD730-910	0.035	0.035	730	910	8	22
ZGD840-1030			840	1030	6	20

注:表中机械性能值的测量取 28 mm 厚的标准试块。

思考与练习题

1. 什么是铸铁的石墨化? 请说明石墨化发生的条件和过程。
2. C、Si、S、P 等元素在铸铁中是以何种形式存在的?
3. 化学成分和冷却速度对铸铁的石墨化过程和铸件组织有何影响?
4. 铸铁的抗拉强度高时,硬度也很高吗? 为什么?
5. 灰口铸铁的组织和性能有什么特点? 列举出灰口铸铁的用途。
6. 为什么说灰口铸铁的热处理有局限性? 一般采用什么热处理工艺?
7. 球墨铸铁的组织特点是什么? 一般采用什么热处理工艺? 其目的是什么?
8. 与灰口铸铁相比,为什么球墨铸铁的力学性能更好一些?
9. 为什么可锻铸铁适合生产薄壁零件,而球墨铸铁不宜制造薄壁零件?
10. 常用的特种铸铁有哪些? 其主要特性和用途是什么?
11. 铸钢的牌号如何表示? 说明铸钢的分类及其主要用途。

第7章 有色金属及粉末冶金材料

随着航空工业的发展,飞机的飞行速度越来越快。速度越快,飞机与空气摩擦产生的表面温度越高,当速度达到 2.2 倍音速时,铝合金外壳将不能胜任。火箭、人造卫星和宇宙飞船在宇宙中航行时,飞行速度要比飞机快得多,并且工作环境变化也很大,这对材料提出的要求就越高、越严格。无论是超音速飞机,还是火箭、人造卫星和宇宙飞船,所用的材料都必须是重量轻、比强度大,并且还要耐高温。那么什么材料才能满足这些要求呢?

金属材料按颜色可分为黑色金属和有色金属两大类。除铁、铬、锰之外的其他金属均属于有色金属。世界已发现的 112 种元素中,有色金属占 2/3 以上。有色金属及其合金具有钢铁材料所没有的许多特殊的力学性能、物理性能,从而决定了有色金属及其合金在国民经济中占有十分重要的地位。如 Al、Mg、Ti 及其合金的密度小于 4.5 g/cm³ 比强度又高,在航天航空工业、汽车制造、船舶制造等方面的应用十分广泛;Cu、Ag 及其合金的导电性好,是电器工业和仪表工业不可缺少的材料;Ni、Mo、Nb、Co 及其合金能耐高温,是制造在 1300 ℃以上使用的高温零件及电真空元件的理想材料;而 Cu、Ti 及其合金还具有优良的抗蚀性能等。

7.1 铝及铝合金

铝是一种具有良好的导电传热性及延展性的轻金属。1 g 铝可拉成 37 m 的细丝,它的直径小于 2.5×10^{-5} m;也可展成面积达 50 m² 的铝箔,其厚度只有 8×10^{-7} m。铝的导电性仅次于银、铜,具有很高的导电能力,被大量用于电气设备和高压电缆。如今铝已被广泛应用于制造金属器具、工具、体育设备等。

铝中加入少量的铜、镁、锰等,可形成坚硬的铝合金,它具有坚硬美观、轻巧耐用、长久不锈的优点,是制造飞机的理想材料。据统计,一架飞机大约有 50 万个用硬铝做的铆钉。用铝和铝合金制造的飞机,其元件质量占飞机总质量的 70%。每枚导弹的用铝量约占其总质量的 10%~15%。国外已有用铝材铺设的火车轨道。铝及铝合金的应用如图 7-1 所示。

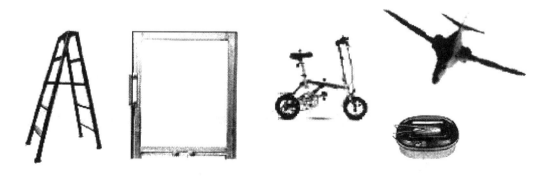

图 7-1　铝及铝合金的应用

7.1.1 铝及铝合金的性能特点

1. 密度小,熔点低,导电性好,磁化率低

纯铝的密度为 $2.7\ \text{g/cm}^3$ 仅为铁的 1/3 左右,熔点为 660 ℃,导电性仅次于铜、金、银。铝合金的密度也很低,但导电性、导热性不如纯铝。铝及铝合金的磁化率极低,属于非铁磁材料。

2. 抗大气腐蚀性能好

铝和氧的化学亲和力大,在空气中铝及铝合金表面会很快形成一层致密的氧化膜,可防止内部继续氧化。但在碱和盐的水溶液中,氧化膜易破坏,因此不能用铝及铝合金制作的容器盛放盐溶液和碱溶液。

3. 加工性能好

纯铝具有较高的塑性($A=30\%\sim50\%,Z=80\%$),易于压力成型加工,并有良好的低温性能。纯铝的强度低,虽经冷变形强化,但也不能直接用于制造受力的结构件;而铝合金通过冷成型和热处理后,具有低合金钢的强度。

因此,铝及铝合金被广泛应用于电气工程、航空航天、汽车制造及生活等各个领域。

7.1.2 工业纯铝

工业中使用的纯铝是银白色的轻金属,具有面心立方晶格,无同素异构转变;熔点为 660 ℃;密度为 $2.7\ \text{g/cm}^3$,仅为铁的 1/3;具有良好的导电性和导热性;能与空气中的氧生成致密的氧化膜,防止铝进一步氧化,故具有良好的耐蚀性。

纯铝的强度很低($\sigma_b=80\sim100\ \text{MPa}$),但塑性很好($\delta=30\%\sim50\%$)。可通过冷变形强化将纯铝的强度提高。

工业纯铝的纯度为 $w_{Al}=98.0\%\sim99.0\%$,含有铁、硅等杂质,杂质含量越多,其导电性、导热性、耐蚀性及塑性越差。

工业纯铝按纯度分为高纯铝、工业高纯铝及工业纯铝三类。

高纯铝:99.93%~99.996%,用于科研,代号 L01~L04。

工业高纯铝:99.85%~99.9%,用作铝合金的原料、特殊化学器械等,代号 L00、L0。

工业纯铝:98.0%~99.0%,用作管、线、板材及棒材,代号 L1~L6。

高纯铝代号后的编号数字越大,则纯度越高;工业纯铝代号后的编号数字越大,则纯度越低。

7.1.3 铝合金

纯铝的强度低,不适宜制作承受较大载荷的结构件,而加入合金元素后形成的铝合金,不仅保持纯铝的熔点低、密度小、导热性好、耐大气腐蚀,以及良好的塑性、韧性的优点,且由于合金化,使得铝合金的强度大大提高,广泛应用于建筑业、交通运输业、容器和包装、电气工业及航空工业中。

1. 铝合金的分类

铝合金按其成分和工艺特点的不同可分为:变形铝合金和铸造铝合金。

铝合金一般都具有如图 7-2 所示的相图。合金元素含量小于 D 点的合金,平衡组织以固溶体为主,加热时可得到均匀单相固溶体,塑性变形很好,适于锻造、轧制和挤压,称为变形铝合金;合金元素含量在 D 点右侧的合金,有共晶组织存在,塑性、韧性差,但流动性好,且高温强度也比较高,适于铸造,称为铸造铝合金。

变形铝合金又分为不能热处理强化的变形铝合金和能热处理强化的变形铝合金:合金成分低于 F 点的固溶体,其成分不随温度的变化而改变,所以,这类合金不能进行热处理强化,称为不能热处理强化的变形铝合金;合金成分介于 F 和 D 点之间的固溶体,其成分随温度的变化而变化,可进行热处理强化,因此称为能热处理强化的变形铝合金。

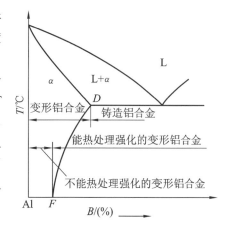

图 7-2 铝合金相图的一般形式

2. 铝合金的强化

(1)固溶强化。在纯铝中加入合金元素,形成铝基固溶体,造成晶格畸变,阻碍位错的运动,起到固溶强化的作用,可使其强度提高。形成无限固溶体或高浓度的固溶体型合金时,不仅能获得高的强度,而且还能获得优良的塑性与良好的压力加工性能。Al-Cu、Al-Mg、Al-Si、Al-Zn、Al-Mn 等二元合金都能形成有限固溶体。

(2)时效强化。将适于热处理的铝合金加热到 α 单相区某一温度,获得单相固溶体 α,随后进行水冷,得到单相过饱和固溶体,这种热处理称为固溶处理(俗称淬火)。这种过饱和固溶体是不稳定的,在室温下放置或在低于固溶线某一温度下加热时,其强度、硬度会随时间的延长而增大,塑性、韧性会降低,这个过程称为时效,时效过程中使铝合金强度、硬度增大的现象称为时效强化。在室温下进行的时效称为自然时效,在加热条件下进行的时效称为人工时效。

(3)过剩相强化。当铝中加入的合金元素含量超过其极限溶解度时,淬火加热时便有一部分不能溶于固溶体的第二相出现,称之为过剩相。这些过剩相多为金属间化合物,它们在合金中阻碍位错运动,使铝合金强度、硬度增大,而塑性、韧性降低,这种强化称为过剩相强化。实际生产中常采用这种方法来强化铸造铝合金和耐热铝合金。但过剩相太多,则会使强度降低,合金变脆。

(4)细晶强化。对于不能进行时效强化或实效强化效果不好的铝合金,在浇注时,常采用加入微量合金元素(如 Ti、Zr、Be 或稀土元素等)的方法来进行变质处理,通过提高形核率,获得细小均匀的组织,可显著提高合金的强度和塑性。

3. 常用铝合金

1)变形铝合金

变形铝合金包括防锈铝合金、硬铝合金、超硬铝合金及锻造铝合金等。

(1)防锈铝合金:主要为 Al-Mg、Al-Mn 系合金,代号采用"铝"和"防"的汉语拼音字首"LF"加顺序号表示,如 LF5、LF21,因其具有很好的耐蚀性而得名。此外,防锈铝合金还具有良好的塑性和焊接性,主要用于制作受力不大、经冲压或焊接而成的结构件,如各种容器、油箱、管道、线材及窗框、灯具等。

防锈铝合金不能热处理强化,只能通过冷变形强化的方法来提高其强度。

(2)硬铝合金:主要为 Al-Cu-Mg 系合金,代号采用"铝"和"硬"的汉语拼音字首"LY"加顺序号表示,加 LY1、LY11、LY12 等。硬铝合金经淬火、自然时效后具有较高的强度和硬度。硬铝合金应用广泛,可轧成板材、管材和型材等。LY1 称为铆钉硬铝,它有较高的剪切强度、较好的塑性,主要用于制作铆钉;LY11 称为标准硬铝,其强度较高,塑性较好,退火后的冲压性能好,主要用于制作形状较复杂、载荷较低的结构件;LY12 是高强度硬铝,其强度、其硬度高,但塑性、焊接性较差,主要用于制作高强度的结构件。

硬铝合金的耐蚀性较差,尤其不耐海水腐蚀。因此,硬铝板材表面常包有一层纯铝,以增加其耐蚀性。

(3)超硬铝合金:主要为 Al-Cu-Mg-Zn 系合金,其代号用"LC"("铝""超"的汉语拼音字首)加顺序号来表示,如 LC4、LC6 等。超硬铝合金是变形铝合金中强度最高的一类铝合金,但其耐蚀性也较差,通常也要包覆纯铝,主要用于制作要求结构轻、受力较大的结构件,如飞机的大梁、桁架、翼肋、起落架等。

(4)锻造铝合金:主要为 Al-Cu-Mg-Si 系合金,其代号用"LD"("锻""铝"的汉语拼音字首)加顺序号来表示,如 LD5、LD7、LD10 等,其力学性能与硬铝合金的相近,但热塑性及耐蚀性较高,适于锻造,故称锻铝,主要用于制作承受载荷的锻件、模锻件,如各种叶轮、框架等。

常用变形铝合金的主要牌号、化学成分、力学性能及用途如表 7-1 所示。

表 7-1　常用变形铝合金的主要牌号、化学成分、力学性能及用途

类　别		牌　号	原牌号	化　学　成　分 $w/(\%)$					力学性能			用　途　举　例
				Si	Cu	Mn	Mg	Zn	$\sigma_b/$ MPa	$\delta/$ (%)	硬度/ HBW	
不能热处理强化的变形铝合金	防锈铝合金	5A05	LF5	0.50	0.10	0.30 ～ 0.60	4.8 ～ 5.5	0.20	280	20	70	焊接油箱、油管、铆钉、焊条、中载零件及制品等
		3A21	LF21	0.60	0.20	0.10 ～ 1.60	0.05	1.0	130	20	20	焊接油箱、油管、焊条、轻载零件及制品等
能热处理强化的变形铝合金	硬铝合金	2A11	LY11	0.70	3.8 ～ 4.8	0.4 ～ 0.8	0.4 ～ 0.8	0.30	420	15	100	中等强度结构零件,如整流罩、螺旋桨叶片、骨架、局部镦粗零件、螺栓、铆钉等
		2A12	LY12	0.50	3.8 ～ 4.9	0.3 ～ 0.9	1.2 ～ 1.8	0.30	480	11	131	高强度构件及 150 ℃ 以下工作的零件,如骨架、梁、铆钉等
	超硬铝合金	7A04	LC4	0.50	1.4 ～ 2.0	0.2 ～ 0.6	0.8 ～ 2.8	5.0 ～ 7.0	600	12	150	主要受力构件,如飞机大梁、桁架、加强框、起落架、蒙皮接头、翼肋等
	锻造铝合金	2A50	LD5	0.7 ～ 1.2	1.8 ～ 2.6	0.4 ～ 0.8	0.4 ～ 0.8	0.30	420	13	105	形状复杂、中等强度的锻件或模锻件等
		2A70	LD7	0.35	1.9 ～ 2.5	0.20	1.4 ～ 1.8	0.30	440	12	120	内燃机活塞和在高温下工作的复杂锻件、板材、风扇轮等

2）铸造铝合金

铸造铝合金具有良好的铸造性能，可进行各种成型铸造，主要用于制作形状复杂的零件，其力学性能可通过变质处理及固溶时效强化热处理来提高。

铸造铝合金的种类很多，主要有 Al-Si 系、Al-Cu 系、Al-Mg 系和 Al-Zn 系四大类，其代号用"ZL"＋三位数字表示。第一位数字代表合金系（1 为 Al-Si 系，2 为 Al-Cu 系，3 为 Al-Mg 系，4 为 Al-Zn 系）；后两位数字代表顺序号，顺序号不同，化学成分也不同。如 ZL102 表示 2 号 Al-Si 系锻造铝合金。

（1）Al-Si 系铸造铝合金。俗称硅铝明，是一种应用最广泛的铸造铝合金。它具有良好的铸造性、抗蚀性、耐热性和焊接性。加入铜、镁、锰等元素可使合金强化，并通过热处理进一步提高其力学性能。这类合金可用于制作内燃机活塞、发动机缸盖、风扇机叶片、形状复杂的薄壁零件，如电动机、仪表的外壳等。

（2）Al-Cu 系铸造铝合金。铝铜合金的强度较高，但铸造性和耐蚀性较差，加入镍、锰可提高耐热性，用于制作高强度或高温条件下工作的零件，如内燃机气缸头、活塞等。

（3）Al-Mg 系铸造铝合金。铝镁合金具有强度高、比重小及良好的耐蚀性等优点，但铸造性和耐热性比较差，主要用于制造在腐蚀性介质下工作的铸件，如氨用泵体、海轮配件等。

（4）Al-Zn 系铸造铝合金。铝锌合金具有较高的强度、优良的铸造性，是最廉价的一种铸造铝合金，用于制造形状复杂的汽车、飞机仪表零件及日用品等。

部分铸造铝合金的牌号、代号、主要特点及用途如表 7-2 所示。

表 7-2　部分铸造铝合金的牌号、代号、主要特点及用途

类别	牌号	代号	主要特点	用途举例
铝硅合金	ZAlSi12	ZL102	熔点低，密度小，流动性好，收缩和热倾向小，耐蚀性、焊接性好，可切削性差，不能热处理强化，有足够的强度，但耐热性低	适合铸造形状复杂、耐蚀性和气密性高、强度不高的薄壁零件，如飞机仪器零件、船舶零件等
	ZAlSi5Cu1Mg	ZL105	铸造工艺性能好，不需变质处理，可热处理强化，焊接性、切削性好，强度高，塑韧性低	用于制作形状复杂、工作温度不超过 250 ℃ 的零件，如气缸体、气缸盖、发动机箱体等
铝铜合金	ZAlCu5Mn	ZL201	铸造性能、耐蚀性能差，可热处理强化，室温强度高，韧性好，焊接性能、切削性能好，耐热性好	用于制作承受中等载荷、工作温度不超过 300 ℃ 的飞行受力铸件、内燃机气缸头
	ZAlRE5Cu3Si2	ZL207	铸造工艺性能好，耐热性高，可在 300～400 ℃ 下长期工作，室温力学性能较低，焊接性能好	适合铸造形状复杂、在 300～400 ℃ 下长期工作的液压零部件
铝镁合金	ZAlMg10	ZL301	铸造工艺性差，耐热性不高，焊接性差，切削性能好，能耐大气和海水腐蚀	用于制作承受高的静载荷、冲击载荷，工作温度不超过 200 ℃，长期在大气和海水中工作的零件，如船舰配件等

类 别	牌 号	代 号	主 要 特 点	用 途 举 例
铝镁合金	ZAlMg5Si1	ZL303	铸造性能比 ZL301 好,热处理不能明显强化,但切削性能好,焊接性好,耐蚀性一般,室温力学性能较低	用于制作承受中等载荷、工作温度不超过 200 ℃的耐蚀零件,如轮船、内燃机配件
铝锌合金	ZAlZn11Si7	ZL401	铸造性能优良,需变质处理,不经热处理可以达到高的强度,焊接性和切削性能优良,耐蚀性低	用于制作承受高的静载荷、形状复杂、工作温度不超过 200 ℃的铸件,如汽车、仪表零件
铝锌合金	ZAlZn6Mg	ZL402	铸造性能优良,耐蚀性好,可加工性能好,有较高的力学性能;但耐热性低,焊接性一般;铸造后能自然时效	用于制作承受高的静载荷或冲击载荷、不能进行热处理的铸件,如活塞、精密仪表零件等

7.2　铜及铜合金

铜及铜合金由于具有良好的导电性、导热性、抗磁性、耐蚀性和工艺性,故在电气工业、仪表工业、造船业及机械制造业中得到了广泛应用。铜及铜合金的应用如图 7-3 所示。

图 7-3　铜及铜合金的应用

7.2.1　工业纯铜

工业上使用的纯铜其纯度为 99.50％～99.95％,呈玫瑰红色,表面生成氧化膜后就呈紫红色,故俗称紫铜。纯铜的密度为 8.9 g/cm³ 熔点为 1083 ℃,具有良好的导电性、导热性,并具有抗磁性。纯铜的强度不高,塑性很好,适于进行冷、热压力加工,在大气及淡水中有良好的耐蚀性,但在含有二氧化碳的潮湿空气中,纯铜表面会产生绿色铜膜,俗称铜绿。

纯铜中常含有 0.05％～0.30％的杂质(主要有铅、铋、氧、硫和磷等),它们对铜的力学性能和工艺性能的影响很大。纯铜一般不用于制作受力的结构零件,常用冷加工方法制造电线、电缆、铜管,配制铜合金,制造抗磁干扰仪器,如罗盘、航空仪表等。纯铜和铜合金的低温力学性能很好,是制造冷冻设备的主要材料。

我国工业纯铜的代号有 T1、T2、T3、T4,顺序号越大,纯度越低,导电性越差。

纯铜的牌号、化学成分、力学性能及用途如表 7-3 所示。

表 7-3　纯铜的牌号、化学成分、力学性能及用途

牌　　号	化学成分 $w_{Cu}/(\%)$	力 学 性 能		用　　途
		σ_b/MPa	$\delta/(\%)$	
T1	99.95			电线、电缆、导电螺钉
T2	99.90	230～240	40～50	
T3	99.70			电器开关、垫圈、铆钉、油管等
T4	99.50			

7.2.2　铜合金

铜合金是以铜为主要元素,加入少量的其他元素形成的合金。它不仅强度高,而且还具有许多优良的物理、化学性能,常用作工程结构材料。

1. 铜合金的分类

(1) 按化学成分的不同可分为:黄铜、青铜和白铜。

(2) 按生产方法的不同可分为:压力加工铜合金和铸造铜合金。

2. 铜合金的强化方法

(1) 固体强化:最常用的固溶强化元素为 Zn、Si、Al、Ni 等,形成置换固溶体。

(2) 热处理强化:Be、Si 等元素在铜中的溶解度随温度的降低而减小,因而合金元素加入铜中后,可使合金具有时效强化的性能。

(3) 过剩相强化:当合金元素的含量超过最大溶解度后,便会出现过剩相。过剩相多为硬而脆的金属间化合物。过剩相数量少时,可使强度提高,塑性降低;数量多时,会使强度和塑性同时降低。

3. 常用的铜合金

1) 黄铜

黄铜是以锌为主要添加元素的铜合金,具有优良的力学性能,易于加工成型,并对大气有相当好的耐蚀性,且色泽美观,因而在工业上应用广泛。

(1) 普通黄铜,是铜和锌组成的二元合金,其力学性能与含锌量有关。当 $w_{Zn}<39\%$ 时,Zn 完全溶解于 Cu 中,形成单相固溶体,称为单相黄铜,其塑性很好,适宜于冷、热压力加工;当 $w_{Zn}>39\%$ 时,会形成双相组织,称为双相黄铜,其强度随含锌量的增加而升高,只适宜于热压力加工;当 $w_{Zn}>45\%$ 时,强度、塑性急剧下降,脆性很大,无实用意义。

普通黄铜的牌号用"黄"字汉语拼音字首"H"加数字表示。数字表示合金中铜的平均含量。普通黄铜的常用牌号有 H70、H68、H62、H59 等,如 H68 表示平均含铜量 $w_{Cu}=68\%$,其余为 Zn 的普通黄铜。其中 H70 和 H68 是单相黄铜,又称为三七黄铜,其强度高、冷、热塑性变形能力好,适宜用冲压法制造形状复杂又耐蚀的零件,如弹壳、冷凝器等;H62 和 H59 是双相黄铜,又称为六四黄铜,其强度高,但只适宜于热变形加工,用于制作热轧、热压零件。

(2) 特殊黄铜。在普通黄铜中加入 Si、Sn、Al、Mn、Fe、Pb 等合金元素所形成的合金,称为特殊黄铜,相应地称这些特殊黄铜为硅黄铜、锡黄铜、铝黄铜等。加入的合金元素可以提高强度,锡、铝、锰、硅可提高耐蚀性和减少应力腐蚀,铅可改善切削性能和提高耐磨性,铁可细化晶粒,硅可改善铸造性能。

特殊黄铜的牌号由 H+添加元素符号+铜的平均质量分数、添加元素的平均含量组成。例如,HSn62-1 表示平均含锡量 $w_{Sn}=1\%$,平均含铜量 $w_{Cu}=62\%$,其余为 Zn 的锡黄铜。

(3)铸造黄铜。将上述黄铜熔化,进行铸造加工,所形成的黄铜称为铸造黄铜。其牌号有 ZCuZn38、ZCuZn31Al2、ZCuZn16Si4 等。铸造黄铜的力学性能虽不如相应牌号的黄铜,但可以直接获得形状复杂的零件毛坯,可减少机械加工的工作量,因此仍获得广泛应用。

常用黄铜的牌号、化学成分、力学性能及用途如表 7-4 所示。

表 7-4　Ⅰ常用黄铜的牌号、化学成分、力学性能及用途

类别	牌号	化学成分 $w/(\%)$			加工状态或铸造方法	力学性能			用途举例
		Cu	其他	Zn		$\sigma_b/$ MPa	$\delta/$ (%)	硬度/ HBW	
						不小于			
普通黄铜	H68	67.0~ 70.0	—	余量	软	320	55	—	复杂的冷冲件和深冲件、散热器外壳、导管及波纹管等
					硬	660	3	150	
	H62	60.5~ 63.5	—	余量	软	330	49	56	销钉、铆钉、螺母、垫圈、导管、夹线板、环形件、散热器等
					硬	600	3	164	
特殊黄铜	HPb59-1	57~ 60	Pb: 0.8~1.9	余量	硬	650	16	140 HRB	销子、螺钉等冲压件或加工件
	HMn58-1	57~ 60	Mn: 1.0~2.0	余量	硬	7000	10	175	船舶零件及轴承等耐磨零件
铸造黄铜	ZCuZn16Si4	79~ 81	Si: 2.5~4.5	余量	S	345	15	88.5	接触海水工作的配件、水泵、叶轮和在空气、淡水、油、燃料,以及工作压力在 4.5 MPa 和 250 ℃ 以下蒸汽中工作的零件
					J	390	20	98.0	
	ZCuZn40Pb2	58~ 63	Pb: 0.5~2.5; Al: 0.2~0.8	余量	S	220	15	78.5	一般用途的耐磨、耐蚀零件,如轴套、齿轮等
					J	280	20	88.5	

注:铸造黄铜力学性能中的两项指标分别为砂型和金属型铸造的性能指标。

2)青铜

三千多年以前,我国就发明并生产了锡青铜(Cu-Sn 合金),并用此制造钟、鼎、武器和铜镜。春秋晚期,人们就掌握了用青铜制作双金属剑的技术。以韧性好的低锡黄铜作为中脊合金,用硬度很高的高锡青铜制作两刃。制成的剑两刃锋利,不易折断,克服了利剑易断的缺点。故青铜原指铜锡合金,目前已将铝、硅、铅、铍、锰等合金元素的铜合金都包括在青铜内,统称为无锡青铜(又称特殊青铜)。因此,常见的青铜有锡青铜、铝青铜、铍青铜等。青铜的编号方法:Q+主加元素符号及其含量+其他元素含量。如 QSn4-3 表示含锡量 $w_{Sn}=4\%$,含锌量 $w_{Zn}=3\%$,其余为铜的锡青铜;QBe2 表示含铍量 $w_{Be}=2\%$ 的铍青铜。

(1)锡青铜。以锡为主要添加元素的铜基合金称为锡青铜。锡青铜是我国历史上使用得最早的有色合金,也是最常用的有色合金之一。锡青铜对大气、淡水、海水等的耐蚀性高于纯铜和黄铜,且无磁性、无冷脆现象,但在氨水和酸中的耐蚀性较差。按生产方法,锡青铜

可分为压力加工锡青铜和铸造锡青铜两类。

① 压力加工锡青铜。压力加工锡青铜的含锡量一般小于10%,具有较好的塑性和适当的强度,适宜于冷、热压力加工。经变形强化后,强度、硬度提高,但塑性有所下降,适用于制造仪表上耐磨、耐蚀零件,弹性元件,抗磁零件及滑动轴承、轴套等。

② 铸造锡青铜。铸造锡青铜的含锡量一般为10%~14%,由于塑性差,故只适于铸造。因其流动性差,又易产生缩松、成分偏析,使铸件致密性不高,一般适宜制造形状复杂、对致密性要求不高的耐磨、耐蚀件,如阀、齿轮、涡轮、轴瓦、轴套等。

锡青铜在大气及海水中的耐蚀性好,广泛用于制造耐蚀零件。另外,在锡青铜中可加入P、Zn、Pb等元素,可改善其耐磨性、铸造性及切削加工性,使其性能更佳。

锡的含量对铸态青铜力学性能的影响很大。含锡量较小时,随着含锡量的增加,青铜的强度、塑性增加;当含锡量超过6%时,塑性急剧下降,但强度仍很高;当含锡量超过10%时,塑性已显著降低;当含锡量超过20%后,强度显著下降,合金变得硬而脆,已无使用价值。故工业用锡青铜的含锡量一般为3%~14%。

(2) 特殊青铜(无锡青铜)。

① 铝青铜。以铝为主要添加元素的铜合金称为铝青铜,它是无锡青铜中用途最为广泛的一种,一般含铝量为8.5%~11%。其强度、韧性、耐磨性、耐蚀性、耐热性均高于黄铜、锡青铜,且价格低,还可热处理(淬火、回火)强化,常用于制造齿轮、摩擦片、涡轮等要求高强度、高耐磨的零件。

② 铍青铜。以铍为主要添加元素的铜合金称为铍青铜,一般含锡量为含铍量1.7%~2.5%。铍青铜经过固溶、时效处理后,具有很高的强度、硬度,而且耐蚀性、耐磨性、疲劳极限和弹性极限也都较高。另外,铍青铜还具有良好的导电性、导热性、耐寒性、抗磁性及受冲击时不产生火花等优点,但其价格昂贵,主要用于制造重要的弹性元件,耐蚀、耐磨件等,例如仪表齿轮、弹簧、航海罗盘、电焊机电极及防爆工具等。

③硅青铜。硅青铜具有较高的力学性能及耐腐蚀性能,并具有良好的铸造性能和冷、热变形加工性能,常用于制造耐蚀和耐磨零件。

表7-5为常用青铜的牌号、成分、力学性能及用途。

表 7-5　常用青铜的牌号、成分、力学性能及用途

类　别		代号 (或牌号)	主要成分 $w/(\%)$			状态	力学性能 不小于		用途举例
			Sn	Cu	其他		σ_b /MPa	δ_5 /(%)	
锡青铜	压力加工	QSn4-3	3.5~ 4.5	余量	Zn: 2.7~3.3	软	290	40	弹簧、管配件和化工机械中的耐磨及抗磁零件
						硬	635	2	
		QSn6.5-0.4	6.0~ 7.0	余量	P: 0.26~0.40	软	295	40	耐磨及弹性零件
						硬	665	2	
		QSn6.5-0.1	6.0~ 7.0	余量	P: 0.1~0.25	软	290	40	弹簧、接触片、振动片、精密仪器中的耐磨零件
						硬	640	1	
	铸造	ZCuSn10Zn2	9.0~ 11.0	余量	Zn: 1.0~3.0	砂型	240	12	在中等及较高载荷下工作的重要管配件,如阀、泵体
						金属型	245	6	
		ZCuSn10P1	9.0~ 11.5	余量	P: 0.5~1.0	金属型	310	2	重要的轴瓦、齿轮、轴套、轴承、蜗轮、机床丝杠螺母

类 别		代号 (或牌号)	主要成分 $w/(\%)$			状态	力学性能 不小于		用途举例
			Sn	Cu	其他		σ_b /MPa	δ_5 /(%)	
特殊青铜	压力加工	QAl7	Al:6.0~8.5	余量	Zn:0.20;Fe:0.50	硬	635	5	重要的弹簧和弹性零件
		QBe2	Be:1.8~2.1	余量	Ni:0.20~0.50	—	—	—	重要仪表的弹簧、齿轮等,耐磨零件,高速、高压、高温下工作的轴承
	铸造	ZCuAl10-Fe3Mn2	Al:9.0~11.0	余量	Fe:2.0~4.0;Mn:1.0~2.0	金属型	540	15	耐磨、耐蚀的重要铸件
		ZCuPb30	Pb:27.0~33.0	余量	—	金属型	—	—	高速双金属轴瓦、减磨件,如柴油机曲轴及连杆轴承、齿轮、轴套

3) 白铜

白铜是以镍为主要添加元素的铜合金,有普通白铜和特殊白铜两类。

普通白铜只含铜和镍,其牌号为 B+镍的平均含量,如 B19 表示平均含镍量 $w_{Ni}=19\%$ 的普通白铜。普通白铜强度高、塑性好,适于冷、热变形加工。此外,其抗蚀性好、电阻率高,主要用于制作医疗器械、化工机械零件等。特殊白铜是在白铜中加入其他元素,以获得其他的特殊性能和用途。如 Mn 含量高的锰白铜可制作热敏元件。

7.3 钛及钛合金

钛是地壳中储量最丰富的元素之一,其含量占地壳质量的 0.61%,在诸元素的分布序列中居第九位。钛及钛合金具有密度小、比强度高、耐腐蚀、耐高温及良好的低温韧性等特点,广泛应用于航天航空、冶金等工业领域。但是钛及钛合金的加工条件复杂、成本较高,其应用受到限制。

7.3.1 纯钛

纯钛呈灰白色,密度小($4.54\ g/cm_3$),熔点高(约为 1668 ℃),热膨胀系数小,导热性差。纯钛具有良好的塑性和较低的强度,以及良好的加工成型能力和焊接性能,可制成细丝和薄片,而且在大气、海水及大多数酸、碱介质(如硫酸、盐酸、硝酸、氢氧化钠)中具有优良的耐蚀性,其抗氧化能力优于大多数奥氏体不锈钢。

钛在固态下有同素异构转变现象:在 882.5 ℃以下为 α-Ti,具有密排六方晶格;在 882.5 ℃以上直到熔点为 β-Ti,具有体心立方晶格。在 882.5 ℃时发生同素异构转变 α-Ti⇌β-Ti,它对于强化有很重要的意义。

工业纯钛中含有 H、O、C、Fe、Mg 等杂质元素,少量杂质可使钛的强度和硬度显著提高,塑性和韧性明显下降。工业纯钛按杂质含量的不同分为 TA1、TA2、TA3、TA4 等(见表 7-6),可用于制作在 350 ℃以下工作的、强度要求不高的零件。

表 7-6　工业纯钛的牌号和化学成分(GB/T 3620.1—2007)

牌　号	化学成分/(%)									
	w_{Ti}	w_{Al}	w_{Si}	w_{Fe}	w_C	w_N	w_H	w_O	$w_{其他元素}$	
									单一	总和
TA1EL1	余量	—	—	0.10	0.03	0.012	0.008	0.10	0.05	0.20
TA1	余量	—	—	0.20	0.08	0.03	0.015	0.08	0.10	0.40
TA1-1	余量	<0.20	≤0.08	0.15	0.05	0.03	0.003	0.12	—	0.10
TA2EL1	余量	—	—	0.20	0.05	0.03	0.008	0.10	0.05	0.20
TA2	余量	—	—	0.30	0.08	0.03	0.015	0.25	0.10	0.40
TA3EL1	余量	—	—	0.25	0.05	0.004	0.008	0.18	0.05	0.20
TA3	余量	—	—	0.30	0.08	0.005	0.015	0.35	0.10	0.40
TA4EL1	余量	—	—	0.30	0.05	0.005	0.008	0.25	0.05	0.20
TA4	余量	—	—	0.50	0.08	0.005	0.015	0.40	0.10	0.40

7.3.2　钛合金

在纯钛中加入 Al、Mo、Mn、Cr 等合金元素,可形成钛合金。合金元素溶入 α-Ti 中,形成 α 固溶体;溶入 β-Ti 中,形成 β 固溶体。Al、C、N、O、B 等元素使 α-Ti ⇌ β-Ti 的转变温度升高,称为 α 稳定化元素;Fe、Mo、Mg、Cr、Mn、V 等元素使同素异构转变温度降低,称为 β 稳定化元素;Sn、Zn 等元素对转变温度的影响不明显,称为中性元素。

根据钛合金使用状态的组织不同,可将钛合金分为三类:α 钛合金、β 钛合金和 α+β 钛合金,牌号分别用 TA、TB、TC 加上编号来表示。常用钛合金的牌号、成分、性能及用途如表 7-7 所示。

表 7-7　常用钛合金的牌号、成分、性能及用途(GB/T 3620.1—2007)

类　别	牌　号	名义化学成分	室温机械性能			高温机械性能			用　　途
			热处理	σ_b /MPa	δ /(%)	试验温度/℃	σ_b /MPa	σ_{100} /MPa	
α 钛合金	TA5	Ti·4Al·0.005B	退火	700	15	—	—	—	在 500 ℃以下工作的零件、导弹燃料罐、超音速飞机的涡轮机匣
	TA6	Ti·5Al	退火	700	12~20	350	430	400	
	TA7	Ti·5Al·2.5Sn	退火	800	12~20	350	500	450	
β 钛合金	TB2	Ti·5Mo·5V·8Cr·3Al	淬火	1000	20	—	—	—	在 350 ℃以下工作的零件、压气机叶片、轴、轮盘等载荷旋转件、飞机构件
			淬火+时效	1350	8				

续表

类别	牌号	名义化学成分	室温机械性能		高温机械性能			用途
			热处理	σ_b /MPa	δ /(%)	试验温度/℃	σ_b /MPa	σ_{100} /MPa	
α+β 钛合金	TC1	Ti·2Al·1.5Mn	退火	600~800	20~25	350	350	350	在400 ℃以下工作的零件、有一定高温强度的发动机零件、低温用部件
	TC2	Ti·4Al·1.5Mn	退火	700	12~15	350	430	400	
	TC3	Ti·5Al·4V	退火	900	8~10	500	450	200	
	TC4	Ti·6Al·4V	退火	950	10	400	630	580	
			淬火+时效	1200	8				

1. α钛合金

α钛合金是通过在纯钛中加入 Al、B 等 α 稳定化元素而获得的。与 β 钛合金和 α+β 钛合金相比，α 钛合金的室温强度低，而高温（500~600 ℃）强度和蠕变强度较高，并且组织稳定，具有良好的抗氧化性、抗蠕变性和焊接性能。α 钛合金不能淬火强化，主要依靠固溶强化，热处理只能进行退火（变形后的消除应力退火或消除加工硬化的再结晶退火）。

常用 α 钛合金有 TA4、TA5、TA6、TA7 等，使用最为广泛的是 TA7，它可在 500 ℃以下使用；当 O、H、N 等间隙杂质的含量极低时，在超低温时还具有良好的韧性和综合力学性能，是优良的超低温合金之一。

2. β钛合金

β钛合金是通过在纯钛中加入 Mo、Cr、V 等 β 稳定化元素而获得的。β 钛合金有较高的强度、优良的冲压性能和焊接性能，并可通过淬火和时效进行强化；但其性能不够稳定，熔炼工艺复杂，所以应用范围不如 α 钛合金和 α+β 钛合金广泛。

β钛合金的典型牌号为 TB1、TB2。

3. α+β钛合金

α+β钛合金是通过在纯钛中加入 β 稳定化元素和 α 稳定化元素而获得的，其具有良好的塑性，容易锻造、压延和冲压，而且大多数可通过淬火和时效进行强化，热处理后强度可提高 50%~100%，但是 TC1、TC2、TC7 不能通过热处理进行强化。

应用最为广泛的是 TC4，其用量约占现有钛合金产量的一半，成分为 Ti-6Al-4V，经淬火和时效处理后，显微组织为块状（α+β）+针状 α。其中针状 α 是时效过程中从 β 相中析出的。TC4 不仅具有良好的室温、高温和低温力学性能，而且具有良好的抗海水应力腐蚀及抗热盐应力腐蚀的能力，同时可以焊接，冷、热变形，还可以通过热处理强化，所以广泛应用于航天航空、船舰等领域。

7.4 镁及镁合金

镁在地壳中的储藏量非常丰富，约为 2.5%，仅次于铝和铁，居于第三位。镁及镁合金不仅具有高比强度、优良的可切削加工性和耐冲击性能，并对碱、汽油及矿物油具有化学稳定性,广泛应用于汽车、电子、电器、航空航天、国防军工、交通等领域。

7.4.1 纯镁

纯镁呈银白色,其密度为 $1.74 \ g/cm_3$,熔点为 $651 \ ℃$,沸点为 $(1100 \pm 10) \ ℃$。纯镁在熔化温度时极易氧化,甚至燃烧,其熔炼技术很复杂。纯镁的强度不高,与铝接近。镁具有密排六方晶格,其塑性变形能力比铝差,而且室温和低温塑性较低,容易脆断,但高温塑性较好,可进行各种形式的热变形加工。纯镁的电极电位很低,其抗蚀性较差,在潮湿大气、淡水、海水及绝大多数酸、盐溶液中易受腐蚀。

纯镁因强度低,一般不能单独用作结构材料,常用于制造照明弹、烟火、脱氧剂和镁合金原料。

根据 GB/T 5153—2016,纯镁的牌号以 Mg+数字来表示,Mg 后面的数字表示 Mg 的质量分数。

7.4.2 镁合金

在纯镁中加入 Al、Zn、Si、Fe、Ni 等合金元素,形成镁合金。通过合金元素产生固溶强化、时效强化、细晶强化及过剩相强化作用,来提高镁合金的力学性能、抗腐蚀性能和耐热性能。

镁合金可以按照化学成分或成型工艺两种方式分类。根据化学成分,以主要合金元素 Mn、Al、Zn、Zr 和 RE(稀土元素)等为基础,可以组成合金系:二元系有 Mg-Mn、Mg-Al、Mg-Zn、Mg-Zr、Mg-RE、Mg-Ag、Mg-Li、Mg-Th 等;三元系有 Mg-Al-Mn、Mg-Zn-Zr、Mg-RE-Zr、Mg-Mn-Ce 等;多元系有 Mg-Al-Zn-Mn、Mg-Ag-RE-Zr、Mg-Y-RE-Zr。按照有无 Al,镁合金可分为含 Al 镁合金和不含 Al 镁合金;按照有无 Zr,镁合金还可分为含 Zr 镁合金和不含 Zr 镁合金。根据成型工艺,镁合金则可分为铸造镁合金和变形镁合金两大类。

目前,国外工业中应用较广泛的镁合金是压铸镁合金,主要有以下四个系列:AZ 系列 Mg-Al-Zn(如 AZ91)、AM 系列 Mg-Al-Mn(如 AM60)、AS 系列 Mg-Al-Si(如 AS21)和 AE 系列 Mg-Al-RE(如 AE42)。我国铸造镁合金主要有如下三个系列:Mg-Zn-Zr、Mg-Zn-Zr-RE 和 Mg-Al-Zn 系。变形镁合金有 Mg-Mn、Mg-Al-Zn 和 Mg-Zn-Zr 系。

1. 铸造镁合金

铸造镁合金包括高强铸造镁合金(如 ZM1、ZM2 和 ZM5)和耐热铸造镁合金(如 ZM3 等)两类。铸造镁合金的牌号以“Z+M+数字”表示,其中 Z 是“铸造”汉语拼音的首字母;M 表示镁合金;后面的数字表示顺序号,代表合金体系。

ZM1(ZMgZn5Zr)具有较高的抗拉强度和屈服强度,以及良好的耐蚀性、塑性、切削加工性和铸造流动性,且力学性能壁厚效应小,但是热裂倾向大,焊接性差,用于制造断面均匀、形状简单、尺寸小的受力铸件及抗冲击载荷的零件,如飞机轮毂、支架等抗冲击件。

ZM2(ZMgZn4RE1Zr)具有良好的高温力学性能(优于 ZM1)、铸造性能和耐蚀性,缩松和热裂倾向小,可焊接,但是常温力学性能低,用于制造长期在 $170 \sim 200 \ ℃$ 下工作的发动机、飞机零件。

ZM3(ZMgRE3ZnZr)是以混合稀土为主要合金元素的热强镁合金,具有良好的高温性能和气密性,而且热裂倾向小,用于制造在 $150 \sim 250 \ ℃$ 下长期工作的发动机部件、室温下高气密性铸件。

ZM4(ZMgRE3Zn2Zr)具有良好的抗蠕变性能和气密性,以及较高的持久强度,而且热裂倾向小,室温强度高于 ZM3,用于制造在 150～250 ℃下长期工作的零件。

ZM5(ZMgAl8Zn)是应用最广泛的合金之一,具有较高的强度和良好的铸造性、焊接性和切削加工性能,而且成本较低,用于制造中等载荷的零件,如机舱隔框、增压机匣等高载荷零件。

ZM6(ZMgRE2ZnZr)具有优良的综合性能和高温强度,其高温性能优于 ZM3 和 ZM4,用于制造在 250 ℃下长期工作的高强度、高气密性零件。

ZM7(ZMgZn8AgZr)具有很高的室温拉伸强度、屈服极限和疲劳极限,以及良好的塑性、铸造充型性,但是其疏松倾向较大,用于制造要求高强度的形状简单的各种受力构件,不宜用于制作耐压零件。

ZM10(ZMgAl10Zn)的含铝量高,具有良好的耐蚀性,适于压铸,用于制造无较高要求的普通零件。

2. 变形镁合金

变形镁合金不同于铸造镁合金的液态成型,它是通过在 300～500 ℃温度范围内采用挤压、轧制、锻造的方法固态成型的。由于变形加工不仅消除了铸造组织缺陷,而且细化了晶粒,因此与铸造镁合金相比,变形镁合金具有更高的强度、更好的延展性和力学性能,以及更低的生产成本。

合金元素对变形镁合金的性能有显著的影响。铝和锌可以提高变形镁合金的机械性能,当其含量较高时,可形成 Mg_4Al_3、$MgZn$ 等金属间化合物;Mn 的主要作用是提高耐蚀性,并细化晶粒;Zr 不仅可以细化晶粒,还可以提高变形镁合金的机械性能;加入稀土元素铈后,在晶界上析出金属间化合物 Mg_9Ce,起强化晶界作用。含铈较高的镁合金,如 MB14(含 2%锰、3%铈)属于热强镁合金,其最高工作温度可达 200 ℃。

加工工艺、热处理状态等因素影响变形镁合金的力学性能,尤其是加工温度的影响较大。在 400 ℃以下进行挤压,合金发生再结晶;在 300 ℃以下进行冷挤压,材料内部保留了许多冷加工的显微组织特征,如高密度位错或孪晶;在再结晶温度以下进行挤压,可使压制品获得更好的力学性能。表 7-8 列出了常用镁合金的牌号、化学成分、特性及用途。

7.5　轴承合金

轴承是用来支承轴进行工作的零件。机械设备中所用的轴承主要有滚动轴承和滑动轴承两大类。虽然滚动轴承应用广泛,但由于滑动轴承具有承压面大、工作平稳、无噪声、维修更换方便等优点,因此常用于重载、高速的场合,如磨床主轴轴承、连杆轴承、发动机轴承等。

7.5.1　滑动轴承的性能与组织特征

1. 滑动轴承的性能要求

(1) 较高的抗压强度和疲劳强度,以承受轴颈施加的交变压力。

(2) 高的耐磨性、良好的磨合性和小的摩擦系数,并能储存润滑油。

(3) 良好的耐蚀性、较小的热膨胀系数,以防咬合。

(4) 足够的塑性和韧性,以耐冲击和振动。

表 7-8　常用镁合金的牌号、化学成分、特性及用途

合金组别	牌号	化学成分/(%)													特　性	用　途
		w_{Mg}	w_{Al}	w_{Zn}	w_{Mn}	w_{Ce}	w_{Zr}	w_{Si}	w_{Fe}	w_{Cu}	w_{Ni}	w_{Be}	$w_{其他元素}$ 单一	$w_{其他元素}$ 总和		
MgMn	M2M	余量	≤ 0.20	≤ 0.30	1.3~ 2.5	—	—	≤ 0.10	≤ 0.05	≤ 0.05	≤ 0.007	≤ 0.01	≤ 0.01	≤ 0.20	等温强度和塑性低，高温塑性和耐热性高，焊接性良好，可气焊、氩弧焊，点焊、切削性能良好，不可热处理强化	用于制作受力不大，但要求高焊接性及耐蚀性的零件，如汽油、油系统附件
MgAlZn	AZ40M	余量	3.0~ 4.0	0.20~ 0.80	0.15~ 0.50	—	—	≤ 0.10	≤ 0.05	≤ 0.05	≤ 0.005	≤ 0.01	≤ 0.01	≤ 0.30	强度高，可热处理强化，铸造性能良好。AZ40M和AZ41M的应力腐蚀倾向较小，热塑性良好，AZ61M、AZ62M、AZ80M的应力腐蚀倾向较大。AZ62M、AZ80M的热塑性较差，AZ61M的可焊接性低	主要用于制造形状复杂的锻件、模锻件及中等负荷的结构件
	AZ41M	余量	3.7~ 4.7	0.80~ 1.4	0.30~ 0.60	—	—	≤ 0.10	≤ 0.05	≤ 0.05	≤ 0.005	≤ 0.01	≤ 0.01	≤ 0.30		主要用以板材供应，用于制造内部组件、壁板等
	AZ61M	余量	5.8~ 7.2	0.40~ 1.5	0.15~ 0.50	—	—	≤ 0.10	≤ 0.05	≤ 0.05	≤ 0.005	≤ 0.01	≤ 0.01	≤ 0.30		
	AZ62M	余量	5.5~ 7.0	0.50~ 1.5	0.15~ 0.50	—	—	≤ 0.10	≤ 0.005	≤ 0.05	≤ 0.005	≤ 0.01	≤ 0.01	≤ 0.30		用于制造承受大负荷的零件
	AZ80M	余量	7.8~ 9.2	0.20~ 0.80	0.15~ 0.50	—	—	≤ 0.10	≤ 0.05	≤ 0.05	≤ 0.005	≤ 0.01	≤ 0.01	≤ 0.30		
MgMnRE	ME20M	余量	≤ 0.20	≤ 0.30	1.3~ 2.2	0.15~ 0.35	—	≤ 0.1	≤ 0.05	≤ 0.05	≤ 0.005	≤ 0.07	≤ 0.01	≤ 0.30	与 M2M 相比，其强度较高、高温性能良好	常代替 M2M 用于制作强度要求稍高的零件
MgZnZr	ZK61M	余量	≤ 0.05	5.0~ 6.0	≤ 0.10	—	0.30~ 0.90	≤ 0.05	≤ 0.05	≤ 0.05	≤ 0.05	≤ 0.01	≤ 0.01	≤ 0.30	具有高强度和良好的塑性、耐蚀性和切削加工性，没有应力腐蚀倾向，热处理工艺简单，但焊接性较差	用于制造高深度、高屈服的零件，如飞机翼杆、翼助等

（5）良好的工艺性，且价格低廉。

2. 滑动轴承的组织特征

为了满足上述性能要求，既不能选高硬度的金属，以免轴径受到磨损；也不能选用软的金属，以防止承载能力过低。故轴承合金的组织应当是软硬兼顾。常见的组织有以下两种。

（1）软基体上分布着硬质点的组织。

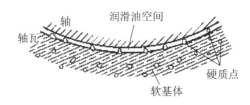

图 7-4　轴和轴瓦配合的理想示意图

轴在旋转时，软的部分较快磨损而凹陷，而硬质点相应地突出，如图 7-4 所示。这使其接触面积大大减小，有利于保存润滑油，因而摩擦系数减小，摩擦和磨损减少。软基体还能承受冲击和振动，并使轴径和轴瓦很好地磨合。属于这一类组织的合金有锡基和铅基轴承合金（又称巴氏合金）。

（2）硬基体上分布着软质点的组织。

这种组织的合金摩擦系数低，能承受较大的载荷，但磨合性差。属于这一类组织的合金有铜基和铝基轴承合金。

7.5.2　常用轴承合金、牌号及应用

1. 锡基轴承合金

锡基轴承合金（锡基巴氏合金）是 Sn-Sb-Cu 系合金，其组织实质是由以锑溶入锡中形成的固溶体为软基体，以锡与锑、锡与铜形成的化合物为硬质点组成的。这类合金与其他轴承材料相比，其膨胀系数小，嵌藏性和减磨性较好；另外，还具有优良的韧性、导热性和耐蚀性，适宜用于制作汽车、拖拉机、汽轮机的高速轴承。其缺点是疲劳强度较低，熔点低，工作温度不能超过 150 ℃。

2. 铅基轴承合金

铅基轴承合金（铅基巴氏合金）为 Pb-Sn-Cu 系合金，实际上是一种铅合金，它的性能略低于锡基轴承合金。铅基轴承合金可用于制作低速、低载荷或中速、静载荷设备的轴承，可作为锡基轴承合金的部分代用品。铅的价格仅为锡的 1/10，因此，铅基轴承合金得到了广泛应用。

3. 铜基轴承合金

ZCuPb30 是典型的铜基轴承合金，其组织特征为在硬的铜基体上分布有软的铅质点。将 ZCuPb30 浇注在钢管或铜板上，形成一层薄而均匀的内衬，使钢的强度和减磨合金的耐磨性很好地结合起来。铅青铜与钢套的黏合性很好，使得承载能力好、疲劳强度好、导热性好、摩擦系数小，其工作温度可达 250 ℃。故铜基轴承合金适宜用于制作在高温、高速、重载荷下工作的轴承（如柴油机、汽轮机或航空发动机上的轴承）。

4. 铝基轴承合金

目前应用较多的铝基轴承合金有高锡铝基轴承合金（ZAlSn6Cu1Ni1）和铝锑镁轴承合金。铝基轴承合金密度小，导热性、耐热性、耐蚀性好，疲劳强度高，价格低，但膨胀系数大，易发生咬合现象。

高锡铝基轴承合金（ZAlSn6Cu1Ni1）是在硬的铝基体上分布着软的粒状锡点。这种合金常以 08 钢为衬背，轧制成双合金带使用，可替代上述多种合金，适用于制作在高速、重载

荷下工作的轴承，在车辆、内燃机车上得到广泛的应用。

表7-9列举了各种铸造轴承合金的牌号、化学成分及用途。

表 7-9　铸造轴承合金的牌号、化学成分及用途

类别	牌　　号	化学成分 $w/(\%)$				硬度/HBW	主　要　用　途
		Sb	Cu	Pb	Sn	不小于	
铅基轴承合金	ZPbSb16SnCu2	15.0~17.0	1.5~2.0	其余	15.7~17.0	30	用于制作工作温度小于120 ℃、无显著冲击载荷、重载、高速的轴承，如汽车、拖拉机曲柄轴承、750 kW以内的电动机轴承
	ZPbSb15Sn10	14.0~16.0	0.7	其余	9.0~11.0	24	用于制作在中等载荷、中速、冲击载荷下工作的机械轴承，如汽车、拖拉机的曲轴轴承、连杆轴承，也可用于制作高温轴承
锡基轴承合金	ZSnSb8Cu4	7.0~8.0	3.0~4.0	0.35	其余	24	用于制作一般大机器的轴承及轴衬
	ZSnSb12Pb10Cu4	11.0~13.0	2.5~5.0	9.0~11.0	其余	29	适用于制作中等速度和受压的机器主轴衬，但不适用于制作高温部分
	ZSnSb11Cu6	10.0~12.0	5.5~6.5	0.35	其余	27	适用于制作1471 kW以上的高速蒸汽机和368 kW的涡轮压缩机、涡轮泵及高速内燃机等

思考与练习题

1. 铝及铝合金是如何分类的？

2. 纯铝有何性能特点？其牌号如何表示？

3. 变形铝合金和铸造铝合金可分为哪几种？其牌号如何表示？

4. 举例说明铝及铝合金的主要用途。

5. 纯铜的性能有何特点？其牌号如何表示？

6. 铜合金有哪几类？它们是根据什么来区分的？

7. Zn对黄铜的性能有何影响？

8. 青铜按生产方式可分为哪两类？它们的牌号如何表示？

9. 铜及铜合金有哪些主要用途？试举例说明。

10. 什么是硬质合金？通常分为哪几类？如何选用？

11. 指出下列材料牌号或代号的含义。

H59、ZQSn10、QBe2、ZCnSnSb11-6、LF21、LC6、ZL102。

第8章 非金属材料

长期以来,机械工程材料一直以金属材料为主,这是因为金属材料具有许多优良的性能,如强度高、热稳定性好,导电导热性好等。但金属材料也存在着密度大、耐腐蚀性差、电绝缘性不好等缺点。而非金属材料有着金属材料所不及的某些性能,且原料来源广泛,自然资源丰富,成型工艺简单、多样,因此广泛应用于航空、航天等许多工业部门以及高科技领域,甚至已经深入到人们的日常用品中,正在改变着人们长期以来以金属材料为中心的时代。通常,非金属材料是指金属材料以外的其他一切材料。而机械工程上使用的非金属材料主要有三大类:高分子材料、工业陶瓷和复合材料。

8.1 高分子材料

高分子材料是以高分子化合物为主要组分的材料。高分子化合物是指相对分子质量很大的化合物,相对分子质量一般在 5000 以上,低分子化合物的相对分子质量小于 1000。虽然高分子化合物的分子量很大,但它的化学组成并不复杂,它们一般都是由一种或几种简单的低分子化合物重复连接而成的。低分子化合物聚合起来形成高分子化合物的过程叫作聚合反应。因此,高分子化合物也叫高聚物或聚合物。通常高分子化合物具有较高的强度、塑性、弹性等力学性能,而低分子化合物不具备这些性能。

高分子化合物分为有机高分子化合物和无机高分子化合物(如石棉、云母等)两类。有机高分子化合物又分为天然的和合成的两种。由人工合成方法制成的有机高分子化合物称为合成有机高分子化合物。机械工程上使用的高分子材料,如塑料、合成橡胶、合成纤维、涂料和胶黏剂等均是合成有机高分子化合物。

8.1.1 工程塑料

塑料是以合成树脂高分子化合物为主要成分,加入某些添加剂之后,在一定的温度、压力下塑制成型的材料和制品的总称。塑料按用途可分为工程塑料、通用塑料、特种塑料。

工程塑料是指具有类似金属性能,可以替代某些金属用来制造工程构件或机械零件的一类塑料。它们一般有较好的稳定的力学性能,耐热、耐蚀性较好,且尺寸稳定性好,如ABS、尼龙、聚甲醛等。

1. 工程塑料的分类

工程塑料的品种有很多,按照其热行为可以分为热塑性塑料和热固性塑料两种。

(1)热塑性塑料。该类材料加热后软化或熔化,冷却后硬化成型并保持既得形状,而且该过程可反复进行。常用的材料有聚乙烯、聚丙烯、ABS 塑料等。这类塑料加工成型简便,具有较好的力学性能,能够反复使用,但热硬性和刚性比较差。较后开发的氟塑料、聚酰亚胺具有较突出的特殊性能,如优良的耐蚀性、热硬性、绝缘性、耐磨性等,是塑料中较好的高级工程塑料。

(2)热固性塑料。初加热时软化,可塑造成型,但固化后再加热时将不再软化,也不溶于溶剂,故只可一次成型或使用。这类塑料有酚醛塑料、环氧塑料、氨基塑料、聚氨酯塑料、有机硅塑料等。它们具有耐热性高、受压不易变形等优点,但力学性能不好,不能反复使用。

2. 工程塑料的性能

塑料相对于金属来说,具有重量轻(如常用塑料中的聚丙烯的密度为 $0.9\sim0.91$ g/cm^3,而泡沫塑料的密度为 $0.02\sim0.2$ g/cm^3)、比强度高、化学稳定性好、电绝缘性好、耐磨、减摩和自润滑性好等优点。此外,如透光性、消音吸振性、防潮性、绝热性等也是一般金属所不及的。

通常热塑性塑料的强度为 $50\sim100$ MPa,热固性塑料的强度一般为 $30\sim60$ MPa,强度较低;弹性模量只有金属材料的 1/10,但承受冲击载荷的能力与金属的一样。虽然塑料的硬度低,但其摩擦、磨损性能优良,摩擦系数小,有些塑料有自润滑性能,很耐磨,可制作在干摩擦条件下使用的零件。

热塑性塑料的最高允许使用温度多数在 100 ℃ 以下,而热固性塑料的最高允许使用温度一般高于热塑性塑料的最高允许使用温度,如有机硅塑料的最高允许使用温度高达 300 ℃。塑料的导热性很差,而膨胀系数较大,为金属的 $3\sim10$ 倍。

3. 常用工程塑料的特点和用途

常用热塑性塑料的性能、特点和用途如表 8-1 所示,常用热固性塑料的性能、特点和用途如表 8-2 所示。

表 8-1　常用热塑性塑料的性能、特点和用途

塑料名称	符号	性能		主要特点	用途举例
		抗拉强度/MPa	使用温度/℃		
聚乙烯	PE	3.9～38	−70～100	加工性能、耐蚀性好,具有优良的电绝缘性,热变形温度较低,力学性能较差。 低密度聚乙烯质轻、透明,吸水性小,化学稳定性较好。 高密度聚乙烯具有良好的耐热、耐磨和化学稳定性,表面硬度高,尺寸稳定性好	低密度聚乙烯一般用于制作耐腐蚀材料,如小载荷齿轮、轴承材料,还用于制作工业薄膜、农用薄膜、包装薄膜、中空容器及电线电缆包皮等。 高密度聚乙烯适用于制作中空制品、电气及通用机械零部件等,如机器罩盖、手柄、手轮、坚固件、衬套、密封圈、轴承、小载荷齿轮、耐腐蚀容器涂层、管道及包装薄膜等
聚丙烯	PP	40～49	−35～120	无毒、无味、无臭、半透明蜡状固体,密度小,几乎不吸水,具有优良的化学稳定性和高频绝缘性,但低温脆性大,不耐磨,易老化	化工管道、容器、医疗器械、家用电器部件及汽车工业、中等负荷的轴承元件、密封等制件,如套盒、风扇罩、车门、方向盘等,还可用于电器、防腐、包装材料

塑料名称	符号	性能		主要特点	用途举例
		抗拉强度 /MPa	使用温度 /℃		
聚苯乙烯	PS	50～80	-30～75	无毒、无味、无臭、无色的透明状固体,具有良好的化学稳定性和介电性能、优良的电绝缘性,着色性好,易于成型,但脆性大,耐热性低,耐油和耐磨性差	用于日用品、装潢、包装及工业制品,还可用于制作各类外壳、汽车灯罩、玩具及电信零件等
丙烯腈-丁二烯-苯乙烯	ABS	21～63	-40～90	具有较好的抗冲击性和尺寸稳定性,良好的耐寒、耐热、耐油及化学稳定性;成型性好,可用注射、挤出等方法成型	用于汽车、机器制造、电器工业等方面制作齿轮、轴承、泵叶轮、把手、电机外壳、仪表壳等;经表面处理可作为金属代用品,如铭牌、装饰品等
聚四氟乙烯,俗称"塑料王"(F-4)	PTFE	21～63	-180～260	使用温度范围广,化学稳定性好,电绝缘性、润滑性、耐候性好;摩擦系数和吸水性小;但强度低,尺寸稳定性差	用于制作耐腐蚀件,减摩、耐磨件,密封件,绝缘件及化工用反应器、管道等,在机械工业中常用于无油润滑材料,如轴承、活塞环等
聚酰胺(尼龙)	PA	47～120	<100	具有较高的强度和韧性,耐磨、耐水、耐疲劳,减摩性好,并有自润滑性、抗霉菌、无毒等综合性能;但吸水性大,尺寸稳定性差,耐热性不高	常用的有尼龙6、尼龙66、尼龙610、尼龙1010等,主要用于制作一般机械零件,减摩、耐磨件及传动件,如轴承、齿轮、螺栓、导轨贴合面等,还可用于制作高压耐油密封圈,喷涂金属表面,作为防腐耐磨涂层,多采用注射、挤出、浇注等方法成型,并可用车、钻、胶接等方法进行二次加工成型
聚氯乙烯	PVC	10～50	-15～55	具有较高的机械强度、较大的刚性、良好的绝缘性、较好的耐化学腐蚀性,不燃烧,成本低,加工容易;但耐热性差,冲击强度较低,有一定的毒性。可根据加入增塑剂用量的不同分为硬质和软质两种	硬质聚氯乙烯主要用于工业管道、给排水管、建筑及家用防火材料、化工耐蚀的结构材料,如输油管、容器等。软质聚氯乙烯主要用于电线、电缆的绝缘包皮、农用薄膜、工业包装等,但因其有毒,故不适用于食品包装

塑料名称	符号	性能		主要特点	用途举例
		抗拉强度/MPa	使用温度/℃		
聚甲醛	POM	58~75	−40~100	具有较高的疲劳强度、耐磨性和自润滑性,具有很高的硬度、刚性和抗拉强度;吸水性小,尺寸稳定性、化学稳定性及电绝缘性好;但耐酸性和阻燃性比较差,密度较大	用于制作汽车、机床、化工、电气、仪表及农机等行业的各种结构零部件,如汽车零部件;制造减摩、耐磨及传动件等。同时可代替金属制作各种结构零件,如轴承、齿轮、汽车面板、弹簧衬套等
聚碳酸酯	PC	65~70	−100~130	无毒、无味、无臭、微黄的透明状固体,具有优良的透光性、较高的冲击和耐热耐寒性(可在−100~130 ℃范围内使用),具有良好的电绝缘性,尺寸稳定性好,吸水性小,阻燃性好;但摩擦系数大,高温易水解,且有应力开裂倾向	在机械工业中多用于制作耐冲击及高强度零部件,在电气工业中可用于制作电动工具外壳、收录机、电视机等元器件,广泛应用于仪表、电信、交通、航空、光学照明、医疗器械等方面,不但可代替某些金属和合金,还可代替玻璃、木材等广泛进行使用
聚砜	PSF	70~84	−100~160	具有良好的综合性能,突出的耐热性和抗氧化性,较高的强度,良好的抗蠕变性、耐辐射性、尺寸稳定性及优良的电绝缘性,但加工性能不太好	广泛用于电器、机械设备、医疗器械、交通运输等,可用于制作强度高、耐热且尺寸较准确的结构传动件,如小型精密的电子、电器和仪表零件等

表 8-2　常用热固性塑料的性能、特点和用途

塑料名称	符号	性能		主要特点	用途举例
		抗拉强度/MPa	使用温度/℃		
酚醛树脂（电木）	PF	35~62	<140	由于填料的不同,性能具有较大的差异。一般酚醛塑料具有一定的机械强度和硬度,具有高的耐热性、耐磨性、耐蚀性和良好的绝缘性、化学稳定性、尺寸稳定性和抗蠕变性良好	广泛应用于机械、汽车、航空、电器等工业部门,用来制造各种电气绝缘件(电木)、较高温度下工作的零件、耐磨及防腐蚀材料,并能代替部分有色金属(铝、铜、青铜等)制作零件,如用于制作齿轮、刹车片、滑轮,以及插座、开关壳等电器零件

塑料名称	符号	性能		主要特点	用途举例
		抗拉强度/MPa	使用温度/℃		
环氧树脂	EP	28~137	−89~155	具有较高的强度,较好的韧性、耐热性、耐蚀性、绝缘性及加工成型性好,具有优良的耐酸、碱及有机溶剂的性能,耐热、耐寒,能在苛刻的热带条件下使用,具有突出的尺寸稳定性等	主要用于制作模具、精密量具、电气及电子元件等重要零件,也用于制作化工管道和容器,汽车、船舶和飞机等的零部件,还可用于修复机械零件等。环氧树脂是很好的胶黏剂,俗称"万能胶"
氨基塑料（电玉）	UF	—	—	具有良好的绝缘性、耐磨性、耐蚀性,硬度高,着色性好,且不易燃烧	可用于制作一般机械零件、绝缘件和装饰件,如仪表外壳、电话机壳、插座、开关、玩具等制品
有机硅塑料	—	—	<250	电绝缘性良好,耐电弧,使用温度高达200~250 ℃,耐水性好,防潮性强,但力学性能和成型工艺性较差	主要用于制作电气（电子）元件和线圈的灌封与固定、耐热零件、绝缘零件、耐热绝缘漆和密封件等

8.1.2 橡胶

橡胶是一种具有高弹性的高分子材料,分子量一般在几十万以上,有的甚至达到百万。橡胶是由许多细长而柔软的分子链组成,分子间的作用力很大,其主链通常是柔性链,容易发生链的内旋转,使分子卷曲成团状,互相缠绕,不易结晶。

1. 橡胶的分类

橡胶的品种有很多,按其来源分为天然橡胶和合成橡胶两种。

1）天然橡胶

天然橡胶是橡树上流出的胶乳,经凝固、干燥、加压等工序制成生胶片,再经硫化工艺制成的弹性体,是以异戊二烯为主要成分的不饱和状态的天然高分子化合物。天然橡胶具有很好的弹性,弹性模量为3~6 MPa,具有较好的力学性能、良好的耐碱性及电绝缘性。其缺点是不耐强酸、不耐油、不耐高温。

2）合成橡胶

合成橡胶的种类繁多,按用途分为通用合成橡胶和特种合成橡胶两种。

（1）常见的通用合成橡胶有:丁苯橡胶（代号 SBR）;顺丁橡胶（代号 BR）,由丁二烯聚合而成;氯丁橡胶（代号 CR）,由氯丁二烯聚合而成,有"万能橡胶"之称;乙丙橡胶（代号 EPDM）,由乙烯和丙烯共聚而成。

（2）常见的特种合成橡胶有:丁腈橡胶（代号 NBR）,由丁二烯和丙烯腈共聚而成;硅橡胶（代号 SI）,由二甲基硅氧烷与其他有机硅单体共聚而成;氟橡胶（代号 FPM）,是一种以碳原子为主链,含有氟原子的聚合物。

2．橡胶的性能

橡胶在很宽的温度范围内($-50\sim150$ ℃)保持明显的高弹性,某些特种橡胶在-100 ℃的低温和200 ℃的高温下都保持高弹性。橡胶在外力的作用下能产生很大的变形,其弹性模量值很低,变形量一般在100 %~1000 %之间,外力去除后又很快恢复原状。除了高弹性外,橡胶还具有良好的电绝缘性、储能能力、耐磨性、隔音、密封性,以及能很好地与金属、线织物、石棉等材料黏结等性能。橡胶的这些特性都与其有大分子链的结构有关。

3．橡胶的特点和用途

对于橡胶材料,可以根据不同的使用要求提出或规定一系列的性能指标,其中最主要的是高弹性性能和力学性能。常用橡胶的性能、特点和用途如表 8-3 所示。

表 8-3　常用橡胶的性能、特点和用途

类别	名称	代号	性能				主 要 特 点	用途举例
			$\delta/$($\%$)	$\sigma_b/$MPa	回弹性	使用温度/℃		
通用橡胶	天然橡胶	NR	650～900	25～30	好	-55～100	天然橡胶是橡树的胶乳通过一定的过程生成片状生胶,再经过硫化后制成的橡胶制品。这种橡胶有较高的弹性、耐磨性和加工性,其综合力学性能优于多数合成橡胶,但耐氧、耐油、耐热性差,容易老化变质	广泛用于制造轮胎、胶带、胶管、胶鞋及各种通用橡胶制品等
	丁苯橡胶	SBR	500～800	15～21	中	-50～140	丁苯橡胶由丁二烯、苯乙烯共聚而成。丁苯橡胶与天然橡胶相比,具有良好的耐热性、耐磨性、耐油性、绝缘性和抗老化性,且价格低廉,能与 NR 以任意比例混用,在大多数情况下可代替 NR 使用。缺点是生胶强度低、黏性差、成型困难、硫化速度慢,制成的轮胎在使用中发热量大、弹性差	丁苯橡胶的种类有很多,主要有丁苯-10、丁苯-30、丁苯-50,主要用于制造轮胎、胶带、胶布、胶管、胶鞋等,是天然橡胶理想的代用品
	顺丁橡胶	BR	450～800	18～25	好	-70～100	顺丁橡胶的性能接近天然橡胶,且弹性、耐磨性和耐寒性好,但抗撕裂性及加工性能差	顺丁橡胶多与其他橡胶混合使用,用于制造轮胎、胶管、耐寒制品、减振器制品等
	氯丁橡胶	CR	800～1000	25～27	中	-35～130	氯丁橡胶由氯丁二烯聚合而成。氯丁橡胶力学性能好,且有优良的耐油性、耐热性、耐酸性、耐老化、耐燃烧等,但它的电绝缘性差,密度大,加工难度大,价格较贵	主要用于制作运输带、胶管、胶带、胶黏剂、电缆护套,以及耐蚀管道、各种垫圈和门窗嵌条等

类别	名称	代号	性能				主要特点	用途举例
			$\delta/$(%)	$\sigma_b/$MPa	回弹性	使用温度/℃		
通用橡胶	丁基橡胶	HR	650～800	17～21	中	-40～130	丁基橡胶由异丁烯和少量异戊二烯低温共聚而成。其耐热性、绝缘性、抗老化性较高,透气性极小,耐水性好,但强度低、加工性差、硫化速度慢	主要用于轮胎内胎、水坝衬里、绝缘材料、防水涂层及各种气密性要求高的橡胶制品等
	丁腈橡胶	NBR	300～800	15～30	中	-10～170	丁腈橡胶是丁二烯与丙烯腈的弹性共聚物。丁腈橡胶具有高耐油性、耐燃烧性、耐热性、耐磨性和耐老化性,且对某些有机溶剂具有很好的抗腐蚀能力,但电绝缘性和耐臭氧性差	主要用于制作耐油制品,如输油管、燃料桶、油封、耐油垫圈等
特种橡胶	聚氨酯橡胶	UR	300～800	20～35	中	-30～70	聚氨酯具有较高的强度和弹性,优异的耐磨性、耐油性,但其耐水、酸、碱性较差	主要用于制造胶轮、实心轮胎、耐磨件和特种垫圈等
	氟橡胶	FPM	100～500	20～22	中	-10～280	氟橡胶具有突出的耐腐蚀性和耐热性,能抵御酸、碱、油等多种强腐蚀介质的侵蚀,但低温性和加工性相对较差	主要用于国产飞行器的高级密封件、胶管及耐腐蚀材料等
	硅橡胶	SI	50～500	4～10	差	-100～250	硅橡胶具有独特的耐高温和低温性,电绝缘性好,抗老化性强,但强度低,耐油性差,价格高	主要用于制作耐高、低温零件,绝缘件,以及密封、保护材料等

高分子材料的主要缺点是老化。对于塑料的老化,表现为褪色、失去光泽和开裂;对于橡胶的老化,表现为变脆、龟裂、变软、发黏。老化的原因是大分子链发生了降解或交联。降解使大分子变成小分子,甚至单体,因而其强度、弹性、熔点、黏度等降低。最常见的降解是炭化,如烧焦的食物和木头。交联是分子链生成化学键,形成网状结构,从而使其性能变硬、变脆。橡胶老化的主要原因是被氧化而进一步交联。由于交联的增加,橡胶变硬。影响老化的外因有热、光、辐射、应力等物理因素(使其失去弹性),氧、臭氧、水、酸、碱等化学因素(使其变脆、变硬和发黏)。

8.2 陶瓷材料

传统意义上的"陶瓷"是指使用天然材料(长石和石英等)经烧结成型的陶器和瓷器的总称。现今意义上的陶瓷材料已有了巨大变化,许多新型陶瓷已经远远超出了硅酸盐的范畴,陶瓷材料是指各种无机非金属材料的统称。所谓现代陶瓷材料,是指使用人工合成的高纯度粉状原料(如氧化物、氮化物、碳化物、硅化物、硼化物、氟化物等)用传统陶瓷工艺方法制造的新型陶瓷。它具有高硬度、高熔点、高的抗压强度、耐磨损、耐氧化、耐蚀等优点。作为结构材料,它在许多场合是金属材料和高分子材料所不能替代的。

8.2.1 陶瓷的组织结构

普通陶瓷的结构是由晶体相、玻璃相和气相组成的,如图 8-1 所示。特种陶瓷的原料纯度高,组织比较单一。

1. 晶体相

晶体相是陶瓷的主要组成相,对陶瓷的性能、主要特点和应用起决定性作用。大多数陶瓷的晶体相常常不止一个,而是多相多晶体。所以又将多晶体相进一步分为主晶体相、次晶体相、第三晶体相等。陶瓷的物理、化学和力学性能主要是由主晶体相决定的。

陶瓷晶体相中有些化合物也会发生同素异晶转变,而且实际陶瓷结构中也存在着晶体缺陷。当陶瓷是由两种或两种以上的不同组元组成时,它们可以和金属材料一样形成固溶体、化合物及混合物。

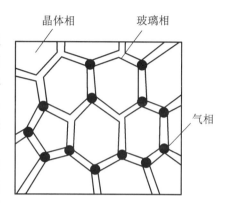

图 8-1　陶瓷的组织结构

可以通过相图确定瓷料的配方、烧结工艺等,还可以通过改变加热、冷却条件获得非平衡组织。

2. 玻璃相

玻璃相是一种非晶态低熔点固体相,是陶瓷材料中不可缺少的组成相。它将分散的晶体相粘接在一起,填充了晶体相间的空隙,提高了材料的致密度,降低了烧结温度,抑制了晶体相的晶粒长大,填充了气孔空隙,使陶瓷材料获得一定程度的玻璃特性。但玻璃相的强度比晶体相的低,熔点也低,热稳定性差,使陶瓷在高温下发生蠕变。此外,玻璃相结构疏松,空隙中常填充一些金属离子而使陶瓷的电绝缘性降低。因此,工业陶瓷中玻璃相的含量一般控制在 20%～40%之间,许多高性能的陶瓷几乎都是不含玻璃相的结晶态陶瓷。

3. 气相

陶瓷结构中存在 5%～10%体积的气孔,气相多以孤立状态分布于玻璃相中。气孔使陶瓷组织致密性下降,密度减小,能够吸收振动,但同时也产生应力集中,导致陶瓷强度降低,介电损耗增大,抗电击穿强度及电绝缘性下降。因此,除多孔陶瓷外,应力求降低气孔的大小和数量,并使气孔呈球形均匀分布。普通陶瓷的气孔率应为 5%～10%,特种陶瓷的气孔率应在 5%以下。

8.2.2 陶瓷的性能

1. 陶瓷的力学性能

(1) 硬度。陶瓷的硬度很高,绝大多数陶瓷的硬度远高于金属。

(2) 强度。陶瓷的抗拉强度低,抗弯强度较高,抗压强度很高,在 1000 ℃以上的高温下仍能保持其室温下的强度,而且高温抗蠕变能力强,是工程上常用的耐高温材料。

(3) 刚度。陶瓷的弹性模量一般都比较高,极不容易变形。有的陶瓷有很好的弹性,可以制成陶瓷弹簧。

（4）塑性、韧性。传统陶瓷在室温下几乎没有塑性，韧性低、脆性大。但有些陶瓷具有超塑性，既坚又硬，断裂前的应变可达到 300% 左右。

（5）耐磨性。陶瓷的耐磨性很好，是制造各种特殊要求的易磨损零件的好材料。如用碳化硅陶瓷制造的各种泵类的机械密封环，其寿命很长，可以用到整台机器报废为止。

2. 陶瓷的物理性能

（1）热性能。陶瓷的线膨胀系数较小，比金属小得多。多数陶瓷的导热性差、韧性低，在温度急剧变化时抵抗破坏的能力差，热稳定性差。但氮化硼、碳化硅却是良好的导热材料，同时碳化硅还具有良好的热稳定性。

（2）导电性。多数陶瓷是电绝缘体，但有些陶瓷具有一定的导电性，如压电陶瓷、超导陶瓷等。

（3）光学性能。陶瓷一般是不透明的，但目前已研制出了制造固体激光材料、光导纤维材料、光存储材料等透明陶瓷新品种。

3. 陶瓷的化学性能

陶瓷的结构非常稳定，在室温及高温下通常不会氧化，并且对酸、碱、盐等的腐蚀有很强的抵抗能力，也能抵抗熔融金属的侵蚀。

8.2.3 陶瓷的分类

按原料的不同，陶瓷可分为普通陶瓷（硅酸盐材料）和特种陶瓷（人工合成材料）；按用途的不同，陶瓷可分为工业陶瓷、日用陶瓷和功能陶瓷；按化学组成的不同，陶瓷可分为氮化物陶瓷、氧化物陶瓷、碳化物陶瓷、硼化物陶瓷、复合瓷、金属陶瓷和纤维增强陶瓷等；按性能的不同，陶瓷可分为高强度陶瓷、高温陶瓷、耐磨陶瓷、耐酸陶瓷、压电陶瓷、光学陶瓷、半导体陶瓷、磁性陶瓷、生物陶瓷等。

各种陶瓷的性能特点及用途如表 8-4 所示。

表 8-4　各种陶瓷的性能特点及用途

类别	陶瓷名称	性能特点	用途
普通陶瓷	—	质地坚硬，不氧化生锈，耐腐蚀，不导电，能耐一定高温，加工成型性好，成本低，但因玻璃相数量较多，故强度低，耐高温性能不及其他陶瓷	除了作为日用陶瓷之外，工业上主要用于绝缘的电瓷和对耐酸、碱要求较高的化学瓷以及承载要求较低的结构零件用瓷，如铺设地面和输水管道、耐蚀容器、隔电绝缘器件和耐磨的导纱零件等
特种陶瓷	氧化铝（Al_2O_3）陶瓷	熔点高、硬度高、强度高，具有良好的抗化学腐蚀能力和介电性能，但脆性大，抗冲击性能和抗热振性差，不能随环境温度剧烈变化	用于制作耐磨、抗蚀、绝缘和耐高温材料，如高速切削刀具，喷砂用的喷嘴，化工用泵零件，高温炉零件（高温炉的炉管、炉衬），盛装熔融的铁、镍等的坩埚和测温热电偶的绝缘套管
	氧化锆（ZrO_2）陶瓷	具有优异的室温力学性能、较高的韧性（所有陶瓷材料中最高的），抗弯强度高，具有高硬度、耐磨和耐化学腐蚀性，主要缺点是在 1000 ℃以上高温蠕变速率高，力学性能显著降低	用于制作陶瓷切削刀具、陶瓷磨料球、密封圈，以及高温、耐腐蚀、轻载、中低速轴承等

类别	陶瓷名称	性能特点	用途
特种陶瓷	碳化硅（SiC）陶瓷	具有熔点高、硬度高、抗氧化性强、耐磨性好、热稳定性好、高温强度大、热膨胀系数小、热导率大，以及抗热振和耐化学腐蚀等优良特性	用于制作各类轴承、滚珠、喷嘴、密封件、切削工具、燃气涡轮机叶片、涡轮增压器转子、反射屏和火箭燃烧室内衬等
	氧氮化硅铝（或硅铝氧氮）陶瓷（赛伦）	耐高温，强度高、硬度高，耐磨损、抗腐蚀等	作为新型刀具材料，被广泛用于制作钻头、丝锥和滚刀，用于加工铸铁、淬火钢、镍基高温合金和钛合金等；各种机械上的耐磨部件，如轴承，其工作温度可达 1200 ℃；发动机部件，如汽车内燃机挺杆；可制成透明陶瓷，用作大功率高压钠灯的灯管；可用于人体硬组织的修复
	氮化硅（Si₃N₄）陶瓷	硬度很高，极耐高温，耐冷热急变的能力也很好，化学性能稳定，电绝缘性能优异，耐磨性好，热膨胀系数小，本身具有润滑性，抗振性好，有优越的抗高温蠕变性，在 1200 ℃下工作时，强度仍不降低	用于制作耐磨、耐腐蚀、耐高温、绝缘的零件，高温耐腐蚀轴承，高温燃气轮机的叶片，高温坩埚，雷达天线罩及金属切削刀具等
	氮化硼（BN）陶瓷	六方氮化硼陶瓷具有良好的耐热性，导热系数与不锈钢相当，热稳定性好，在 2000 ℃时仍是绝缘体，硬度低，有自润滑性。 立方氮化硼陶瓷的硬度仅次于金刚石，但耐热性和化学稳定性均大大高于金刚石，能耐 1300～1500 ℃的高温	六方氮化硼陶瓷：常用于制作高温耐腐蚀轴承、高温热电偶套管、半导体散热绝缘零件、玻璃制品成型模具。 立方氮化硼陶瓷：适用于制造精密磨轮和切削难加工的金属材料的刀具

8.3 复合材料

复合材料是由两种或两种以上物理和化学性质不同的物质，通过一定的工艺方法人工合成的多相固体材料。它既保留了原组分材料的特性，又具有原单一组分材料所无法获得的优异特性。

复合材料由基体和增强材料组成。基体是构成复合材料连续相的单一材料，如玻璃钢中的树脂，起黏结、保护的作用；增强材料是复合材料中不构成连续相的材料，如玻璃钢中的玻璃纤维，它是复合材料的主要承力组分，特别是拉伸强度、弯曲强度和冲击韧性等力学性能主要由增强材料承担，起到均衡应力和传递应力、提高强度及韧性的作用，使增强材料的性能得到充分发挥。

8.3.1 复合材料的命名

复合材料可根据增强材料与基体材料的名称来命名。复合材料的命名一般有以下三种情况。

（1）以基体材料的名称为主命名，如树脂基复合材料、金属基复合材料、陶瓷基复合材料等。

（2）以增强材料的名称为主命名，如碳纤维增强复合材料、玻璃纤维增强复合材料等。

（3）将增强材料的名称放在前面，基体材料的名称放在后面，后面缀以复合材料。如由玻璃纤维和环氧树脂构成的复合材料称为玻璃纤维环氧树脂复合材料。为了书写方便，也可仅写增强材料和基体材料的缩写名称，中间加一半字线或斜线隔开，后面再加复合材料。如玻璃-环氧复合材料，也可写成玻璃/环氧复合材料。

8.3.2 复合材料的分类

复合材料的分类如图 8-2 所示。

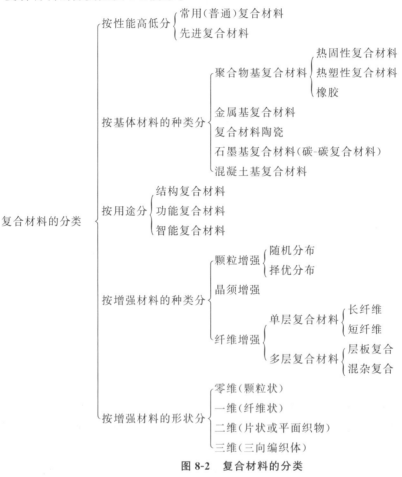

图 8-2 复合材料的分类

8.3.3 复合材料的性能特点

1. 比强度和比模量高

在复合材料中，由于作为增强相的材料多数是强度很高的纤维，且组成材料密度较小，所以复合材料的比强度、比模量比其他材料的高得多。比强度越高,相同强度的零件的自重越小;比模量越高,相同质量的零件的刚度越大。这对宇航、交通运输工具在保证性能的前提下要求减轻自重具有重大的实际意义。

2. 疲劳强度高

碳纤维增强复合材料的疲劳极限相当于其抗拉强度的70%~80%,而多数金属材料的疲劳强度只有其抗拉强度的40%~50%。这是因为当基体薄弱处产生裂纹并扩展到接合面时,纤维与基体间的界面能够阻止裂纹的扩展,因此复合材料有较高的疲劳强度。

3. 减振性好

当结构所受的外载荷频率与结构的自振频率相同时,将产生共振,造成事故。而结构的自振频率不仅与结构本身的形状有关,而且还与材料比模量的平方根成正比。因纤维增强复合材料的自振频率高,故可避免共振。此外,纤维与基体的界面具有吸振能力,因此具有很高的阻尼作用。

4. 高温性能好,抗蠕变能力强

碳纤维增强复合材料的耐热性与树脂基复合材料相比有明显提高,而金属基复合材料在耐热性方面更显示出其优越性。如碳化硅纤维、氧化铝纤维与陶瓷复合,在空气中能耐1200~1400 ℃的高温,要比所有超高温合金的耐热性高出100 ℃以上。

除了上述特性之外,复合材料还有较高的断裂安全性,良好的耐烧蚀性和耐磨性,特殊的光、电、磁性等。它的缺点是:断裂伸长率较小,抗冲击性较差,横向强度较低,成本较高。

8.3.4 常用的复合材料

复合材料的基体可以是聚合物(树脂)、金属材料和无机非金属材料,增强材料可以是各类纤维、晶须和颗粒。下面主要介绍几种已经得到广泛应用的各类典型复合材料。

1. 聚合物基复合材料

1)玻璃钢

(1)热固性玻璃钢(GFRP):指以玻璃纤维(包括长纤维、布、带、毡等)作为增强材料,热固性塑料(包括环氧树脂、酚醛树脂和不饱和聚酯树脂等)作为基体的纤维增强塑料。热固性玻璃钢根据基体种类的不同,可分为玻璃纤维增强环氧树脂、玻璃纤维增强酚醛树脂、玻璃纤维增强聚酯树脂三类。

GFRP突出的特点是比重小、比强度高。它的比重为1.6~2.0,比最轻的金属铝还要轻,而比强度比高级合金钢的还高,因此称其为玻璃钢。

GFRP还具有良好的耐腐蚀性,在酸、碱、有机溶剂、海水等介质中均很稳定;GFRP还具有保温、隔热、隔音、减振等性能;另外,GFRP不受电磁的影响,它不反射无线电波,微波透射性好,可用来制造扫雷艇和雷达罩。

GFRP的最大缺点是刚性差,它的弯曲弹性模量仅为$0.2×10^3$ GPa(是结构钢的1/10~1/5);其次是耐热性低于250 ℃,导热性差,易老化等。

常用热固性玻璃钢的性能指标、特点和用途如表8-5所示。

表 8-5　常用热固性玻璃钢的性能指标、特点和用途

材料类型 性能特点	环氧树脂 玻璃钢	聚酯树脂 玻璃钢	酚醛树脂 玻璃钢	有机硅树脂 玻璃钢
密度/ ($\times 10^3$ kg·m^{-3})	1.73	1.75	1.80	—
抗拉强度/MPa	341	290	100	210
抗压强度/MPa	311	93	—	61
抗弯强度/MPa	520	237	110	140
特点	耐热性较好,可在150～200 ℃下长期工作,耐瞬时超高温,价格低,工艺性较差,收缩率大,吸水性大,固化后较脆	强度高,收缩率小,工艺性好,成本高,某些固化剂有毒性	工艺性好,适用于各种成型方法,可用于制作大型构件,可机械化生产,耐热性差,强度较低,收缩率大,成型时有异味、有毒	耐热性较好,可在200～250 ℃下长期使用,吸水性低,耐电弧性好,防潮,绝缘,强度低
用途	主承力构件、耐蚀件,如飞机、宇航器等	一般要求的构件,如汽车、船舶、化工件	飞机内部装饰件、电工材料	印刷电路板、隔热板等

（2）热塑性玻璃钢(FR-TP)：指以玻璃纤维(包括长纤维或短纤维)作为增强材料,热塑性塑料(包括聚酰胺、聚丙烯、低压聚乙烯、ABS树脂、聚甲醛、聚碳酸酯、聚苯醚等工程塑料)作为基体的纤维增强塑料。

热塑性玻璃钢除了具有纤维增强塑料的共同特点外,其更加突出的优点是比重更轻,一般在1.1～1.6之间,为钢材的1/6～1/5;比强度高,抗蠕变能力大大提高。表8-6列出了常用热塑性玻璃钢的性能和用途。

表 8-6　常用热塑性玻璃钢的性能和用途

材料	密度 ($\times 10^3$ kg·m^{-3})	抗拉强度 /MPa	弯曲模量 /($\times 10^2$ MPa)	特性及用途
尼龙66玻璃钢	1.37	182	91	刚度大、强度高、减摩性好,用于制作轴承、轴承架、齿轮等精密件、电工件、汽车仪表、前后灯等
ABS玻璃钢	1.28	101	77	用于制作化工装置、管道、容器等
聚苯乙烯玻璃钢	1.28	95	91	用于制作汽车内装饰、收音机机壳、空调叶片等
聚碳酸酯玻璃钢	1.43	130	84	用于制作耐磨、绝缘仪表等

热固性玻璃钢的用途很广泛,主要用于制造要求自重轻的受力构件和要求无磁性、绝缘、耐腐蚀的零件。如在航天工业中用于制造雷达罩、飞机螺旋桨、直升机机身、发动机叶轮、火箭导弹发动机壳体和燃料箱等;在船舶工业中用于制造轻型船、艇及船艇的各种配件,因玻璃钢的比强度大,故可用于制造深水潜水艇外壳,因玻璃钢无磁性,用其制造的扫雷艇可避免水雷的袭击;在车辆工业中用于制造汽车、机车、拖拉机车身、发动机机罩、仪表盘等;在电机电器工业中用于制造重型发电机护环、大型变压器线圈筒,以及各种绝缘零件、各种电器外壳等;在石油化工工业中替代不锈钢制作耐酸、耐碱、耐油的容器、管道等。玻璃纤维增强尼龙可代替有色金属制造轴承、齿轮等精密零件;玻璃纤维增强聚丙烯塑料制作的小口径化工管道,每年都有数万米投入使用,还可用此材料制造隔膜阀、球阀、截止阀等。

2) 碳纤维增强聚合物基复合材料(CFRP)

在要求高模量的结构中,往往采用高模量的纤维,如碳纤维、硼纤维或 SiC 纤维等增强。其中应用最广泛的是碳纤维增强聚合物基复合材料(CFRP)。CFRP 是一种强度、刚度、耐热性均很好的复合材料。碳纤维比玻璃纤维具有更高的强度,其拉伸强度可达 $6.9\times10^5 \sim 2.8\times10^6$ MPa,弹性模量比玻璃纤维的高几倍以上,可达 $2.8\times10^4 \sim 4\times10^5$ MPa;有很好的高、低温性能,在 2000 ℃ 以上的高温时,其强度和弹性模量基本不变,在 -180 ℃ 以下时其脆性也不增高。CFRP 还具有优良的抗疲劳性能、减摩耐磨性、抗冲击强度、耐蚀性和耐热性。

因 CFRP 具有低密度、高比强度和比模量,因此其在航空航天工业中得到广泛的应用,如航天飞机有效载荷门、副翼、垂直尾翼、主起落架门、内部压力容器等,使航天飞机减重达 2 t 之多;在军用飞机中主要用于制造主翼外壳、后翼、水平和垂直尾翼、直升机主螺旋翼和机身等;在民用飞机中主要用于制造阻流板、方向舵、升降舵、内外副翼等。随着对碳纤维研究的深入,碳纤维在其他领域也得到了应用,如体育用品中的网球拍、高尔夫球杆、钓鱼竿、F-1 方程式赛车车身等。同样,为了减轻车体重量、降低油耗、提高车速,汽车的部分部件也开始采用 CFRP。

2. 陶瓷基复合材料(CMC)

陶瓷材料具有高强度、高模量、高硬度,以及耐高温、耐腐蚀等许多优良的性能,但其脆性、抗热振性能差,对裂纹、空隙很敏感,这些缺点限制了其在工程领域作为结构材料的使用。因此在实际使用中,往往采用纤维、晶须、颗粒等补强增韧的第二相材料,提高陶瓷材料的韧性,保证其使用的可靠性。

1) 纤维补强增韧陶瓷基复合材料

与单相陶瓷相比,陶瓷基复合材料的抗拉强度低,但在抗拉强度条件下的应变值要比单相陶瓷的大,故陶瓷基复合材料的韧性提高了。对于纤维与陶瓷基体构成的复合材料,必须要考虑两者之间的相容性,其中化学相容性要求纤维与基体之间不发生化学反应,物理相容性是指纤维与基体在热膨胀系数和弹性模量上要匹配。一般要求 $\alpha_f > \alpha_m$,$E_f > E_m$(α、E 分别表示热膨胀系数和弹性模量,下标 f、m 分别表示纤维和基体)。

(1) 碳纤维补强增韧石英玻璃(C_f/SiO_2)。这种复合材料在强度和韧性方面与石英玻璃相比有了很大的提高,特别是抗弯强度提高了 10 倍以上。碳纤维补强增韧石英玻璃复合材料的性能如表 8-7 所示。

表 8-7　碳纤维补强增韧石英玻璃复合材料的性能

材　　料	碳纤维/石英玻璃	石英玻璃
体积密度/(g·cm^{-3})	2.0	2.16
纤维含量(体积分数)/(%)	30	—
抗弯强度(室温)/MPa	600	51.5
冲击韧度/(kJ·m^{-2})	40.9	1.02

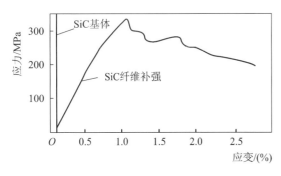

图 8-3　SiC$_f$/SiC 的应力-应变曲线

（2）碳化硅纤维补强增韧碳化硅复合材料（SiC$_f$/SiC）。碳化硅具有良好的高温强度和优良的耐磨性、抗氧化性、耐蚀性，但是有很大的脆性，只有在 2000 ℃的高温下加入硼、碳等添加剂才能烧结。采用碳化硅纤维可以改善韧性、减小脆性，但在 2000 ℃的高温下碳化硅的性能会变得很差。工程上一般采用化学浸入法，可以使复合材料的制作温度降至 800 ℃左右，用这种方法制作的碳化硅纤维补强增韧碳化硅复合材料的应力-应变曲线如图 8-3 所示。

2）晶须补强增韧陶瓷基复合材料

在晶须补强增韧陶瓷基复合材料中，晶须必须有高的弹性模量，应均匀分布于基体中，并与基体结合的界面良好，基体的伸长率应大于晶须的伸长率，从而保证外载荷主要由晶须承担。该种复合材料韧性的提高，主要是基体中裂纹尖端遇到晶须后发生扭曲偏转，由直线扭曲成三维曲线，从而提高韧性。

（1）碳化硅晶须补强增韧氮化硅复合材料（SiC$_w$/Si$_3$N$_4$）。这种复合材料是在 1750 ℃条件下热压烧结而成，主要力学性能如表 8-8 所示。表中 Si6、Si10 分别表示以 Si 粉为起始料，添加 6%、10%的烧结添加物；SN6 表示以 Si$_3$N$_4$ 为起始料，添加 6%的烧结添加物。

表 8-8　SiC$_w$/Si$_3$N$_4$ 复合材料的力学性能

材　　料	抗弯强度/MPa	断裂韧度/(MPa·m$^{1/2}$)
Si10(HPRBSN)[1]	660±33	5.6±0.3
Si10+10%[2] SiC$_w$	620±50	7.8±0.3
Si6(HPRBSN)	580±21	3.4±0.2
Si6+10%[2] SiC$_w$	640±57	5.1±0.2
Si6+20%[2] SiC$_w$	360±74	4.0±0.4
SN6(HPSN)[2]	800±27	7.0±0.2
SN6+10%[3] SiC$_w$	800±42	7.7±0.3

注：① HPRBSN 为热压反应烧结氮化硅；

　　② HPSN 为热压氮化硅；

　　③ 皆为体积分数。

（2）碳化硅晶须补强增韧莫来石陶瓷复合材料（SiC$_w$/Mullite）。莫来石陶瓷具有很小的热膨胀系数、低的导热率和良好的抗高温蠕变性，但它的室温抗弯强度和韧性较差。碳化硅晶须与莫来石基体的热膨胀系数相近，弹性模量较高，用它们制成的复合材料的抗弯强度和断裂韧度与晶须含量的关系如图 8-4 所示。由图可见，该复合材料的强度随晶须含量的增加而提高，当体积分数为 20％时强度最大，比莫来石陶瓷的强度高 80％，随后强度逐渐降低。SiC$_w$/Mullite 复合材料的断裂韧度 K_{IC} 随晶须含量的变化与强度的变化相似，在体积分数为 30％时 K_{IC} 最大，比莫来石陶瓷的断裂韧度增大了 50％。因此，由于晶须的加入，使得莫来石陶瓷的强度和韧性大大提高。

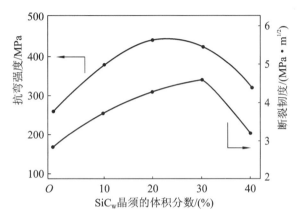

图 8-4　SiC$_w$/Mullite 复合材料的抗弯强度和断裂韧度与 SiC$_w$ 含量的关系

陶瓷基复合材料因具有高的高温强度、高模量、低密度，故在航空航天领域得到了广泛的应用，如制造发动机的各种高温结构件叶片、燃烧室等和导弹的鼻锥、火箭喷管。C/C 复合材料表面涂覆 SiC 层作为耐烧蚀材料，已用在美国的航天飞机上；C/SiC 复合材料已作为太空飞机的主要可选材料。

陶瓷基复合材料具有高硬度、耐腐蚀性和耐磨性，已广泛用于制作现代高速数控机床中的高速及加工高硬度材料的切削刀具。陶瓷基复合材料还可制成耐磨耐蚀件，如拔丝模具、耐蚀密封阀、化工泵等。

3. 铝基复合材料

聚合物基复合材料耐热性差，限制了其在高温下的使用。用金属基体代替树脂基体，再用各种纤维、晶须、颗粒去增强，开发出了各种耐高温、高比强度和比模量的金属基复合材料（MMC）。

MMC 的金属基体大多属于密度小的轻金属，如铝、镁、钛等，只有作为发动机叶片材料时才考虑密度较大的镍基和钴基高温合金等。除了高比强度和比模量外，MMC 还具有高韧性，良好的耐热冲击性、导电和导热性，并可与金属材料一样进行热处理和其他加工来进一步提高其性能。

铝基复合材料是当前使用最广泛、应用最早、品种和规格最多的一种金属基复合材料。早在 20 世纪 60 年代末，美国国家航空航天局就把硼纤维增强铝作为结构材料用于制作航天飞机主舱体的龙骨桁架和支柱，这样既增大了强度和模量，又降低了结构重量。随着碳纤维、碳化硅纤维等增强材料的开发，MMC 的成本降低。铝基复合材料已用于制作空间站结构材料，如主结构支架等；飞机结构件，如发动机风扇叶片、尾翼等。

晶须、颗粒增强材料在 MMC 中的应用，扩大了铝基复合材料在民用领域的应用，如汽车发动机的汽缸套、活塞环、连杆,以及制动器的刹车盘、刹车衬片等。铝基复合材料还用在了体育用品方面,如自行车车架、棒球击球杆等。

4. 碳/碳复合材料(C/C)

碳/碳复合材料是由碳纤维及其制品(碳毡、碳布等)增强的碳基复合材料。一般 C/C 是以碳纤维及其制品作为预制体,通过化学气相沉积法或液态树脂、沥青浸渍碳化法获得 C/C 的基体碳来制备的。其组成元素为单一的碳,因此具有碳和石墨材料所特有的优点,如低密度、优异的耐烧蚀性、抗热振性、高导热性和低膨胀系数等,同时还具有复合材料的高强度、高弹性模量等特点。

目前,碳/碳复合材料主要应用于航空航天、军事和生物医学领域,如导弹弹头、固体火箭发动机喷管、飞机刹车盘、赛车和摩托车刹车系统、航空发动机燃烧室、导向器、密封片、挡声板、人体骨骼替代材料及代替不锈钢作为人工关节等。随着这种材料成本的不断降低,其应用领域也逐渐向民用工业领域转变,如用于制造超塑性成型工艺中的热锻压模具,用于制造粉末冶金中的热压模具,在蜗轮气压机中可用于制造蜗轮叶片和涡轮盘的热密封件等。

思考与练习题

1. 高分子化合物的结构可分为哪几种类型? 各有何特点?

2. 简述常用工程塑料的种类、性能及其应用。

3. 试比较热塑性塑料和热固性塑料在结构、性质及成型工艺上的不同。

4. 根据下列工件的用途,为其选用合适的塑料材料:齿轮、化工管道、电源插座、飞机窗玻璃。

    A. 酚醛塑料   B. 尼龙   C. 聚氯乙烯   D. 聚甲基丙烯酸甲酯

5. 陶瓷为何是脆性的? 提高陶瓷强度的途径有哪些?

6. 普通陶瓷的组织由哪几个相组成? 它们对陶瓷的性能有什么影响?

7. 何为复合材料? 复合材料的种类有哪些?

8. 比较高分子材料、复合材料、陶瓷材料的性能特点及用途。

9. 试述复合材料的性能特点。

10. 试述树脂基、铝基、陶瓷基三种基体的纤维增强复合材料的性能及用途。

第9章 新型材料

9.1 形状记忆合金

形状记忆是指具有初始形状的制品变形后,通过热、电、光等物理刺激或者化学刺激处理又可以恢复初始形状的功能。具有形状记忆功能的材料称为形状记忆材料(shape memory materials,简称 SMM)。形状记忆合金是目前形状记忆材料中形状记忆性能最好的材料,目前已开发成功的形状记忆合金有 Ti-Ni 基形状记忆合金、铜基形状记忆合金、铁基形状记忆合金等。

9.1.1 形状记忆效应原理

冷却时高温母相转变为马氏体的开始温度 M_s 与加热时马氏体转变为母相的起始温度 A_s 之间的温度差称为热滞后。普通马氏体相变的热滞后大,在 M_s 以下马氏体瞬间形核和长大,随着温度的降低,马氏体数量的增加是靠新核形成和长大实现的;而形状记忆合金中的马氏体相变的热滞后非常小,在 M_s 以下升、降温时,马氏体数量的减少或增加是通过马氏体片缩小或长大来完成的,母相与马氏体相界面可逆向光滑移动。这种热滞后小、冷却时界面容易移动的马氏体相变称为热弹性马氏体相变。

如图 9-1 所示,当形状记忆合金从高温母相状态(见图 9-1(a))冷却到低于 M_s 点的温度后,将发生马氏体相变(见图 9-1(b)),这种马氏体与钢中的淬火马氏体不一样,通常它比母相还软,为热弹性马氏体。这种马氏体在马氏体范围内变形成为变形马氏体(见图 9-1(c)),在此过程中,马氏体发生择优取向,处于有利取向的马氏体长大,而处于不利取向的马氏体被有利取向的马氏体吞并,最后成为单一有利取向的有序马氏体。形状记忆效应产生的主要原因是相变。大部分形状记忆合金相变是热弹性马氏体相变。一般称高温相为母相,低温相为马氏体相。

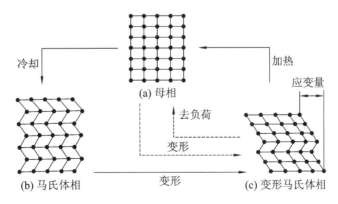

图 9-1 形状记忆合金和超弹性变化的机理示意图

将母相冷却变成马氏体,然后经塑性变形改变形状,再重新加热到 A_s 以上,使其发生逆转变。当马氏体完全消失时,样品完全恢复母相形状,这种记忆效应称为单向形状记忆效应

（见图 9-2(a)），一般无特殊说明时都指的是这种效应，英文缩写为 SME。有些合金不但对母相有记忆效应，而且从母相再次冷却成马氏体时，它还恢复成原马氏体的形状，这种现象为可逆形状记忆效应或双向形状记忆效应（见图 9-2(b)）。第三种形状记忆效应是在 Ti-Ni 合金系中发现的。这种 Ti-Ni 合金在冷热循环过程中，其形状可恢复到与母相刚好完全相反的形状，这种现象为全方位形状记忆效应（见图 9-2(c)）。

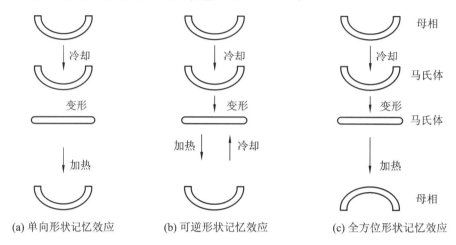

(a) 单向形状记忆效应　　(b) 可逆形状记忆效应　　(c) 全方位形状记忆效应

图 9-2　形状记忆效应分类示意图（没按比例）

形状记忆合金应具备以下三个条件：①马氏体相变是热弹性类型的；②马氏体相变通过孪生（切变）完成，而不是通过滑移产生；③母相和马氏体相均属于有序结构。

如果直接对母相施加应力，也可由母相（见图 9-2(a)）直接形成变形马氏体（见图 9-2(c)），这一过程称为应力诱发马氏体相变。应力去除后，变形马氏体又变回该温度下的稳定母相，恢复成母相原来形状，应变消失，这种现象称为超弹性或伪弹性。超弹性发生于滑移变形临界应力较高时。此时在 A_s 温度以上，外应力只要高于诱发马氏体相变的临界应力，就可以产生应力诱发马氏体，去除外应力，马氏体立即转变为母相，变形消失。超弹性合金的弹性变形量可达百分之几到 20%，且应力与应变是非线性的。

9.1.2　形状记忆合金及应用

迄今为止，已开发成功的形状记忆合金有十多个系列，五十多个品种，包括 Au-Cd、Ag-Cd、Cu-Zn、Cu-Zn-Al、Cu-Zn-Sn、Cu-Zn-Si、Cu-Sn、Cu-Zn-Ga、In-Ti、Au-Cu-Zn、Ni-Al、Fe-Pt、Ti-Ni、Ti-Ni-Pd、Ti-Pb、U-Nb 和 Fe-Mn-Si 等。已实用化的形状记忆合金只有 Ti-Ni 合金和 Cu-Al 合金，其中 Ti-Ni 合金由于有较好的加工性、耐蚀性及优良的生物适应性，故应用更普遍。根据现有资料，将各种形状记忆合金汇总于表 9-1 中。

表 9-1　具有形状记忆效应的合金

合金	组成/(%)	相交性质	M_s/℃	热滞后/℃	体积变化/(%)	有序无序	记忆功能
Ag-Cd	44～49Cd(原子)	热弹性	−190～−50	约 15	−0.16	有	S
Au-Cd	46.5～50Cd(原子)	热弹性	−30～100	约 15	−0.41	有	S
Cu-Zn	38.5～41.5Zn(原子)	热弹性	−180～−10	约 10	−0.5	有	S

合金	组成/(%)	相交性质	M_s/℃	热滞后/℃	体积变化/(%)	有序无序	记忆功能
Cu-Zn-X	X=Si、Sn、Al、Ga(质量)	热弹性	−180～100	约 10	—	有	S,T
Cu-Al-Ni	14～14.5Al・3～4.5Ni(质量)	热弹性	−140～100	约 35	−0.3	有	S,T
Cu-Sn	15Sn(原子)	热弹性	−120～−30			有	S
Cu-Au-Sn	23～28Au・45～47Sn(原子)	热弹性	−190～−50	约 6	−0.15	有	S
Fe-Ni-Co-Ti	33Ni-10Co-4Ti(质量)	热弹性	约−140	约 20	0.4～2.0	部分有	S
Fe-Pd	30Pd(原子)	热弹性	约−100			无	S
Fe-Pt	25Pt(原子)	热弹性	约−130	约 3	0.5～0.8	有	S
In-Ti	18～23Ti(原子)	热弹性	60～100	约 4	−0.2	无	S,T
Mn-Cu	5～35Cu(原子)	热弹性	−250～185	约 25	—	无	S
Ni-Al	36～38Al(原子)	热弹性	−180～100	约 10	−0.42	有	S
Ti-Ni	49～51Ni(原子)	热弹性	−50～100	约 30	−0.34	有	S,T,A

注:S为单向形状记忆效应,T为双向形状记忆效应,A为全方位形状记忆效应。

形状记忆合金由于具有奇特功能,因而广泛应用于航空航天、机械电子、生物医疗、桥梁建筑、汽车工业及日常生活等多个领域。形状记忆合金在工程上的应用最早的就是做各种结构件,如紧固件、连接件、密封垫圈等。另外,形状记忆合金也可以用于制作一些控制元件,如一些与温度有关的传感及自动控制。

1. 工程上的应用

(1)做紧固件、连接件。制作连接件是形状记忆合金用量最大的一项用途。其原理是预先将形状记忆合金管接头内径做得比待接管外径小 4%,在 M_s 以下马氏体非常软,可将接头扩张插入管中,当连接管渐渐升温到高于 M_s 的使用温度时,它将收缩到其记忆的形状,接头内径将复原,从而将管子牢牢地连接起来。美国 Raychern 公司用 Ti-Ni 形状记忆合金做 F-14 战斗机管接头已超过 30 万个,至今无一例失败。形状记忆合金作为铆钉,可用于各类连接装置的接合,也有望用于原子能工业中依靠远距离操作进行的组装工作。用形状记忆合金做铆钉,其铆接过程如图 9-3 所示。

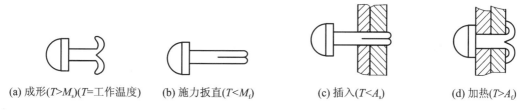

(a) 成形($T>M_s$)(T=工作温度)   (b) 施力扳直($T<M_f$)   (c) 插入($T<A_s$)   (d) 加热($T>A_f$)

图 9-3 形状记忆铆钉的铆接过程示意图

形状记忆合金还可以作为低温配合连接,应用在飞机的液压系统以及体积较小的石油、石化、电工业产品中。

另一种制作连接件的形状记忆合金是焊接的网状金属丝,用于制造导体的金属丝编织层的安全接头。这种连接件已经用于密封装置、电气连接装置、电子工程机械装置,并能在

－65～300 ℃下可靠地工作。

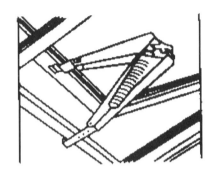

**图 9-4　用 Cu 及形状记忆合金簧
制作的天窗开闭装置**

（2）做驱动器。利用形状记忆合金弹簧可以制作热敏驱动元件，用于自动控制。图 9-4 所示为美国和日本生产的育苗室、温室等天窗自动控制器。它是一种典型的由单程形状记忆合金簧和偏置压缩弹簧构成的驱动器。用 Cu-Zn-Al 合金制成螺旋簧，当室温高于 18 ℃时，形状记忆合金簧就压迫偏置压缩弹簧，驱动天窗开始打开，温度达到 25℃时天窗全部打开通风；当温度低于 18 ℃时，偏置压缩弹簧压缩形状记忆合金簧，驱动天窗全部关闭。这种形状记忆元件的特点是它同时具有温度传感器和驱动器两种功能。将形状记忆合金制作成一个可打开和关闭快门的弹簧，用于保护汽车上的雾灯免于被飞行碎片击坏；用于制造精密仪器或精密车床，一旦由于振动、碰撞等原因变形，只需加热即可排除故障。具有类似功能的器件还有空调器阀门、取暖温度调节器、恒温器、电水壶及电饭锅等。

（3）做能量转换器。利用形状记忆合金的双向记忆功能可制造机器人部件，还可制造热机，实现热能与机械能的转换。利用形状记忆效应制作热力发动机是能量转换器最典型的实例，其原理如图 9-5 所示。当温度在 T_{M_f} 点以下时，长为 L_0 的形状记忆合金簧，由于载荷 F_1 的作用而收缩为 L_1，再施加更重的载荷 F_2 并加热到 T_{A_f} 点以上，形状记忆合金簧产生逆转变而恢复到原来的长度 L_0。回程的距离为 L_0-L_1，这样一个循环做功为 $(F_2+F_1)(L_0-L_1)$。因此，可借助热水和冷水的温差实现循环，使形状记忆合金簧产生机械运动而做功。

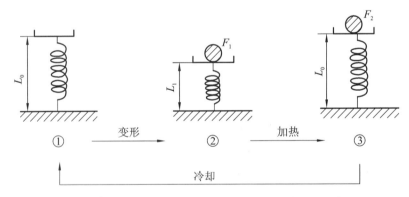

图 9-5　利用形状记忆效应制作的热力发动机的原理示意图

2. 生物医疗上的应用

形状记忆合金在医学上也有应用，以 Ni-Ti 形状记忆合金的应用最有成效。由于 Ni-Ti 形状记忆合金具有良好的生物相容性，而且在各种生理溶液或介质中有良好的耐蚀性，因此我国已将其用于制作齿形矫正用丝、脊椎侧弯矫正棒、骨折固定板、妇女避孕环等，居世界先进水平。例如，用超弹性 Ni-Ti 形状记忆合金做牙齿矫形丝，即使应变高达 10％也不会产生塑性变形，而且应力诱发马氏体相变（stress-induced martensite），使弹性模量呈非线性特性，即应变增大时矫正力波动很小。使用这种材料不仅操作简单、疗效好，也可减轻患者不适感。利用形状记忆合金还可制作人工心脏瓣膜、血管过滤网、防止血栓的静脉过滤器等。

3. 航空航天工业中的应用

形状记忆合金已应用到航空和太空装置中,如用于制造探索宇宙奥秘的月球天线(见图9-6)。人们利用形状记忆合金在高温环境下呈马氏体状态的 Ni-Ti 丝制作成天线,再在低温下把它压缩成一个小铁球,使它的体积缩小到原来的千分之一,这样很容易运上月球,最后通过太阳强烈的辐射,使它恢复成原来的形状,成为通信的天线,可按照需求向地球发回宝贵的宇宙信息。

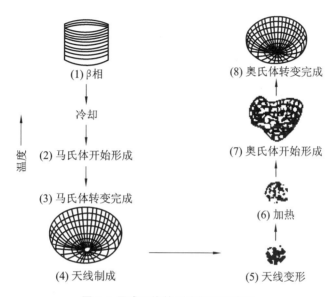

(1) β相

冷却

温度

(2) 马氏体开始形成

(3) 马氏体转变完成

(4) 天线制成

(8) 奥氏体转变完成

(7) 奥氏体开始形成

(6) 加热

(5) 天线变形

图 9-6 月球天线的工作原理示意图

另外,在卫星中使用的一种可打开容器的形状记忆释放装置,可用于保护灵敏的探测器免受装配和发射期间的污染。

4. 日常生活中的应用

在日常生活中,已开发的形状记忆合金装置可用来防止在洗涤槽、浴盆和浴室中被热水意外烫伤。如果水龙头流出的水温达到可能烫伤人的温度(大约 48 ℃)时,形状记忆合金驱动阀门关闭,直到水温降到安全温度,阀门才重新打开。此外,用超弹性 Ni-Ti 合金丝做眼镜框架,即使镜片热膨胀,该形状记忆合金丝也能靠超弹性的恒定力夹牢镜片。

9.2 非晶态金属

非晶态是指原子呈长程无序排列的状态。具有非晶态结构的合金称为非晶态合金,非晶态合金又称为金属玻璃。通常认为,非晶态仅存在于玻璃、聚合物等非金属领域,而传统的金属材料都是以晶态形式出现的。大量的实验证明,在一定的条件下,许多金属合金都能形成玻璃态。

早在 20 世纪 50 年代,人们就从电镀膜上了解到非晶态合金的存在。20 世纪 60 年代发现用激光法从液态中获得非晶态的 Au-Si 合金,70 年代后开始采用熔体旋辊急冷法制备非晶薄带。目前非晶态合金的应用正逐步扩大,其中非晶态软磁材料发展较快,已能成批生产。

由于金属玻璃的化学成分不同于普通玻璃,虽然二者的结构组态相似,但它们的基本性质却是完全不同的。例如与普通玻璃相反,金属玻璃是韧而不透明的。与晶态金属相比,虽然二者的化学成分相似,甚至相同,但非晶态金属由于其结构的特殊性,其性能不同于通常的晶态金属,具有一系列突出的性能。有的金属玻璃具有显著的高强度、高韧性、高耐蚀性等力学性能和化学性能,有的金属玻璃具有高电阻率、高磁导率、低介电损耗等优良的电学和磁学性能,其应用前景非常广阔。美国的金属专家卢博尔斯基曾估算过,仅美国使用的电力变压器和电动机,如将目前使用的硅钢片换成金属玻璃后,由于降低了能量损耗,能耗费用就可由每年 18 亿美元降为 8 亿美元。因此,近些年来非晶态合金的出现引起了人们极大的兴趣,非晶态合金成为金属材料的一个新领域。

非晶态合金按组成元素的不同分为以下两大类。

(1) 金属+金属型非晶态合金。这类非晶态合金主要是含锆的非晶态合金,如 Cu-Zr、Ni-Zr(或 Nb、Ta、Ti)、Fe-Zr、Pd-Zr、Ni-Co-Zr(或 Nb、Ta、Ti)、Ni(或/和 Co)-Pt 族等。

(2) 金属+类金属型非晶态合金。这类非晶态合金主要是由过渡金属与 B 或/和 P 等类金属组成的二元和三元,甚至多元的非晶态合金,如 $Fe_{72}Cr_8P_{13}C_7$、$Ni_{40}B_{43}$ 等。类金属的加入,显著增加了金属形成非晶态结构的稳定性。如少量稀土金属的加入使 Ni-P 合金的热稳定性提高。

9.2.1 非晶态金属的结构特点

1. 非晶态金属的结构

非晶态金属的主要特点是其内部原子排列短程有序而长程无序。为了区别非晶与微晶,定义非晶态金属的短程有序区应小于 (1.5 ± 0.1) nm。在非晶态金属中,金属键是其结构特征。原子的主要运动是在平衡位置附近作运动距离远小于其原子间距的热振动,它的结构无序性是在非晶态形成过程中保留下来的。在非晶态金属中,最近邻原子间距与晶体的差别很小,配位数也接近,但是在次近邻原子的关系上就可能有显著的差别。

均匀性是非晶态金属的一个显著特点。非晶态金属的均匀性包含两种含义:一是结构均匀、各向同性,它是单相无定形结构,没有晶体中的结构缺陷,如晶界、孪晶、晶格缺陷、位错、层错等;二是成分均匀性,在非晶态金属的形成过程中,无晶体那样的异相、析出物、偏析及其他成分起伏。

非晶态结构是热力学不稳定的,这是非晶态金属的又一特征。非晶态金属表面原子的无序排列导致了表面当量的原子处于一种配位未饱和状态,体系的自由能较高,因而非晶态金属总有进一步转变为稳定晶态的倾向,在热力学上是不稳定的。

2. 非晶态的结构模型

目前,非晶态的结构测定技术还不能得出原子排布情况的细节。所以根据原子间相互作用的知识和已经了解的长程无序、短程有序等结构特点,建立理想化的原子排布的具体模型。常见的非晶态模型可分为微晶模型和拓扑无序模型。

1) 微晶模型

这类模型认为非晶态材料是由晶粒非常细小的微晶组成的,如图 9-7(a)所示。这样晶粒内的短程有序与晶体的完全相同,而长程无序是各晶粒的取向杂乱分布的结果。这种短程有序、长程无序的非晶态结构模型用于 Pd-Ni-P 非晶态系相当成功。但是目前一般认为,微晶模型与实际非晶态结构存在许多不相符之处。例如,微晶模型无法解释非晶态金属的密度只比同成分的晶态小 1%～2% 的实验事实。

2）拓扑无序模型

这类模型认为非晶态金属结构的主要特征是原子排列的混乱和无规，即原子间的距离或各对原子间的夹角都没有明显的规律性，如图 9-7(b)所示。这类模型强调的是无序，把非晶态金属中实际存在的短程有序看成是无规堆积中附带产生的结果。两种具有代表性的模型是硬球无规密堆模型和连续无规网络模型。

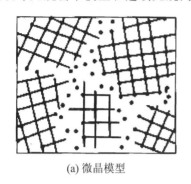

(a) 微晶模型　　　　　　　　　　　　　　　(b) 拓扑无序模型

图 9-7　非晶态结构模型

非晶态金属的许多性质都直接取决于它的原子结构组态。然而在实验上，至今还没有一种实验手段可以准确地确定非晶态结构，即给出全部原子的坐标。因此，借助于理论模型来讨论非晶态结构就具有特别重要的意义。目前，虽然还不能由结构模型来回答非晶态金属与成分有关的许多问题，但是这些模型已能用来解释非晶态金属的某些结构与性能及成分的关系，诸如弹性、磁性等。反过来，这又将进一步促进人们对非晶态结构的深入认识。

9.2.2　非晶态金属的性能特点及应用

由于非晶态金属在原子排布上完全不同于晶态金属，微观结构决定了它具有一系列新的特点，如优异的磁性、电性、化学及力学性能等，因而非晶态金属被认为是金属材料科学中的一次革命。非晶态材料具有晶态材料所无法比拟的优异性能，具有广阔的应用前景，具体通过以下各方面阐述。

1. 磁学性能

非晶态金属磁性材料具有高磁导率、高磁感、低铁损和低矫顽力等特性，而且无磁各向异性，是目前非晶态金属获得广泛应用的重要原因，也是研究得最多的重要领域。但非晶态金属有饱和磁感应强度低、热处理后材质发脆、成本较高等缺点。

高磁感、低铁损的非晶态金属磁性材料，多为铁基非晶态金属。该类非晶态金属主要用来做变压器及电动机铁心材料。非晶态金属变压器的铁损值为现行硅钢变压器的 1/4～1/3。如果把我国现在的配电变压器全部换成非晶态金属变压器，每年可为国家节约电能 90 亿千瓦时，这就意味着每年可以建一座 100 万千瓦的火力发电厂，减少燃煤 3643 t，减少二氧化碳等废气排放 900 多万立方米。从这个意义上讲，非晶态金属被人们誉为"绿色材料"。

利用非晶态金属的磁滞伸缩特性可制作各种传感器；利用铁基非晶态金属的高伸缩特性可制作防盗传感器、转数传感器等；以钴基非晶态金属为代表，利用磁滞伸缩效应可以制作磁头、电流传感器、位移传感器等。钴基非晶态金属除了具有较高的磁导率、很低的矫顽力和损耗外，还具有良好的高频性能，适合做电子器件，如电子变压器、磁放大器、磁记录头等。

此外,非晶态金属还可作为非晶态金属开关电源、非晶态金属磁屏蔽、安全可靠的非晶态金属漏电保护器及磁分离用的理想材料。

2. 力学性能

非晶态金属的力学性能特点是具有高的强度、硬度和韧性。非晶态金属由于其结构中不存在位错,没有晶体那样的滑移面,因而不易发生滑移,具有很高的强度。例如非晶态铝合金的抗拉强度(1140 MPa)是超硬铝合金抗拉强度(520 MPa)的两倍;非晶态金属 Fe80B20 的抗拉强度达 3630 MPa,而晶态超高强度钢的抗拉强度仅为 1820～2000 MPa。非晶态金属的硬度高,有些非晶态金属的硬度可达 1400 HV。非晶态金属还具有较高的塑性和冲击韧性,在变形时无加工硬化现象。例如非晶态金属薄带可以反复弯曲 180°而不断裂,并可以冷轧,有些非晶态金属的冷轧压下率可达 50%。表 9-2 列举了几种非晶态合金的力学性能。

表 9-2　几种非晶态合金的力学性能

合　　金		硬度/HV	抗拉强度/MPa	断后伸长率/(%)	弹性模量/MPa
非晶态合金	$Pd_{83}Fe_7Si_{10}$	4018	1860	0.1	66 640
	$Cu_{57}Zr_{43}$	5292	1960	0.1	74 480
	$Co_{75}Si_{15}B_{10}$	8918	3000	0.2	53 900
	$Fe_{80}P_{13}C_7$	7448	3040	0.03	121 520
	$Ni_{75}Si_8B_{17}$	8408	2650	0.14	78 400
晶态合金	18Ni·9Co·5Mo	—	1810～2130	10～12	—

由于非晶态金属的高强度、高韧性,以及工艺上可以制成条带或薄片,目前已用它来制作轮胎、传送带、水泥制品及高压管道的增强纤维,还可用来制作各种切削刀具和保安刀片。

用非晶态合金纤维代替硼纤维和碳纤维制造复合材料,可进一步提高复合材料的适应性。如采用非晶态金属制备的高耐磨音频、视频磁头在高档录音、录像机中广泛应用;而采用非晶态合金纤维复合强化的高尔夫球杆、钓鱼竿已经面市;非晶态合金纤维对水泥有强化作用,仅仅加入体积分数为 1%的非晶态合金纤维就可以使水泥的断裂强度提高 200 倍;非晶态合金纤维还用于飞机构架和发动机元件的研制中。

3. 化学性能

1) 耐蚀性

非晶态金属比晶态金属更加耐腐蚀,特别是在氯化物和硫酸盐中的耐蚀性大大超过不锈钢,获得了"超不锈钢"名称。非晶态金属的高耐蚀性是由于它的结构和化学上高度均匀的单相特点。它没有晶态金属的晶粒、晶界、位错、杂质偏析等缺陷。在晶态金属中,这些缺陷密集处具有高活性,起着腐蚀成核的作用,引起局部腐蚀。非晶态金属不发生局部腐蚀而形成均匀的钝化膜,因而具有很高的耐蚀能力。例如,不锈钢在含有氯离子的溶液中一般都要发生点腐蚀、晶间腐蚀,甚至应力腐蚀和氢脆,而非晶的 Fe-Cr 合金可以弥补不锈钢的这些不足。Cr 可显著改善非晶态金属的耐蚀性,能迅速形成致密、均匀、稳定的高纯度 Cr_2O_3 钝化膜。非晶态金属 $Fe_{72}Cr_8P_{13}C_7$ 已成为化工、海洋和医学方面一些在易腐蚀环境中应用的设备的首选材料,如制造海上军用飞机电缆、鱼雷、化学过滤器、反应容器等。

2) 催化性能

非晶态金属表面能高,展现出较高的活性中心密度和较强的活化能力,可连续改变成分,具有明显的催化性能。非晶态金属催化剂主要应用于催化加氢、催化脱氢、催化氧化及电催化反应等。

3）储氢性能

非晶态金属还具有优良的储氢性能。某些非晶态金属通过化学反应可以吸收和释放出氢,可以用作储氢材料。

4. 电性能

非晶态金属在室温下具有很高的电阻率,比晶态金属的电阻率高 2～3 倍。在温度为 0 K 时,非晶态金属的剩余电阻率远远大于晶态金属的剩余电阻率。非晶态金属的电阻温度系数比晶态金属的小。多数非晶态金属具有负的电阻温度系数,即随着温度的升高,电阻率连续下降。电阻率最小和温度系数为零的非晶态金属,在一些仪表测量中具有广阔的应用前景。

5. 光学性能

金属材料的光学特性受其金属原子等的电子状态所支配。某些非晶态金属由于其特殊的电子状态而具有十分优异的太阳能吸收能力。所以利用这些非晶态金属材料能够制造出相当理想的高效率的太阳能吸收器。非晶态金属具有良好的抗辐射(中子、γ 射线等)能力,使其在火箭、宇航、核反应堆、受控热核反应等领域具有特殊的应用前景。

总之,非晶态金属因其优异的力学、磁学、电学和化学性能,具有十分广泛的应用。而且大部分非晶态金属是直接由液态急冷而成的,不需要一般晶态金属带材和丝材所需经过的铸造、锻造、轧制或拉拔等多种工序,因而工艺简单。加上非晶态金属的组分有许多是较便宜的原料,因此非晶态金属是一种有广阔应用前景的新型材料。

9.3 超导材料

超导材料是 1911 年荷兰物理学家昂尼斯在研究水银低温电阻时发现的:当温度降到 4.2 K 时,水银的电阻急剧下降,以致完全消失(即零电阻)。我们把某些金属、合金和化合物在冷却到某一温度点以下电阻为零的现象称为超导电性,相应的物质称为超导体,超导体由正常态转变为超导态的温度称为这种物质的转变温度(或临界温度)T_c。现已发现大多数金属元素以及数以千计的合金、化合物都在不同条件下显示出超导性,如钨的转变温度为 0.012 K,锌为 0.75 K,铝为 1.196 K,铅为 7.193 K。

超导现象的发现引起了各国科学家的高度重视,并寄予了很大期望。但由于早期的超导体存在于液氦极低温度条件下,极大地限制了超导材料的应用。为了使超导材料更具有实用性,人们一直在探索高温超导体。高温超导材料的发展已经经历了四代:第一代镧系,如 La-Cu-Ba 氧化物,$T_c = 91$ K;第二代钇系,如 Y-Ba-Cu 氧化物,我国已研制出 $T_c = 92.3$ K 的钇系超导薄膜;第三代铋系,如 Bi-Ca-Cu,$T_c = 114 \sim 120$ K;第四代铊系,如 Tl-Ca-Ba-Cu 氧化物,$T_c = 122 \sim 125$ K。1990 年发现的一种不含铜的钒系复合氧化物的 T_c 已达 132 K。转变温度还在进一步不断提高,得到干冰温度(240 K)至室温的超导体都是可能的。

9.3.1 超导材料的基本性质

1. 超导体基本物理现象

1）零电阻效应

当材料温度 T 降至某一数值 T_c 时,超导体的电阻突然变为零,这就是超导体的零电阻效应。电阻突然消失的温度称为超导体的临界温度 T_c。

2）迈斯纳效应

这一现象是1933年德国物理学家迈斯纳等人在实验中发现的,只要超导材料的温度低于临界温度而进入超导态以后,超导材料就会将磁力线完全排斥于体外,因此其体内的磁感应强度总为零,这种现象称为"迈斯纳效应"(见图9-8)。即在超导状态下,超导体内的磁感应强度 $B=0$。

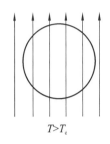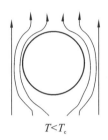

图 9-8　迈斯纳效应

迈斯纳效应指明了超导态是一个热力学平衡状态,与如何进入超导态的途径无关。超导态的零电阻现象和迈斯纳效应是超导态的两个相互独立,又相互联系的基本属性。单纯的零电阻并不能保证迈斯纳效应的存在,但零电阻效应又是迈斯纳效应的必要条件。因此,衡量一种材料是否是超导体,必须看是否同时具备零电阻和迈斯纳效应。

2. 超导体的临界参数

超导体有三个基本临界参数:临界温度 T_c、临界磁场 H_c 和临界电流 I_c。

1）临界温度 T_c

超导体从常导态转变为超导态的温度就叫作临界温度,以 T_c 表示,即临界温度就是电阻突然变为零时的温度。目前已知的金属超导材料中铑的临界温度最低,为 0.000 2 K,Nb3Ge 最高,为 23.3 K。为了便于使用超导材料,临界温度越高越好。在实际情况中,由于材料的组织结构不同,导致临界温度不是一个特定的数值。

2）临界磁场 H_c

对于处于超导态的物质,若外加足够强的磁场,则可以破坏其超导性,使其由超导态转变为常导态。一般将破坏超导态所需的最小磁场强度叫作临界磁场,以 H_c 表示。H_c 是温度的函数。当 $T=T_c$ 时,$H_c=0$。随着温度的下降,H_c 增大,到绝对零度时达到最大值。可见,在绝对零度附近超导材料并没有实用意义,超导材料都要在临界温度以下的较低温度下使用。

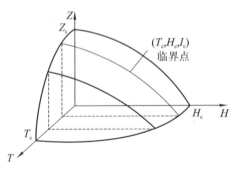

图 9-9 三个临界参数之间的关系

3）临界电流 I_c

产生临界磁场的电流,也就是超导态允许流动的最大电流,叫作临界电流,即破坏超导电性所需的最小极限电流,以 I_c 表示。

4）三个临界参数的关系

要使超导体处于超导状态,必须将其置于三个临界值 T_c、H_c 和 I_c 之下。三者缺一不可,任何一个条件遭到破坏,超导状态随即消失。三者关系可用图 9-9 所示的曲面来表示。在临界面以下的状态为超导态,其余均为常导态。

9.3.2 超导材料的分类及性能

超导材料主要可分为超导元素、超导合金、陶瓷超导体和聚合物超导体四大类。

超导材料按其化学组成可分为元素超导体、合金超导体、化合物超导体和氧化物超导体。近年来,由于具有较高临界温度的氧化物超导体的出现,有人把临界温度 T_c 达到液氮温度(77 K)以上的超导材料称为高温超导体。元素超导体、合金超导体、化合物超导体均属于低温超导材料。

1. 低温超导体

1)元素超导体

常压下,在目前所能达到的低温范围内,已有 28 种超导元素。其中过渡族元素有 18 种,如 Ti、V、Zr、Nb、Mo、Ta、W、Re 等;非过渡元素有 10 种,如 Bi、Al、Sn、Cd、Pd 等。超导元素中,除钒(V)、铌(Ni)、锝(Tc)外,其余元素超导体由于临界磁场很低,其超导状态很容易受磁场影响而遭到破坏,因此很难实用化,技术上实用价值不高。

2)合金超导体

超导元素中加入某些其他元素作为合金成分,可以使超导材料的全部性能提高。与元素超导体相比,合金超导体具有力学强度高、磁场强度低、塑性好、易于大量生产、成本低等优点,如最先应用的铌锆合金(Nb-75Zr),但由于工艺较麻烦、制造成本高,且与铜的结合性能较差,近年来在应用上 Nb-Zr 合金逐渐被淘汰,后发展了 Nb-Ti 合金。Nb-Ti 合金线材虽然不是当前最佳的超导材料,但由于这种线材制造技术比较成熟,性能比较稳定,生产成本低,所以目前 Nb-Ti 系超导合金仍是使用线材中的主导。铌钛合金再加入钽、锆等元素,其性能进一步提高。如 Nb-60Ti-4Ta 的 $T_c=9.9$ K,$H_c=12.4$ T(4.2 K);Nb-70Ti-5Ta 的性能是 $T_c=9.8$ K,$H_c=12.8$ T。它们是制造磁流体发电机大型磁体的理想材料。

3)化合物超导体

超导化合物的超导临界参数(T_c、H_c 和 I_c)均较高,是具有良好的强磁场的超导材料。目前较成熟的是 Nb3Sn、V3Ga 两种超导化合物,其他超导化合物由于加工成型比较困难,尚不能使用。日本开发的用加 Ti 的 Nb3Sn 线材制成的超导磁体已投入使用。

2. 高温超导体

1986 年人类在超导体研究领域取得了一次历史性的突破,发现一些复杂的氧化物陶瓷具有较高的临界转变温度,其 T_c 超过了 77 K,即在液氮的温度下工作,故称为高温超导体。高温超导体主要由氧化物超导体与非氧化物超导体组成。

1)氧化物超导体

氧化物超导体的发现既有重要的理论意义,又有应用前景,打破了人们认为高电阻的氧化物不能显示超导电性的认识,并使超导临界温度达到 132 K。氧化物超导体的化学成分和晶体结构都相当复杂,已发现的氧化物超导体的结构基本是 ABO_4 钙钛矿结构的变形。相继发现的这类超导体有近百种,主要有镧锶铜氧化物(La-Sr-Cu-O)超导体,其 T_c 在 20～40 K 之间;钇钡铜氧化物(Y-Ba-Cu-O)超导体,其 $T_c>90$ K;铊钡钙铜氧化物(Tl-Ba-Ca-Cu-O)超导体,其 $T_c=125$ K;汞钡钙铜氧化物(Hg-Ba-Ca-Cu-O)超导体和钕铈铜氧化物(Nd-Ce-Cu-O)超导体是目前所发现的临界温度最高的超导体,其中 $T_{12}Ba_2Ca_2Cu_3O_{10}$ 的 $T_c=125$ K;Ag 系的 T_c 已达 132 K,若在高压下合成材料,其 T_c 还可进一步提高,如在 10 GPa 的高压

下合成的超导体的 T_c 可达 150 K。

2）非氧化物超导体

非氧化物超导体主要是 C_{60} 化合物。自 1991 年诺贝尔实验室合成出 K_3C_{60} 以来，已进行了许多这方面的研究工作。C_{60} 及其衍生物具有巨大的应用前景，如作为实用超导材料和新型半导体材料已经在许多领域获得重要的应用。2001 年 1 月，日本科学家发现了临界转变温度为 39 K 的 MgB_2 超导体，引起了全世界的广泛关注。综合制冷成本和材料成本，MgB_2 超导体在 20～30 K、低磁场条件下的应用具有明显的价格优势，尤其是在工作磁场为 1～2 T 的核磁共振成像 MRI 磁体领域。

9.3.3 超导材料的应用

超导材料的用途非常广泛，大致可分为三类：大电流应用（强电应用）、电子学应用（弱电应用）和抗磁性应用。大电流应用即超导发电、输电和储能；电子学应用包括超导计算机、超导天线、超导微波器件等；抗磁性应用则是利用材料的完全抗磁性制作无摩擦陀螺仪和轴承，还可应用于磁悬浮列车和热核聚变反应堆等。

1. 超导发电、输电和储能

超导材料最诱人的应用是发电、输电和储能。由于超导材料在超导状态下具有零电阻和完全的抗磁性等特点，因此只需消耗极少的电能，就可以获得 10 万 Gs（1 Gs＝10^{-4} T）以上的稳态强磁场；而用常规导体做磁体，要产生这么大的磁场，需要消耗 3.5 MW 的电能及大量的冷却水，投资巨大。超导磁体可用于制作交流超导发电机、磁流体发电机和超导输电线路等。

2. 超导计算机

高速计算机要求集成电路芯片上的元件和连接线密集排列，但密集排列的电路在工作时会产生大量的热，而散热是超大规模集成电路面临的难题。对于超导计算机中的超大规模集成电路，其元件间的互连线用接近零电阻和超微发热的超导器件来制作，不存在散热问题，同时计算机的运算速度大大提高。此外，科学家正研究用半导体和超导体来制造晶体管，甚至完全用超导体来制作晶体管。

3. 超导磁悬浮列车

利用超导材料的抗磁性，将超导材料放在一块永久磁体的上方，由于磁体的磁力线不穿过超导体，磁体和超导体之间会产生排斥力，使超导体悬浮在磁体上方。利用这种磁悬浮效应可以制作高速超导磁悬浮列车。

4. 核聚变反应堆"磁封闭体"

核聚变反应时，内部温度高达 1 亿～2 亿摄氏度，没有任何常规材料可以包容这些物质。而超导体产生的强磁场可以作为"磁封闭体"，将热核反应堆中的超高温等离子体包围、约束起来，然后慢慢释放，从而使受控核聚变能源成为 21 世纪前景广阔的新能源。

超导材料具有的优异特性使它从被发现之日起，就向人类展示了诱人的应用前景。随着近年来研究工作的深入，超导体的某些特性已具有实用价值，例如超导磁悬浮列车已在某些国家进行试验，超导量子干涉器也研制成功，超导船、用约瑟夫森器件制成的超级计算机等正在研制中。采用超导磁体后，可以使现有设备的能量消耗降低到原来的 1/10～1/100。从实际应用来看，超导体磁电的壁垒已被冲破，但要实际应用超导材料，又受到一系列因素的制约，主要障碍在于温度，提高 T_c 是人们最执着的目标；其次还有材料的制作工艺等问题,如脆性的超导陶瓷如何制成柔细的线材、超低温用结构材料的检测技术、制冷及冷却技术等。从超导技术发展的历程来看,新的更高转变温度的材料的发现和制造工艺技术的突破都有可能。目前,高温超导材料正从研究阶段向应用发展阶段转变,超导技术作为一类有巨大发展潜力的应用技术,已经进入实际应用开发与应用基础性研究相互推动,逐步发展为高技术产业的阶段。

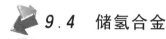 9.4 储氢合金

氢能源是未来社会的新能源和清洁能源之一。如用氢气取代汽油作为汽车燃料不仅对环保十分有利,而且氢发动机的热效率比汽油的高。然而使用氢能源的关键技术之一就是如何安全而经济地储存和输送氢气。最有前景的方式是用金属氢化物储氢材料储运氢气。

金属氢化物储氢材料通常称为储氢合金。在一定的温度和压力条件下,这些金属能够大量"吸收"氢气,反应生成金属氢化物,同时放出热量,其后将这些金属氢化物加热,它们又会分解,将储存在其中的氢释放出来。

储氢合金的储氢能力很强,单位体积储氢的密度是相同温度、压力条件下气态氢的 1000 倍,也即相当于储存了 1000 个大气压的高压氢气。由于储氢合金都是固体,既不用储存高压氢气所需的大而笨重的钢瓶,又不需存放液态氢那样极低的温度条件,需要储氢时使合金与氢反应,生成金属氢化物并放出热量,需要用氢时通过加热或减压,使储存于其中的氢释放出来,如同蓄电池的充、放电,不易爆炸,安全程度高。因此,储氢合金是一种极其简便易行的理想储氢方法。

目前研究发展中的储氢合金主要有钛系储氢合金、锆系储氢合金、铁系储氢合金及稀土系储氢合金。值得注意的是,一些新的储氢材料的性能正引起广泛的注意,例如 C_{60}、碳纳米管等碳材料。本节将重点论述金属氢化物的储氢原理、储氢合金材料及其重要应用。

9.4.1 储氢技术原理

称得上"储氢合金"的材料应具有像海绵吸收水那样能可逆地吸、放大量氢气的特性。原则上说,这种合金大都属于金属氢化物,其特征是由一种吸氢元素或与氢有很强亲和力的元素(A)和另一种吸氢量小或根本不吸氢的元素(B)共同组成。在一定的温度和压力下,储氢合金与气态 H_2 发生可逆反应,生成金属固溶体 MH_x 和氢化物 MH_y。反应分三步进行,依次如下:

第一步:先吸收少量氢,形成含氢固溶体(MH_x/α 相),此时合金结构保持不变,其固溶度 $[H]_M$ 与固溶体平衡氢压 p_{H_2} 的平方根成正比,即

$$p_{H_2}^{\frac{1}{2}} \propto [H]_M$$

第二步:固溶体进一步与氢反应,产生相变,生成氢化物相(MH_y/β 相),即

$$\frac{2}{y-x}MH_x + H_2 \longleftrightarrow \frac{2}{y-x}MH_y + Q$$

式中,x 是固溶体中氢的平衡浓度;y 是合金氢化物中氢的浓度,一般 $y \geqslant x$。

第三步:提高氢压,金属中氢的含量略有增加。

金属与氢的反应是一个可逆过程。正向反应吸氢、放热,逆向反应释氢、吸热。改变温度和压力条件,可使反应按正向、逆向反复进行,实现材料的吸氢/放氢功能。储氢合金的吸氢反应机理如图 9-10 所示。氢分子与合金接触时,就吸附于合金表面,氢的 H—H 键解离成

为原子状的氢(H),原子状的氢从合金表面向内部扩散,侵入比氢原子半径大得多的金属原子与金属的间隙中(晶格间位置),形成固溶体 α 相。随着氢压的增加,固溶于金属中的氢再向内部扩散,固溶体一旦被氢饱和,过剩氢原子与固溶体反应,生成氢化物 β 相,氢压进一步增加,吸氢量增加缓慢。

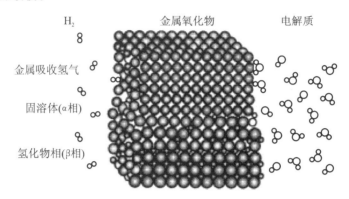

图 9-10　储氢合金的吸氢反应机理

9.4.2　储氢合金的条件

为了达到应用的需要,储氢合金一般应满足以下几方面的要求。

(1)易活化。储氢合金常常需要经过活化处理(在纯氢气氛下使合金处于高压,然后在加热条件下减压排气的循环过程)才能正常吸氢、放氢,易活化才便于应用。

(2)储氢量。单位质量、单位体积吸氢量大(电化学容量高),一般应不低于液态储氢方式。

(3)吸、放氢压力和温度。储氢合金应能按应用的要求在适当的温度和压力下吸氢或放氢。

(4)动力学特性。储氢合金应能较迅速地吸氢、放氢。

(5)寿命长。耐中毒储氢合金在吸氢、放氢的反复循环中,不可避免地会接触到杂质气体并导致合金储氢能力降低,甚至丧失的现象称为储氢合金的中毒。储氢合金应有强的耐中毒能力、长的使用寿命。

(6)抗粉化。储氢合金吸氢时体积会膨胀,放氢时又会收缩,反复的吸氢、放氢,会使合金中产生裂纹,直至破碎、粉化,这对储氢合金的应用是不利的。

(7)滞后小,即吸收、分解过程中的平衡氢压差要小。

此外,储氢合金还应满足价格低、安全等要求。每种金属氢化物都有各自的特性,可根据不同的使用目的进行选择、评价。

9.4.3　储氢合金的分类及研究现状

自 20 世纪 60 年代二元金属氢化物问世以来,人们已在二元合金的基础上开发出三元及三元以上的多元合金。但不论哪种合金,都离不开 A、B 两类元素。其中,A 类元素是容易形成稳定氢化物的发热型金属,如 Ti、Zr、La、Mg、Ca、Mm(混合稀土金属)等;B 类元素是难于形成氢化物的吸热型金属,如 Ni、Fe、Co、Mn、Cu、Al 等。按照其原子比的不同,它们构成四大系列储氢材料。

(1)稀土系(AB₅型)储氢合金:主要是镧镍合金,其吸氢性好,容易活化,在 40 ℃以上放氢速度快,但成本高。

(2)钛系(AB 型及 AB$_2$ 型)储氢合金:主要有钛锰、铁钛、铁钛锰、钛铬、钛镍、钛铌、钛锆、钛铜、钛锰氮、钛锰铬、钛锆铬锰等合金,其成本低,吸氢量大,室温下易活化,适于大量应用。

(3)镁系(A$_2$B 型)储氢合金:主要有镁镍、镁铜、镁铁等合金,具有储氢能力大(可达材料自重的 5.1%~5.8%)、价廉等优点,缺点是放氢时需要 250 ℃以上的高温。

(4)锆系(AB$_2$ 型)储氢合金:主要有锆铬、锆锰等三元合金和锆铬铁镍、锆铬铁镍等多元合金,在高温下(100 ℃以上)具有很好的储氢特性,能大量、快速和高效率地吸收和释放氢气,同时具有较低的热含量,适于在高温下使用。

9.4.4 储氢合金的应用

在现今人类对环境和资源保护愈加重视的时代,金属氢化物作为能源转换与储存材料有十分重要的应用价值。目前已涉及的应用领域包括氢的储存与输送、氢的提纯、氢的分离与回收、氢的压缩、氢及其同位素的吸收与分离、电化学(二次电池、燃料电池)、化工催化、能量转换(蓄热、制冷、空调、取暖、热机)及燃氢汽车等。但储氢合金能否真正得到应用还取决于它是否满足性能、经济、安全等方面的要求。目前储氢合金应用最成功的领域是 Ni-MH 电池。下面简要介绍储氢合金在几个方面的应用及其原理。

1. 在电池上的应用

随着电器、通信、电子设备的广泛使用,可充电电池的用量激增,传统的 Ni-Cd 电池容量低,有记忆效应,而且镉有毒,不利于环保。20 世纪 70 年代初,研究人员发现 Ti-Ni 及 La-Ni5 等合金不仅具有阴极储氢能力,而且对氢的阳极氧化也有良好的电催化活性,于是发展了用储氢合金取代镉做负极材料的 Ni-MH 电池。1990 年,Ni-MH 电池首先在日本商业化。这种电池的能量密度为 Ni-Cd 电池的 1.5 倍,不污染环境,充、放电速度快,记忆效应少,可与 Ni-Cd 电池互换,加之各种便携式电器的日益小型、轻质化,要求小型高容量电池配套,以及人们对环保意识的不断增加,从而使 Ni-MH 电池发展更加迅猛。

Ni-MH 电池的充、放电机理非常简单,仅仅是氢在金属氢化物(MH)电极和氢氧化镍电极之间的碱性电解液中的运动。Ni-MH 电池以储氢合金 M 为负极,以 Ni(OH)$_2$ 为正极,以氢氧化钾水溶液为电解液,其工作原理可用以下反应式说明。

充电过程正极:$Ni(OH)_2 + OH^- \rightarrow NiOOH + H_2O + e^-$

负极:$M + H_2O + e^- \rightarrow MH + OH^-$

放电过程正极:$NiOOH + H_2O + e^- \rightarrow Ni(OH)_2 + OH^-$

负极:$MH + OH^- \rightarrow M + H_2O + e^-$

充电时由水的电化学反应生成的氢原子(H),立刻扩散进入合金中,形成氢化物,实现负极储氢,而放电时氢化物分解出的氢原子又在合金表面氧化为水,不存在气体状的氢分子(H_2)。电池反应的最大特点是无论是正极还是负极,都是在氢原子进入到固体内进行反应的,不存在传统 Ni-Cd 和 Pb-酸电池所共有的溶解、析出反应的问题。

2. 氢分离、回收与净化

化工厂排出的一些废气中含有较高比例的氢气,同时化工和半导体工业又需要大量的高纯氢,利用储氢合金选择性吸氢的特性,将之收集,不但可以回收废气中的氢,还可以使氢的纯度达 99.999 9%以上,价格便宜,安全,具有十分重要的社会效益和经济效益。

利用储氢合金分离、净化氢的原理有两个方面：一是金属与氢反应，生成金属氢化物，加热后发生放氢的可逆反应；二是储氢合金对氢原子有特殊的亲和力，对氢有选择性吸收作用，而对其他气体杂质则有排斥作用。因此，可利用储氢合金的这一特性有效分离、净化氢。

储氢合金分离、精制氢气装置原理如图 9-11 所示。首先将含有杂质的氢气通入精制塔 A 中，塔 A 中的储氢合金与氢反应，吸收氢气，完成吸氢后打开阀门，将残留的杂质气体抽出，这样塔 A 中的氢气纯度得到提高，然后使塔 A 中的储氢合金放氢，并将之输入精制塔 B 中，重复在塔 A 中的过程，氢气纯度得到进一步提高。反复进行多次精制，可得到纯度极高的氢气。

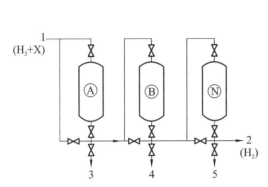

(a) 用金属氢化物精制氢的系统示意图

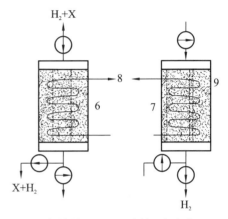

(b) 氢精制A、B、N(充填吸氢合金)

图 9-11　储氢合金分离、精制氢气装置原理

1—含杂质 X 的粗制氢；2—高纯度氢；3,4,5—分离杂质；6—氢的分离过程(吸氢合金层)；
7—氢的精制过程(金属氢化物层)；8—冷水；9—温水

作为净化氢气用的合金，要求与储氢用的合金一样，需要储氢量大、易活化、反应迅速、耐毒化、抗粉化、成本低等。目前常用的合金有：$LaNi_5$、$LaCu_4Ni$、$MmNi_{4.5}Al_{0.5}$、$TiFe_{0.85}$、$Mn_{0.15}$、$LaNi_{4.7}Al_{0.3}$、$TiFe_{0.85}$、Ni_5、Mg_2Ni、$TiMm_{1.5}$、$CaNi_5$、$Ti_{0.8}$、$Zr_{0.2}$、$Cr_{0.8}$、$Mn_{1.2}$、$MmNi_5$。

3. 金属氢化物作为催化剂

金属间化合物，如 $LaNi_5$、Mg_2Ni、Zr_2Ni、$TiFe$ 等能迅速吸收大量的氢，而且反应是可逆的。反应时由于氢是分解后被吸收的，故氢以单原子形式存在于表面(至少短时间内是这样)，使金属间化合物的表面具有相当大的活性。有氢参与的反应可产生高的活性和特殊性。有关用储氢合金作为催化剂的催化原理目前尚未建立起成熟的理论。但大量研究结果表明，未经预处理的储氢合金没有或具有较低的活性，只有经过适当预处理、改变表面活性中心的电子状态、增加活性中心数目的储氢合金，才能显示出高的活性。

 9.5　纳米材料

纳米材料是指在三维空间中至少有一维处于纳米尺度范围或由它们作为基本单元构成的材料。纳米材料的晶粒尺寸为纳米级(10^{-9} m)，它的微粒尺寸大于原子簇尺寸，小于通常的微粒尺寸，一般为 1～100 nm。纳米材料包括体积分数近似相等的两个部分：一是直径为几个或几十个纳米的粒子，二是粒子间的界面。前者具有长程有序的晶状结构；后者是既没有长程有序，也没有短程有序的无序结构。

在纳米材料中,纳米晶粒和由此而产生的高浓度晶界是它的两个重要特征。纳米晶粒中的原子排列已不能处理成无限长程有序,通常大晶体的连续能带分裂成接近分子轨道的能级;高浓度晶界及晶界原子的特殊结构导致材料的力学性能、磁性、介电性、超导性、光学乃至热力学性能改变。

9.5.1 纳米材料的性质

当微粒尺寸为纳米量级(1～100 nm)时,微粒和它们构成的纳米固体具有一些特殊的特性。

1. 小尺寸效应

随着颗粒尺寸的量变,当微粒尺寸相当于或小于光波波长、传导电子的德布罗意波长、超导态的相干长度或透射深度等特征尺寸时,周期性的边界条件将被破坏,会引起颗粒性质的质变。由颗粒尺寸变小所引起的宏观物理性质的变化称为小尺寸效应。纳米颗粒尺寸小,表面积大,其熔点、磁性、热阻、电学性能、光学性能、化学活性和催化性等与大尺度颗粒相比,发生了变化,产生了一系列奇特的性质。例如,金属纳米颗粒对光的吸收效果显著增加,并产生吸收峰的等离子共振频率偏移,出现磁有序向磁无序、超导相向正常相的转变等。

2. 表面效应

纳米微粒尺寸小,表面能高,位于表面的原子占相当大的比例。纳米材料的表面效应是指纳米粒子的表面原子数与总原子数之比随粒径的变小而急剧增大后所引起的性质上的变化。表9-3列出了纳米微粒尺寸与表面原子数的关系。表面原子数占全部原子数的比例和粒径之间的关系如图9-12所示。

表 9-3 纳米微粒尺寸与表面原子数的关系

纳米微粒尺寸/nm	包含总原子数	表面原子所占比例/(%)
10	3×10^4	20
4	4×10^3	40
2	2.5×10^2	80
1	30	99

从表9 3和图9-12中可以看出,粒径在10 nm以下时,表面原子的比例迅速增加;当粒径降到1 nm时,表面原子数比例达到90%以上,原子几乎全部集中到纳米粒子的表面。由于纳米粒子表面原子数增多,表面原子配位数不足和高的表面能,使这些原子易与其他原子相结合而稳定下来,故具有很高的化学活性。例如,无机物的纳米粒子暴露在空气中会吸附气体,并与气体进行反应;金属的纳米粒子在空气中会燃烧。利用表面活性,金属超微颗粒有望成为新一代的高效催化剂和储气材料以及低熔点材料。

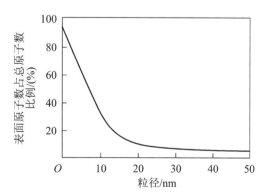

图 9-12 表面原子数占全部原子数的比例和粒径之间的关系

3. 量子尺寸效应

各种元素的原子具有特定的光谱线,如

钠原子具有黄色的光谱线。原子模型与量子力学已用能级的概念进行了合理的解释。由无数的原子构成固体时,单独原子的能级就合并成能带,由于电子数目很多,能带中能级的间距很小,因此可以看作是连续的。从能带理论出发,成功地解释了大块金属、半导体、绝缘体之间的联系与区别。对介于原子、分子与大块固体之间的超微颗粒而言,大块材料中连续的能带将分裂为分立的能级,能级间的间距随颗粒尺寸的减小而增大。当热能、电场能或者磁场能比平均的能级间距还小时,就会呈现一系列与宏观物体截然不同的反常特性,称之为量子尺寸效应。例如,导电的金属在超微颗粒时可以变成绝缘体,磁矩的大小和颗粒中电子是奇数还是偶数有关,比热也会反常变化,光谱线会产生向短波长方向的移动,介电常数变化,催化性质不同等,这就是量子尺寸效应的宏观表现。因此,对超微颗粒在低温条件下必须考虑量子效应,原有宏观规律已不再成立。

4. 宏观量子隧道效应

微观粒子贯穿势垒的能力称为隧道效应。电子具有粒子性,又具有波动性,因此存在隧道效应。近年来,人们发现一些宏观物理量,如微颗粒的磁化强度、量子相干器件中的磁通量等也显示出隧道效应,称之为宏观量子隧道效应。宏观量子隧道效应的研究对基础研究及实用都有着重要意义,它限定了磁带、磁盘进行储存的极限。量子尺寸效应、宏观量子隧道效应将会是未来微电子、光电子器件的基础,或者它们确立了现存微电子器件进一步微型化的极限。当微电子器件进一步微型化时,必须要考虑上述的量子效应。例如,在制造半导体集成电路时,当电路的尺寸接近电子波长时,电子就通过隧道效应溢出器件,使器件无法正常工作。经典电路的极限尺寸大概为 $0.25~\mu m$。目前研制的量子共振隧穿晶体管就是利用量子效应制成的新一代器件。

上述的小尺寸效应、表面效应、量子尺寸效应和宏观量子隧道效应都是纳米微粒与纳米固体的基本特性。它们使纳米材料呈现许多既不同于宏观物体,也不同于微观原子和分子的奇异物理、化学性质。当组成材料的尺寸达到纳米量级时,纳米材料表现出的性质与本体材料有很大的不同。例如,金属为导体,但纳米金属微粒在低温时由于量子尺寸效应会呈现电绝缘性;一般 $PbTiO_3$、$BaTiO_3$、$SrTiO_3$ 等是典型铁电体,但其尺寸达到纳米量级时就会变成顺磁体;铁磁性的物质达到纳米量级(约 5 nm)时,由于由多畴变成单畴,于是显示极强的顺磁效应;当直径为十几纳米的氮化硅微粒组成纳米陶瓷时,已不具有典型的共价键特征,界面键结构出现部分极性,在交流电下电阻很小;化学惰性的金属铂制成纳米微粒后却成为活性极好的催化剂;金属的纳米微粒的光反射能力可降至 1%,具有极强的光吸收能力;由于纳米粒子细化,晶界数量大幅度增加,可使材料的强度、韧性和超塑性大为提高,纳米相铜的强度比普通铜的高 5 倍,纳米相陶瓷是捧不碎的,这与大颗粒组成的普通陶瓷完全不一样。纳米材料从根本上改变了材料的结构,有望得到诸如高强度金属和合金、塑性陶瓷、金属间化合物,以及性能特异的原子规模复合材料等新一代材料,为克服材料科学研究领域中长期未能解决的问题开拓了新的途径。

9.5.2 纳米材料的分类

纳米材料按化学组成可分为纳米金属、纳米晶体、纳米陶瓷、纳米玻璃、纳米高分子和纳米复合材料;按材料物性可分为纳米半导体、纳米磁性材料、纳米非线性光学材料、纳米铁电体、纳米超导材料、纳米热电材料等；按应用可分为纳米电子材料、纳米光电子材料、纳米生物医用材料、纳米敏感材料、纳米储能材料等。

根据不同的结构，纳米材料可分为四类，即纳米结构晶体或三维纳米结构、二维纳米结构或层状纳米结构、一维纳米结构或纤维状纳米结构、零维原子簇或簇组装。

1. 纳米粉体

纳米粉体也称为超微粒子，是一类介于固体和分子之间的、具有极小粒径（1～100 nm）的亚稳态中间物质。它可分为金属、高分子、陶瓷超细粉末等。纳米粉体表面原子数比例高，具有独特的小尺寸效应、表面效应、量子尺寸效应，已在许多领域得到了越来越广泛的应用。

在纳米制备科学中，纳米粉体的制备由于其显著的应用前景，故发展得较快。纳米粒子的制备方法有很多，现常用的方法包括物理方法和化学方法。评价某种粉体制备方法的优劣主要有以下几条标准：①粒子纯度及表面的清洁度高；②粒子粒径及粒度可控分布；③粒子几何形状规则，晶相稳定性好；④粉体无团聚或团聚程度低。

2. 纳米固体

纳米固体是由纳米微粒构成的体相材料，包括三维纳米块体和二维纳米薄膜。纳米固体按组成它的颗粒尺寸及原子排列形态可分为纳米晶体（纳米微粒为晶态）和纳米非晶体（纳米微粒为短程有序的非晶态）。纳米固体由颗粒组元和界面组元构成。由于颗粒尺寸小，因此界面组元在材料中所占的体积分数比在普通材料中大得多。例如在平均晶粒尺寸为 5 nm 的纳米陶瓷中，单位体积内包含的界面数达 $10^{19}/cm^3$ 时，晶界原子数超过 50%。高浓度晶界及晶界原子的特殊结构使材料的力学性能、磁性、电学性能、光学性能发生改变。

1）纳米薄膜

纳米薄膜可分为两类：一类是由纳米粒子组成的或堆砌而成的薄膜，另一类薄膜是在纳米粒子间有较多的孔隙或无序原子或另一种材料。纳米粒子镶嵌在另一种基体材料中的颗粒膜就属于第二类纳米薄膜。纳米薄膜由于在光学、电学、催化、敏感等方面具有很多特性，因此具有广阔的应用前景。纳米薄膜的制备方法主要有液相法和气相法。

2）纳米块体材料

纳米块体材料通常是由表面清洁的纳米微粒经高压形成的人工凝聚体，然后将粉体坯进行烧结。例如纳米氧化物、氮化物块体材料都要经过烧结处理。由于纳米粉体具有巨大的比表面积，使得作为粉体烧结驱动力的表面能剧增，扩散速率增大，扩散路径变短，烧结活化能降低，烧结速率加快，从而降低了材料烧结所需的温度，缩短了材料的烧结时间。

3. 纳米复合材料

纳米复合材料是由两种或两种以上的固相至少在一维以纳米级大小（1～100 nm）复合而成的复合材料。这些固相可以是非晶质、半晶质、晶质或者兼而有之，而且可以是无机物、有机物或二者兼有。纳米复合材料也可以指弥散相尺寸有一维小于 100 nm 的复合材料。弥散相的组成可以是金属、无机化合物，也可以是有机化合物。

纳米复合材料大致包括三种类型：①0-0 复合，即由不同成分、不同相或不同种类的纳米粒子复合而成的固体；②0-2 复合，即把纳米粒子分散到二维的薄膜材料中；③0-3 复合，即把纳米粒子分散到常规的三维固体中。此外，有人把纳米层状结构也归结为纳米材料。由不同材质构成的多层膜也称为纳米复合材料。这一类材料在性能上比传统材料有极大改善，已在有些方面获得了应用。

纳米复合物在润滑剂、高级涂料、人工肾脏、多种传感器及多功能电极材料方面均起着重要作用。例如在 Fe 的超微颗粒外覆盖一层厚度为 5～20 nm 的聚合物后，可以固定大量蛋白质或酶，以控制生化反应，这在生物技术、酶工程中大有用处。

9.5.3 纳米材料的性能及应用

纳米材料由于具有独特的力学、热学、光学、电学、磁学、化学和生物医学等性质，因此可广泛地用于高力学性能环境、光热吸收、非线性光学、磁记录、特殊导体、分子筛、超微复合材料、催化剂、热交换材料、敏感元件、烧结助剂、润滑剂等领域。

1．力学方面的应用

高韧、高硬、高强是结构材料开发应用的经典主题。纳米材料在力学方面可以作为高温、高强、高韧性、耐磨、耐腐蚀的结构材料。例如，金属陶瓷作为刀具材料已有 50 多年的历史，由于金属陶瓷的混合烧结和晶粒粗大的原因，其力学强度一直难以有较大的提高。应用纳米技术制成超细或纳米晶粒材料时，其韧性、强度、硬度大幅度提高，使其在难加工材料刀具等领域占据了主导地位。使用纳米技术制成的陶瓷、纤维广泛地应用于航空航天、航海、石油钻探等恶劣环境中。

2．磁学方面的应用

纳米磁性材料具有十分特别的磁学性质。纳米微粒尺寸小，具有单磁畴结构和矫顽力很高的特性。用它制成的磁记录材料不仅音质、图像和信噪比较好，而且记录密度比 γ-Fe_2O_3 的高几十倍。此外，超顺磁的强磁性纳米颗粒还可以制成磁性液体，广泛应用于电声器件、阻尼器件、旋转密封、润滑、选矿、医疗器械、光显示等领域。

3．光学方面的应用

纳米微粒由于小尺寸效应，因此具有常规材料不具备的光学特性，如光学非线性、光吸收、光反射、光传输过程中小的能量损耗等都与纳米微粒尺寸有很强的依赖关系。利用这些性质制得的光学材料在日常生活和高科技领域中有广泛的应用。由于量子尺寸效应，纳米半导体微粒的吸收光谱一般存在蓝移现象，其光吸收率很大，可用于红外线感测器材料。利用某些纳米材料的光致发光现象制作发光材料，如利用纳米非晶氮化硅在紫外光到可见光范围的光致发光现象、锐钛矿型纳米二氧化铁的光致发光现象等来制作发光材料。用二氧化硅纳米微粒制成的光纤对波长大于 600 nm 的光的传输损耗小于 10 dB/km。

4．热学方面的应用

纳米材料的比热和热膨胀系数都大于同类粗晶材料和非晶体材料，这是由于界面原子排列较为混乱、原子密度低、界面原子耦合作用变弱。因此，储热材料、纳米复合材料的机械耦合性能有着极其广泛的应用前景。例如 Cr-Cr_2O_3 颗粒膜对太阳光有强烈的吸收作用，从而有效地将太阳光能转换为热能；纳米金属材料显著的特点是熔点低，如纳米银粉的熔点低至 100 ℃，这一优点使纳米金属在低温下烧结成合金制品成为现实，而且有望将一般不可互熔的金属冶炼成合金，制造诸如质量轻、韧性好的"超级"钢等特种合金。

5．电学方面的应用

纳米材料在电学方面主要可以作为导电材料、超导材料、电介质材料、电容器材料、压电材料等。利用纳米粒子的量子隧道效应和库仑堵塞效应制成的纳米电子器件具有超高速、超容量、超微型、低能耗的特点，有可能在不久的将来全面取代目前的常规半导体器件。用纳米粉末辅加适当工艺，能制造出具有巨大比表面积的电极、可大幅度提高放电效率的高性能电极材料。纳米导电浆料（导电胶、导磁胶等）可广泛应用于微电子工业中的布线、封装、连接等，对微电子器件的小型化起着重要作用。纳米金属粉末对电磁波有特殊的吸收作用，可作为军用高性能毫米波隐形材料、可见光-红外线隐形材料和结构式隐形材料、手机辐射屏蔽材料。

6. 化工环保方面的应用

纳米材料在橡胶、塑料、涂料等精细化工领域都能发挥重要作用。如纳米 Al_2O_3 和 SiO_2 加入到普通橡胶中，可以提高橡胶的耐磨性和介电特性，而且弹性也明显优于用白炭黑作填料的橡胶。塑料中添加一定的纳米材料，可以提高塑料的强度和韧性，而且致密性和防水性也相应提高。此外，在有机玻璃中加入经过表面修饰处理的 SiO_2，可使有机玻璃抗紫外线辐射而达到抗老化的目的；而加入 Al_2O_3，不仅不影响有机玻璃的透明度，而且还会提高有机玻璃的高温冲击韧性。纳米 TiO_2 能够强烈吸收太阳光中的紫外线，产生很强的光化学活性，可以用光催化降解工业废水中的有机污染物，具有除净度高、无二次污染、适用性广泛等优点，在环保水处理中有着很好的应用前景。在环境科学领域，除了利用纳米材料作为催化剂来处理工业生产过程中排放的废料外，还将出现功能独特的纳米膜。这种膜能探测到由化学和生物制剂造成的污染，并能对这些制剂进行过滤，从而消除污染。

7. 医药方面的应用

纳米粒子比红血细胞（6～9 nm）小得多，可以在血液中自由运动；纳米粒子药物在人体内的传输更为方便，还可以用来检查和治疗身体各部位的病变。用数层纳米粒子包裹的智能药物进入人体，可主动搜索并攻击癌细胞或修补损伤组织；使用纳米技术的新型诊断仪器，只需检测少量血液，就能通过其中的蛋白质和 DNA 诊断出各种疾病。银具有预防溃烂和加速伤口愈合的作用，通过纳米技术将银制成尺寸在纳米量级的超细小微粒，然后使之附着在棉织物上，杀菌能力可提高 200 倍左右，对临床常见的外科感染细菌都有较好的抑制作用。矿物中药制成纳米粉末后，药效可大幅度提高，并具有高吸收率、剂量小的特点；还可利用纳米粉末的强渗透性，将矿物中药制成贴剂或含服剂，避免胃肠吸收时体液环境与药物反应引起的不良反应或造成吸收不稳定；也可将难溶矿物中药制成针剂，提高吸收率。

由于纳米材料的奇特性质，其应用领域极为广阔，可以说它已经渗透到了方方面面。利用纳米微粒巨大的比表面积还可以制成气敏、湿敏、光敏、温敏等多种传感器。纳米材料研究是目前材料科学研究的一个热点，其相应发展起来的纳米技术被公认为是 21 世纪最具有前途的科研技术。

思考与练习题

1. 简述形状记忆合金的效应原理、记忆条件，举例说明形状记忆合金在工程、生物及航空领域的应用。

2. 为什么非晶材料具有晶态材料所无法比拟的优异性能，而且具有潜在的广阔的应用前景？

3. 超导材料如何分类？举例叙述其应用。

4. 为满足应用要求，储氢合金一般应具备、满足哪些方面的要求？

5. 举例说明纳米材料的性能及应用。

第10章 工程材料的合理选用

10.1 机械零件选材的一般原则

在掌握各种工程材料性能的基础上,正确、合理地选择和使用材料是从事工程构件和机械零件设计与制造的工程技术人员的一项重要任务。

10.1.1 材料选择原则

材料的选择要做到合理化,既要满足零件使用性能和工艺性能,又要最大限度地发挥材料的潜力,同时还要考虑到提高材料强度的使用水平,尽量减少材料的消耗和降低加工的成本。

1. 使用性原则

零件的使用性能是保证零件工作安全可靠、经久耐用的必要条件。因此,材料的力学性能、物理性能、化学性能等应能满足零件的使用性能要求。

对于一般机械零件来说,应主要考虑到材料的力学性能。对于非金属材料制成的零件或构件,还应关注其工作环境,因为非金属材料对环境因素(温度、光、水、油等)的敏感程度要远大于金属材料。

2. 工艺性原则

材料的工艺性能表示材料加工的难易程度。任何零部件都要通过一定的加工工艺才能制造出来。因此选材时在满足使用性能的同时,必须兼顾材料的工艺性能。工艺性能的好坏,直接影响零部件的质量、生产效率和成本。当工艺性能与使用性能相矛盾时,有时正是从工艺性能考虑,使得某些使用性能合格的材料不得不被放弃,工艺性能成为选择材料的主导因素。工艺性能对大批量生产的零部件尤为重要,因为在大批量生产时,工艺周期的长短和加工费用的高低,常常是生产的关键。

金属材料的工艺性能是指金属适应某种加工工艺的能力,主要是切削加工性能、材料的成型性能(铸造、锻造、焊接)和热处理性能(淬透性、变形、氧化和脱碳倾向等)。

(1)铸造性能主要指流动性、收缩性、热裂倾向性、偏析和吸气性等。接近共晶成分的合金的铸造性能最好。铸铁、硅铝明等一般都接近共晶成分。铸造铝合金和铜合金的铸造性能优于铸铁,铸铁又优于铸钢。

(2)锻造性能主要指冷、热压力加工时的塑性变形能力及可热压力加工的温度范围,抗氧化性和对加热、冷却的要求等。低碳钢的锻造性最好,中碳钢次之,高碳钢则较差。低合金钢的锻造性能接近中碳钢。高碳合金钢(高速钢、高镍铬钢等)由于导热性差、变形抗力大、锻造温度范围小,其锻造性能较差,不能进行冷压力加工。变形铝合金和铜合金的塑性好,其锻造性能较好。铸铁、铸造铝合金不能进行冷、热压力加工。

(3)切削加工性能是指材料接受切削加工的能力。一般用切削硬度、被加工表面的粗糙度、排除切屑的难易程度及对刀具的磨损程度来衡量。材料硬度在160～230 HB范围内时,切削加工性能好。硬度太高,则切削抗力大,刀具磨损严重,切削加工性能降低;硬度太低,则不易断屑,表面粗糙度增大,切削加工性能差。高碳钢具有球状碳化物组织时,其切削加工性能优于层片状组织。马氏体和奥氏体的切削加工性能差。高碳合金钢(高速钢、高镍铬钢等)的切削加工性能也差。

（4）焊接性能是指金属接受焊接的能力,一般以焊接接头形成冷裂或热裂及气孔等缺陷的倾向大小来衡量。含碳量大于 0.45% 的碳钢和含碳量大于 0.38% 的合金钢,其焊接性能较差。碳含量和合金元素含量越高,焊接性能越差,铸铁则很难焊接。铝合金和铜合金由于易吸气、散热快,其焊接性能比碳钢的差。

（5）热处理工艺性能主要指淬透性、变形开裂倾向及氧化、脱碳倾向等。钢和铝合金、钛合金都可以进行热处理强化。合金钢的热处理工艺性能优于碳钢。形状复杂或尺寸大、承载高的重要零部件要用合金钢制作。碳钢含碳量越高,其淬火变形和开裂倾向越大。选用渗碳钢时,要注意钢的过热敏感性;选用调质钢时,要注意钢的高温回火脆性;选用弹簧钢时,要注意钢的氧化、脱碳倾向。

3. 经济性原则

从经济性考虑,应尽量选用价格低廉、供应充足、加工方便、总成本低的材料,而且尽量减少所选材料的品种、规格,以简化供应、保管等工作。通常情况下,在满足零件使用性能的前提下,尽量优先选用价廉的材料。能选用碳钢的,就不要选用合金钢;能选用普通低合金钢的,就不要选用中、高合金钢。

必须指出一点,选材时,不能片面强调成本及费用而忽视在使用过程中的经济效益问题。例如,汽车发动机曲轴的质量直接关系到整机的使用,不能片面追求价廉而忽视曲轴的质量,否则一旦零件失效,就会造成整机失效。为了确保零件的使用寿命,需全面考虑,即使材料价格过高,制造成本较高,也是经济合理的。

10.1.2 材料选择步骤

选材一般按以下几个步骤进行。

（1）根据零件的服役条件、形状尺寸与应力状态确定零件的技术条件。

（2）通过分析或试验,找出零件在实际使用中的主要失效抗力指标,以此进行选材。

（3）根据计算,确定零件应具有的主要力学性能指标,正确选材,使所选材料满足主要力学性能指标要求,同时考虑到工艺性的要求。

（4）如需热处理或使用强化方法时,应提出所选原材料在供应状态下的技术要求。

（5）所选材料应进行经济性的审定。

（6）试验、投产。

10.2 机械零件的失效

10.2.1 失效的概念

失效是指零件失去正常工作应具有的效能。零件在使用过程中出现下列情况:零件完全破坏,不能继续工作;零件严重损伤,继续工作不安全;零件虽能安全工作,但已不能满足预定的作用。只要发生上述三种情况中的任何一种,都认为零件已经失效。特别是那些没有明显预兆的失效,往往会带来严重的后果和巨大的损失,甚至会导致重大的事故。因此,要对零件的失效进行分析,找出失效的原因,提出预防措施,为提高产品质量、重新设计选材和改进工艺提供依据。

10.2.2 零件失效类型及原因

1. 失效类型

一般机械零件常见的失效形式可分为过量变形失效、断裂失效和表面损伤失效三种。

1）过量变形失效

过量变形包括过量弹性变形、过量塑性变形和蠕变等。

过量弹性变形是由于构件刚度不足造成的。因此,要预防过量弹性变形失效,应选择弹性模量高的材料制作构件或增加构件截面积。

过量塑性变形是由于构件的强度不够(塑性变形抗力太小)造成的,可以从改变工艺或更换材料及改进设计的角度来解决这一问题,还可通过降低工作应力来阻止这种变形。

蠕变是由于在长期高温和应力作用下,零件蠕变变形不断增加造成的。在恒定载荷和高温下,蠕变一般是不可避免的。

2）断裂失效

断裂包括静载荷和冲击载荷下的断裂、疲劳断裂及应力腐蚀破裂等。

断裂是金属材料最严重的失效形式,特别是在没有明显塑性变形的情况下突然发生的脆性断裂,往往会造成灾难性事故。防止零件脆断的方法是准确分析零件所受的应力及应力集中情况,选择满足强度要求并具有一定塑性和韧性的材料。

3）表面损伤

表面损伤包括过量磨损、腐蚀破坏、表面疲劳麻坑等。

表面过量磨损是由于摩擦使得零件表面损伤,如使零件尺寸变化、重量减小、精度降低、表面粗糙度增加,甚至发生咬合等而不能正常工作。通常可采用表面强化处理(渗碳、渗氮)来提高材料的耐磨性。

材料表面和周围介质发生化学或电化学反应所引起的表面腐蚀损伤也会造成零件失效。这种腐蚀失效与材料的成分、结构和组织有关,当然与介质的性质也有关系。腐蚀失效较复杂,选材时应尽可能选用一些抗腐蚀性能良好的材料。

相互滚动接触的零件在工作过程中,由于接触面作滚动或滚动加滑动,摩擦和交变接触压应力的长期作用引起零件表面疲劳,接触表面会出现很多麻坑。为了提高零件表面抗接触疲劳能力,常采用提高零件表面硬度和强度的方法,如表面淬火、化学热处理,使表面硬化层有一定的深度。同时也可以提高材料的纯度,限制夹杂物数量和提高润滑剂的黏度等。典型零件的工作条件、失效形式及力学性能要求如表 10-1 所示。

表 10-1 典型零件的工作条件、失效形式及力学性能要求

零件(工具)	工作条件			常见失效形式	主要力学性能要求
	应力种类	载荷性质	其他		
普通紧固螺栓	拉、切应力	静	—	过量变形、断裂	屈服强度及抗剪强度、塑性
传动轴	弯、扭应力	循环、冲击	轴颈处摩擦、振动	疲劳断裂、过量变形、轴颈处磨损、咬蚀	综合力学性能

零件(工具)	工作条件			常见失效形式	主要力学性能要求
	应力种类	载荷性质	其他		
传动齿轮	压、弯应力	循环、冲击	强烈摩擦、振动	磨损、麻点剥落、齿折断	表面硬度及弯曲疲劳强度、接触强度、心部屈服强度、韧性
弹簧	扭应力(螺旋等)、弯应力(板管)	循环、冲击	振动	弹性丧失、疲劳断裂	弹性极限、屈强比、疲劳强度
油泵柱塞副	压应力	循环、冲击	摩擦、油的腐蚀	磨损	硬度、抗压强度
冷作模具	复杂应力	循环、冲击	强烈摩擦	磨损、脆断	硬度、足够的强度、韧性
压铸模	复杂应力	循环、冲击	高温度、摩擦、金属液腐蚀	热疲劳、脆断、磨损	高温强度、热疲劳强度、韧性与热硬性
滚动轴承	压应力	循环、冲击	强力摩擦	疲劳断裂、磨损、麻点剥落	接触疲劳强度、硬度、耐蚀性
曲轴	弯、扭应力	循环、冲击	轴颈摩擦	脆断、疲劳断裂、咬蚀、磨损	疲劳强度、硬度、冲击疲劳强度、综合力学性能
连杆	拉、压应力	循环、冲击	—	脆断	抗压强度、冲击疲劳强度

2. 失效原因

零件的失效涉及零件的设计、材料的选用、加工和安装等多个方面原因。

1) 设计不合理

设计中的不合理最常见的是零件几何结构和尺寸不合理。例如有尖角、尖锐切口和过小的过渡圆角等造成应力集中。另外就是对零件的工作条件估计错误,如对零件在工作中可能出现的过载估计不足,对环境的恶劣程度估计不足,这些也会造成零件实际工作能力的降低,从而导致零件失效。

2) 选材不合理

设计时一般以材料的强度极限和屈服极限等常规性能指标为依据,而这些指标有时根本不是实际生产中防止某些形状复杂件失效的适当判据,从而导致所选材料的性能数据不符合要求。另外,材料冶金质量太差,如存在夹杂物、偏析等缺陷,而这些缺陷通常是零部件失效的原因。

3) 加工工艺不当

机械零件加工工艺制订不恰当以及操作者的失误或意外损伤都有可能造成零件的失效。例如,冷加工不当可造成过高的残余应力、过深的刀痕及磨削裂纹等;热处理不当可造成过热、氧化脱碳、淬火裂纹、回火不足等;锻造不当可造成带状组织、过热、过烧等现象。

4) 安装使用不当

机械零件装配不合理、装配精度低是安装过程中常见的失效原因,例如安装时配合松紧程度不当、对中不良、固定不牢等;而使用过程中造成失效的主要原因包括设备不合理的服役条件(如超速、过载、化学腐蚀)、不正确操作等。

以上只讨论了导致零件失效的四个主要原因,实际情况往往很复杂,一个零件的失效可能是由多种因素造成的。要注意考察分析设计、材料、加工和安装使用等各方面可能出现的问题,逐一排除各种可能导致零件失效的原因,找出真正起决定性作用的失效原因。

3. 失效分析的方法和步骤

(1) 进行现场调查研究,尽量仔细收集失效零件的残骸,并拍照记录实况,从而确定重点分析对象,样品应取自失效的发源部位。

(2) 详细记录并整理失效零件的有关资料,如设计图纸、加工方式及使用情况等。

(3) 对所选定的试样进行宏观和微观分析,利用扫描电镜断口分析确定失效发源地和失效方式,做金相分析,以确定材料的内部质量。

(4) 样品有关数据的测定:性能测试、组织分析、化学成分分析及无损探伤等。

(5) 断裂力学分析。

(6) 最后综合各方面分析资料,做出判断,确定失效的具体原因,并提出改进措施。

 ## 10.3　常用零件选材的原则方法

选材的一般思路或方法就是以不同种类的零件所要求的不同主要性能为出发点,来确定适用的材料种类及强化方法。本节简要介绍几种以力学性能为主进行选材的方法及其需要注意的问题。

10.3.1　以防止过量变形为主的选材

如机床主轴、机床导轨、镗杆、机座等零件的失效形式多以过量弹性变形为主,这在工作中是不允许有的。因此,在选材时应考虑避免发生过量变形失效。

为了防止零件的弹性变形失效,选材时应考虑用弹性模量高的材料。在常用工程材料中,钢铁材料的弹性模量是较高的,仅次于陶瓷材料和难熔金属,而工程非铁合金的弹性模量则要低些,高分子材料的弹性模量最低。

塑性变形是零件的工作应力超过了材料的屈服强度的结果。零件应选用屈服强度较高的材料,以防止出现塑性变形失效。钢材的屈服强度主要取决于其化学成分和组织,增加含碳量、合金化,以及进行热处理和冷变形强化等对提高钢的屈服强度有显著作用。例如,低碳钢经淬火及低温回火后的屈服强度可高于经调质处理的中碳钢的屈服强度;高强度合金钢经适当的热处理后可达到很高的屈服强度,在常用的工程材料中仅次于陶瓷材料。

非铁合金中,钛合金的屈服强度较高,与碳钢大致相当;铜合金和铝合金的屈服强度要低一些。高分子材料的屈服强度一般较低。由于高分子材料和铝合金等在比强度、耐蚀性和价格等方面的优点,在零件结构和尺寸设计合理的情况下,也是可以选用的。

10.3.2　以抗磨损性能为主的选材

耐磨性是材料抗磨损能力的判据,它主要与材料的硬度以及显微组织等有关。但对于在不同使用条件下工作的要求耐磨的零件,选材时还应进行具体分析,针对不同情况,应有不同选择。

一种情况是受力小,冲击或振动也不大,但摩擦较剧烈,对塑性与韧性要求不高,主要是要求高硬度,特别是高的耐磨性的零件,如顶尖、冷冲模、切削刀具、量具等。一般多选用经淬火及低温回火后的高碳钢或高碳合金钢,其组织为高硬度的回火马氏体和碳化物。通过适当的表面处理,还可进一步提高这类零件的表面强度和耐磨性。有时也可选用硬质合金或陶瓷材料等。对于不重要的零件,可采用耐磨铸铁,如白口铸铁、冷硬铸铁等。

第二种情况是同时受磨损与交变应力或冲击载荷作用的零件,要求材料有较高的耐磨性及较高的强度、塑性和韧性,即同一零件的表面和心部具有不同的性能(面硬心韧)。它们的主要失效形式除了磨损外,还可能是过量变形或断裂。例如,机床齿轮、凸轮轴等零件,要求心部有良好的综合力学性能,通常选用中碳钢或中碳合金钢,经正火或调质处理后再进行表面淬火或渗氮;汽车变速齿轮、花键轴套等零件,因在较高的冲击载荷下工作,故对心部的塑性、韧性要求高,可选用低碳钢或低碳合金钢,经渗碳淬火及低温回火处理;挖掘机铲齿、铁路道岔、坦克履带等零件,它们在高应力或剧烈冲击的条件下工作,要求有很高的韧性,则可用高锰钢进行水韧处理来满足性能要求。

还有一种情况是在耐磨的同时还要求有良好的减摩性(指具有低而稳定的摩擦因数)的摩擦副零件,如滑动轴承、轴套、蜗轮和齿轮等。常用的材料有轴承合金、青铜、灰口铸铁和工程塑料(如聚四氟乙烯)等。

10.3.3 以抗疲劳性能为主的选材

对于发动机曲轴、滚动轴承和弹簧等,其最主要的失效形式是疲劳破坏。因此,这类零件在选材时应着重考虑抗疲劳性能。

抗疲劳的零件大多用金属材料制造。对于钢来说,有利于提高疲劳抗力的组织是回火马氏体(尤其是低碳马氏体)、回火托氏体、回火索氏体和贝氏体。可选用低碳钢或低碳合金钢经淬火及低温回火、中碳钢或中碳合金钢经调质或淬火及中温回火、超高强度钢经等温淬火及低温回火,来获得较高的抗疲劳性能。

由于通过表面强化能抑制表面裂纹的萌生和扩展,同时还可以在零件表面形成残余压应力,可部分抵消工作时由载荷所引起的促进疲劳断裂的拉应力。所以对于零件表层的易产生疲劳裂纹的零件,进行表面强化处理是提高其疲劳抗力的有效方法,如表面淬火、渗碳、渗氮、喷丸和滚压等。

常用的工程材料中,高分子材料和陶瓷材料的抗疲劳性能较差。

10.3.4 以综合力学性能为主的选材

对于一般轴类、连杆、重要的螺栓和低速轻载齿轮等零件,它们工作时承受循环载荷与冲击载荷,其主要失效形式是过量变形和断裂(大多数是疲劳断裂)。这就要求零件要有较高的强度和疲劳极限,同时还要有良好的塑性和韧性,以增强零件抵抗过载和断裂的能力,即要求材料具有较好的综合力学性能。

对此,如果是一般零件,可选用调质或正火状态的中碳钢、淬火并低温回火状态的低碳钢、正火或等温淬火状态的球墨铸铁等材料;而对于重要的零件,则可选用合金调质钢、经控制锻造的合金非调制钢、超高强度钢等;对于受力较小并要求有较高的比强度或比刚度的零件,可考虑选用变形铝合金、镁合金或工程塑料、复合材料等。

10.3.5 选材时应注意的事项

在根据力学性能判断、选用材料时,各种材料的性能数据一般都可以从有关国家标准或设计手册中查到,但在具体应用这些数据时必须注意以下几个方面的问题。

1. 成型及改性工艺对材料性能的影响

同一种材料，如果成型及热处理改性工艺不同，其内部组织是不一样的，因而性能数据也不同。如铸件与锻件，退火工件、正火工件与淬火工件等，其力学性能是有差别的，甚至差别很大。

选择了材料牌号只是确定了材料的化学成分，只有同时也选择了相应的加工工艺和热处理方法，才能决定材料的性能。因此，必须在零件的成型和热处理状态与标准或手册中的性能数据所注明的状态相同时，才可直接利用这些数据。

2. 材料性能数据的波动

实际材料的化学成分是允许在一定范围内波动的，零件热处理时工艺参数也会有一定的波动，这些都会导致零件性能的波动。选材时应对此有所了解并做出估计。

3. 实际零件性能与实验数据的差距

在各类标准或手册中可以查到不同工程材料的力学性能数据，但这些数据都是由小尺寸标准试样在规定的实验条件下测得的。实际上，它们不能直接代表材料制成零件后的性能，因为零件在实际使用中的受力情况往往比实验条件更为复杂，并且零件的形状、尺寸和表面粗糙度等也与标准试样有所不同。通常，实际零件的性能数据往往随零件尺寸的增大而减小，称为材料的尺寸效应。其原因在于：随着尺寸的增大，零件中存在各种缺陷的可能性也越大，性能受到的削弱也越大。对于需要淬火的零件来说，尺寸增大将使实际淬硬层深度减小，使零件截面上不能获得与小尺寸试样处理状态相同的均一组织，从而造成性能下降。淬透性越差的钢，其尺寸效应越明显。

4. 零件硬度值的合理确定

零件硬度值的确定不仅要正确地反映零件应有的强度等力学性能要求，而且要考虑到零件的工作条件和结构特点。通常，对于承受均匀载荷、无缺口或无截面变化的零件，因其工作时不发生应力集中，故可选择较高的硬度值；而对于使用时有应力集中的零件，则应选用偏低一些的硬度值，以使零件有较高的韧性；对于高精度的零件，一般应采用较高的硬度值；对于一对摩擦副，两者的硬度值应有一定的差别，其中小尺寸零件的硬度值应比大尺寸零件的高出 25～40 HBW。

5. 非金属材料与金属材料的性能差别

在选材时，不能简单地直接用某种非金属材料取代金属材料，而要根据非金属材料的性能特点进行正确选用，必要时还需对零件结构重新设计。对于工程塑料，应注意它的如下特点：受热时的线膨胀系数比金属的大得多，而其刚度比金属的低一个数量级；其力学性能在长时间受热时会明显下降，一般在常温下和低于其屈服强度的应力下长期受力后会产生蠕变；缺口敏感性大；一般增强型工程塑料的力学性能是各向异性的；有的工程塑料会吸湿，并引起尺寸和性能的变化。橡胶材料的强度和弹性模量也比金属的小得多，不能耐高温，且易于老化，因此在选用时应注意零件的使用环境、工作温度和寿命周期的要求。陶瓷材料脆性较大，而且其强度对应力状态很敏感，它的抗拉强度虽低，但抗弯强度较高，抗压强度则更高，一般比抗拉强度高一个数量级。

10.4 轴类零件的选材及热处理

10.4.1 轴类零件的工作条件与失效形式

轴是机器中最基本的零件之一，轴的主要作用是支承传动零件并传递运动和动力，轴质量的好坏直接影响机器的精度与寿命。依据承受载荷的不同,轴可分为转轴、传动轴和心轴三种。转轴既传递转矩又承受弯矩,如齿轮减速箱中的轴等;传动轴是只传递转矩,不承受弯矩或承受较小弯矩的轴,如汽车的传动轴等;心轴是只承受弯矩,不传递转矩的轴,如自行车的前轴等。综合前述,轴的共同特点是:

(1)要传递一定的转矩,可能还承受一定的交变弯矩或拉压载荷;

(2)需要用轴承支持,在滑动轴承轴颈处应有较高的耐磨性;

(3)大多要承受一定的冲击载荷。

10.4.2　轴类零件的主要性能要求

(1)应具有良好的综合力学性能,即强度与塑性、韧性有良好的配合,以防变形和冲击断裂。

(2)具有高的疲劳强度,以防轴疲劳断裂。

(3)有较高的硬度和良好的耐磨性。

(4)特殊条件下的特殊要求。如在高温下工作的轴,要求有高的高温强度和抗蠕变变形能力;在腐蚀性介质中工作的轴,则要求有良好的耐蚀性。

显然,作为轴的材料,用有机高分子材料,其弹性模量小,不合适;而用陶瓷材料,其太脆,韧性差,也不合适。因此,轴的材料几乎都是选用金属材料。

对轴进行选材时,必须将轴的受力情况作进一步分析。按受力情况可以将轴分为以下几类。

(1)刚度和耐磨性为主、轻载的轴。以刚度为主要性能要求、轻载的非重要轴,可以用碳钢或球墨铸铁来制造;对于轴颈有较高耐磨性要求的轴,则须选用中碳钢并进行表面淬火,将强度提高到 52 HRC 以上;对于要求高精度、高尺寸稳定性及高耐磨性的轴,如镗床主轴,则常选用 38CrMoAlA 钢,并进行调质及渗氮处理。

(2)主要受弯曲、扭转的轴。如变速箱传动轴、发动机曲轴、机床主轴等,这类轴在整个截面上所受的应力分布不均匀,表面应力较大,心部应力较小,不必选用淬透性很高的钢种,一般选用中碳钢,如 45 钢、45Cr、40MnB 等,既经济,韧性又高。

(3)同时承受弯曲(或扭转)及拉压载荷的轴。如船用推进器轴、锻锤锤杆等,这类轴在整个截面上的应力分布均匀,心部受力也较大,选用的钢种应具有较高的淬透性。

10.4.3　轴类零件的选材与工艺路线实例

1. 机床主轴的选材与工艺路线

机床主轴在工作中承受交变弯曲应力与扭转应力,但承受的冲击载荷并不大,转速也不高且平稳。大端轴颈处因在使用中常会因轴颈磨损而导致精度丧失,造成失效;在锥孔与外圆锥面处,工作时易拉毛。这些部位应具有一定的耐磨性。

因此,机床主轴可选用 45 钢,载荷较大者可选用 40Cr 等钢。

图 10-1 为 C6132 车床主轴,用 45 钢制造,其主要工艺路线安排如下:

下料→锻造→正火→粗加工→调质→精车→表面淬火、低温回火→磨削

正火的目的是得到合适的硬度,便于机械加工,同时改善锻造组织,为最终热处理做好准备。调质是为了使主轴得到良好的综合力学性能和疲劳强度。将调质安排在粗加工后进行,可以更好地发挥调质的效果。

对轴颈、内锥孔、外锥面进行表面淬火、低温回火,是为了提高硬度,增加耐磨性,延长轴

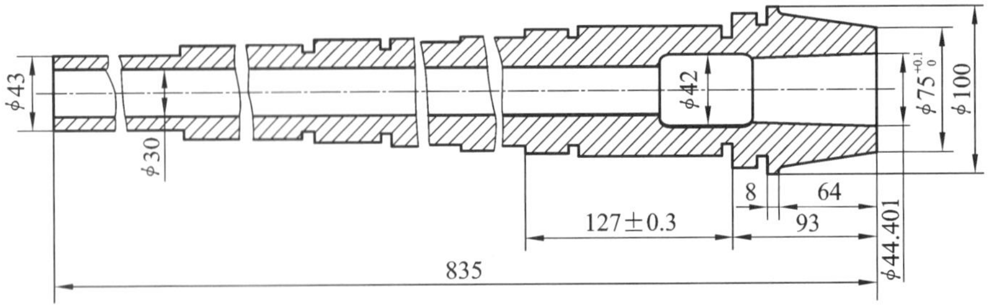

图 10-1 C6132 车床主轴简图

的使用寿命。

常见各类机床主轴的工作条件、常用材料及热处理可参考表 10-2。

表 10-2 常见各类机床主轴的工作条件、常用材料及热处理

序号	工作条件	材料	热处理	硬度	原因	应用举例
1	(1) 与滚动轴承配合; (2) 承受轻载荷或中等载荷,转速低; (3) 精度要求不高; (4) 稍有冲击载荷,交变载荷可以忽略不计	45	调质处理	220～250 HBW	(1) 调质后保证主轴具有一定强度; (2) 精度要求不高	一般机床主轴
2	(1) 与滚动轴承配合; (2) 承受轻载荷或中等载荷,转速略高; (3) 装配精度要求不太高; (4) 冲击和交变载荷可以忽略	45	调质后整体淬硬	42～47 HRC	(1) 有足够强度; (2) 轴颈及装配处有高的硬度; (3) 不承受大的冲击载荷; (4) 简化热处理操作	龙门铣床、立式铣床、小型立式车床等的主轴
3	(1) 与滑动轴承配合; (2) 承受轻载荷或中等载荷,转速低; (3) 精度要求不高; (4) 冲击、交变载荷不大	45	正火,调质,轴颈部分表面淬硬	170～217 HBW 220～250 HBW 48～53 HRC	(1) 正火或调质处理后,保证主轴具有一定的强度和韧性; (2) 轴颈处有滑动摩擦,需要有高的硬度	C650、C660、C8400 等大、重型车床的主轴

序号	工作条件	材料	热处理	硬度	原因	应用举例
4	(1) 与滚动轴承配合; (2) 承受中等载荷,转速较高; (3) 精度要求高; (4) 受冲击载荷	40Cr (42MnVB)	调质,轴颈部分表面淬硬	220~250 HBW 48~53 HRC	(1) 调质后主轴有较高的强度和韧性; (2) 轴颈处得到需要的硬度	铣床、龙门铣床、车床等的主轴
5	(1) 与滑动轴承配合; (2) 承受中等载荷,转速较高; (3) 承受较高的交变载荷与冲击载荷; (4) 精度要求较高	40Cr 40MnVB	调质,轴颈部分表面淬火,装配处表面淬硬	220~250 HBW (250~280 HBW) 52~57 HRC 48~53 HRC	(1) 调质后主轴具有高的强度和硬度; (2) 为获得良好的耐磨性,选择表面淬硬; (3) 装配处有一定的硬度	车床主轴或磨床砂轮主轴(φ80 mm以下)
6	(1) 与滑动轴承配合; (2) 承受中等载荷或重载荷; (3) 轴颈有高的耐磨性; (4) 精度要求较高; (5) 受较高的交变载荷,但冲击载荷小; (6) 表面硬度和显微组织要求高	GCr15 9Mn2V	调质后轴颈和头部局部淬火	250~280 HBW (调质) 59 HRC (头部)	(1) 获得高的表面硬度和耐磨性; (2) 粗、精磨性能好,粗糙度易降低	较高精度的磨床主轴
7	(1) 与滑动轴承配合; (2) 承受重载荷,转速较高; (3) 精度在求极高,轴隙小于0.003 mm; (4) 受很高的疲劳应力和冲击载荷	30CrMnAlA	正火或调质,渗氮	250~280 HBW >900 HV	(1) 有很高的心部强度; (2) 达到很高的表面硬度,不易磨损,保持精度稳定; (3) 优良的耐疲劳性能; (4) 畸变量小	高精度磨床主轴、镗床主轴、坐标镗床等的主轴

2. 曲轴的选材与工艺路线

曲轴(见图 10-2)在内燃机中工作时,将活塞连杆的往复运动变为旋转运动。曲轴是形状复杂而又重要的零件之一。气缸的气体压力通过活塞的作用,使曲轴承受很大的冲击应力和扭转应力,在复杂繁重的工作条件下,曲轴的失效形式主要是轴颈磨损和疲劳断裂。

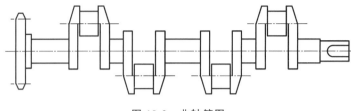

图 10-2　曲轴简图

作为高速、大功率内燃机的曲轴,一般都用合金调质钢锻造成型;中、小型内燃机的曲轴常选用球墨铸铁或 45 钢。表 10-3 为各种发动机曲轴用材及热处理。

表 10-3　各种发动机曲轴用材及热处理

用　途	材　料	预备热处理		最终热处理		
		工艺	硬度/HBW	工艺	层涤/mm	硬度
轿车、轻型车、拖拉机	45	正火	170～228	感应淬火	2～4.5	55～63 HRC
	50Mn	调质	217～277	碳氮共渗:570 ℃,180 min 油冷	≥0.5	500 HV
	QT600-3	正火	229～302	碳氮共渗:560 ℃,180 min 油冷	≥0.1	650 HV
载货汽车及拖拉机	QT600-3	正火	220～260	感应淬火,自回火	2.9～3.5	46～58 HRC
	45	正火	163～196	感应淬火,自回火	3～4.5	55～63 HRC
	45	调质	207～241	感应淬火,自回火	≥3	≥55 HRC

球墨铸铁件正火后有较高的强度及屈强比,以及高的扭转疲劳强度、较好的减振性、小的缺口敏感性。经过多次冲击抗力试验发现,在冲击应力不很高时,QT600-3 比 45 钢还好。应用球墨铸铁制造曲轴,不仅工艺性好,而且成本低廉。

球墨铸铁曲轴的工艺路线安排如下:

铸造成型→热处理(正火和高温回火)→机械加工→轴颈气体渗氮

正火(950 ℃)的目的是增加珠光体含量和细化珠光体,提高抗拉强度、硬度和耐磨性;高温回火的目的是消除正火(风冷、喷雾)所造成的内应力;气体渗氮是为了提高轴颈的表面硬度和耐磨性。

3. 丝杠的选材与工艺路线

作为特种轴,丝杠是机床的重要零件之一。丝杠按其摩擦性质分为滑动丝杠、滚动丝杠和静压丝杠三大类,主要应用于进给机构和调节移动机构(如车床、铣床、磨床、镗床、钻床、刨床进给机构)。它的精度高低直接影响机床的加工精度、定位精度和测量精度,因此要求它具有高的精度、高的稳定性和高的耐磨性。

按照热处理的不同,丝杠有不淬硬和淬硬两种。

为了保证使用过程中的尺寸稳定,需尽可能消除工件的应力,尽可能减少残留奥氏体量。丝杠受力不大,但转速很高,表面要求有高的硬度和耐磨性,硬度为 60～64 HRC。在加工处理过程中,每一工序都不能产生大的应力和大的应变,尤其是在丝杠加工过程中,应着重考虑防止弯曲、减少内应力和提高丝杠螺距精度。对于不淬硬丝杠,一般采用车削工艺,外圆及螺纹部分分多次加工,以求逐渐减小切削力和内应力;对于淬硬丝杠,则采用"先车后磨"或"全磨"两种不同工艺。

不淬硬丝杠常用 45 钢、易切削钢(Y40Mn)和碳素工具钢(T10A、T12A)等制造;淬硬丝杠常用合金结构钢、合金工具钢及微变形钢等,如 9Mn2V、CrWMn、GCr15 和 GCr15SiMn 等。以选用 CrWMn 钢为例,理由是:

(1) CrWMn 钢是高碳合金工具钢,淬火处理后能获得高的硬度和耐磨性,可满足硬度和耐磨性的要求;

(2) CrWMn 钢由于加入合金元素,故具有良好的热处理工艺性能,淬透性好,热处理变形小,有利于保证丝杠的精度。将 9Mn2V 和 CrWMn 比较,前者淬透性差些,适用于加工直径较小的精密丝杠。

为了防止精密丝杠在加工过程中产生很大的应力和变形,满足淬硬精密丝杠的技术要求,工艺路线一般安排如下:

下料→正火→球化退火→粗加工→去应力退火→精加工→淬火→冷处理→低温回火

10.5 齿轮零件的选材及热处理

10.5.1 齿轮的工作条件与失效形式

齿轮是机械中最主要的传动零件,其作用是传递转矩、变换速度或方向,少数齿轮受力不大,仅起分度定位作用。齿轮的转速可以相差很大,直径可以从几毫米到几米,工作条件、环境也有很大差别。因此,齿轮的工作条件是较复杂的,但大多数重要齿轮仍具有以下共同特点。

(1) 由于传递转矩,轮齿根部承受较大的弯曲应力。

(2) 齿面在工作过程中相互滚动和滑动,表面受到强烈的摩擦和磨损。

(3) 由于变速、起动或啮合不良,轮齿会受到冲击载荷作用。

轮齿失效的主要形式是弯曲疲劳、轮齿折断和齿面失效(齿面失效又分为齿面磨粒磨损、齿面疲劳点蚀及齿面胶合)。

10.5.2 齿轮的主要性能要求

(1) 高的弯曲疲劳强度和接触疲劳强度。

(2) 齿面有高的硬度和耐磨性。

(3) 轮齿心部要有足够的强度和韧性。

(4) 良好的工艺性,成本尽可能低。

10.5.3 齿轮的选材与热处理

齿轮的工作条件不同,所用的材料及热处理方法也有所不同。作为制造齿轮的材料,陶瓷是不合适的,因为其脆性大,不能承受冲击。对于受力不大或无润滑条件下工作的齿轮,如水表等,可选用塑料(如尼龙、聚碳酸酯等)制造;对于在低应力、低冲击载荷条件下工作的齿轮,可用 HT250、HT300、HT350、QT600-3、QT700-2 等材料制造;对于较为重要的齿轮,一般都用钢制造。

10.5.4 齿轮的选材与工艺路线实例

1. 机床齿轮的选材与工艺路线

运动平稳、转速中等、负荷不大、无强烈冲击、强度和韧性要求均不太高的机床齿轮,一般用中碳钢(例如 45 钢)制造,采用高频感应淬火进行表面强化处理。图 10-3 为 C6132 车床的传动齿轮,其制造工艺路线为:下料→锻造→正火→粗加工→调质→精加工→高频感应淬火→低温回火→精磨。对于性能要求不高的齿轮,可以在锻造后先粗加工,再正火、精加工,省去调质处理;对于极少数高速、重载、高精度或承受一定冲击的齿轮,可采用 38CrMoAlA、35CrMo 等合金渗氮钢进行表面渗氮处理,或合金渗碳钢进行渗碳＋淬火＋低温回火处理。

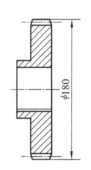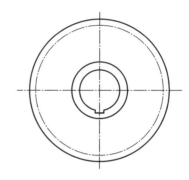

图 10-3　C6132 车床的传动齿轮

如果该齿轮受力较大,则可选用中碳低合金钢,如 40Cr。

小模数齿轮由于齿高不大,在进行高频感应淬火时,常常使齿的整个截面热透,造成淬火后心部硬度增大、韧性下降,会发生断齿和崩齿,这时可选用低淬透性钢,如 55Tid、60Tid。

正火的目的是使组织均匀,消除锻造应力,调整硬度,便于切削;调质可以使齿轮具有良好的综合力学性能,提高齿轮心部的强度和韧度(硬度可达 220 HBW,冲击韧度可达 40 J/cm²),使齿轮能承受较大的弯曲应力和冲击。

高频感应淬火的目的是赋予齿轮表面以高硬度、高耐磨性,并使齿轮表面有压应力,从而增强其抗疲劳能力;低温回火是为了消除淬火应力,防止产生研磨裂纹和提高抗冲击能力。表 10-4 为机床齿轮常用钢种及热处理工艺,以供参考。

表 10-4　机床齿轮常用钢种及热处理工艺

序　号	齿轮工作条件	牌　号	热处理工艺	硬 度 要 求
1	在低载荷条件下工作,要求耐磨性高的齿轮	15(20)	渗碳	58～63 HRC
2	低速低载荷条件下工作的不重要的变速箱齿轮和挂轮架齿轮	45	正火	156～217 HBW

序　号	齿轮工作条件	牌　号	热处理工艺	硬度要求
3	低速低载荷条件下工作的齿轮（如车床溜板上的齿轮）	45	调质	200～250 HBW
4	中速中载荷或大载荷条件下工作齿轮	45	高频淬火＋中温回火	40～45 HRC
5	速度较大或中等载荷条件下工作的齿轮,齿轮硬度要求较高	45	高频淬火＋低温回火	52～58 HRC
6	高速中等载荷,要求齿面硬度高的齿轮	45	高频淬火＋低温回火	52～58 HRC
7	速度不大、中等载荷、断面较大的齿轮	40Cr 42SiMn	调质	200～230 HBW
8	高速高载荷,齿面硬度要求高的齿轮	40Cr 42SiMn	调制后表面淬火 低温回火	45～50 HRC
9	高速中载荷受冲击,模数小于5 mm的齿轮	20Cr 20CrMo	渗碳	58～63 HRC
10	高速重载荷受冲击,模数大于6 mm的齿轮	20CrMnTi 20SiMnVB 12CrNi3	渗碳	58～63 HRC
11	在不高载荷下工作的大型齿轮	50Mn2 65Mn	正火	＜241 HBW
12	传动精度高,要求具有一定耐磨性的大型齿轮	35CrMo	正火＋高温回火	255～302 HBW

2. 汽车齿轮的选材与工艺路线

汽车上使用齿轮的部位主要在变速箱、驱动桥差速器中,通过齿轮传动将动力传至半轴,带动主动轮转动,驱使汽车前进,通过改变齿轮速比与方向,控制汽车行驶速度和前进、后退。另外,在发动机凸轮轴中有齿轮,汽车起动电动机、汽车里程表等处也使用齿轮。

汽车变速齿轮受力较大,超载和受冲击频繁,其耐磨性、疲劳强度、心部强度及冲击韧度等性能要求均比一般机床齿轮的要高,仅选用一般调质钢进行感应淬火难以保证要求,通常要选用渗碳钢来制作重要齿轮。同时要根据汽车齿轮生产批量大的特点,选用先进、合理的工艺方法,追求成本的降低。

我国应用最多的是合金渗碳钢 20Cr、20CrMnTi、20MnVB、20CrMnMo 等,并经渗碳、淬火及低温回火处理。经渗碳处理后表面含碳量大大提高,保证淬火后得到高的硬度,提高耐磨性和接触疲劳抗力。在渗碳、淬火及低温回火后其齿面硬度可达 58～62 HRC,心部硬度为 30～45 HRC。由于合金元素能提高淬透性,淬火、回火后可使心部获得较高的强度和足够的冲击强度。为了进一步提高齿轮的耐用性,渗碳、淬火、回火后,还可进行喷丸处理,以增大表层压应力。齿轮加工工艺路线一般为:

下料→锻造→正火→切削→渗碳→淬火→低温回火→喷丸→磨削

对于大模数、重载、高耐磨和韧性要求高的齿轮,可以选用12Cr2Ni4A或18Cr2Ni4WA等高淬透性渗碳钢。

对于飞机、坦克等使用的特别重要的齿轮,则可选用高性能、高淬透性的渗碳钢(如18Cr2Ni4WA)来制造。

表10-5分别列出了汽车、拖拉机齿轮常用钢种及热处理技术要求,可供参考。

表 10-5　汽车、拖拉机齿轮常用钢种及热处理技术要求

序号	齿轮类型	常用钢种	热 处 理	
			工艺	技术要求
1	汽车变速箱和差速箱齿轮	20CrMnTi、20CrMo 等	渗碳	层深:$m_0 < 3$ mm 时,0.6~1.0 mm;3 mm$< m_0 <$5 mm 时,0.9~1.3 mm;$m_0 > 5$ mm 时,1.1~1.5 mm。齿面硬度:58~64 HRC。心部硬度:$m_0 < 5$ mm 时,32~45 HRC;$m_0 > 5$ mm 时,29~45 HRC
		40Cr	碳氮共渗	层深:大于 0.2 mm。齿面硬度:51~61 HRC
2	汽车驱动桥主动及从动圆柱齿轮	20CrMnTi、20CrMo	渗碳	渗碳深度按图样要求,硬度要求同序号 1 中的渗碳工艺
	汽车驱动桥主动及从动锥齿轮	20CrMoTi、20CrMnMo	渗碳	层深:$m_0 < 5$ mm 时,0.9~1.3 mm;5 mm$< m_0 <$8 mm 时,1.0~1.4 mm;$m_0 > 8$ mm 时,1.2~1.6 mm。齿面硬度:58~64 HRC。心部硬度:$m_0 < 8$ mm 时,32~45 HRC;$m_0 > 8$ mm 时,29~45 HRC
3	汽车驱动桥差速器行星及半轴齿轮	20CrMnTi、20CrMo、20CrMnMo	渗碳	同序号 1 中的渗碳工艺
4	汽车发动机凸轮轴齿轮	HT180、HT200	—	170~229 HBW
5	汽车曲轴正时齿轮	35、40、45、40Cr	正火、调质	149~179 HBW 207~241 HBW
6	汽车起动电动机齿轮	15Cr、20Cr、20CrMo、15CrMnMo、20CrMnTi	渗碳	层深:0.7~1.1mm。齿面硬度:58~63 HRC。心部硬度:33~43 HRC。
7	汽车里程表齿轮	20	碳氮共渗	层深:0.2~0.35 mm

序号	齿轮类型	常用钢种	热 处 理	
			工艺	技术要求
8	拖拉机传动齿轮、动力传动装置中的圆柱齿轮及轴齿轮	20Cr、20CrMo、20CrMnMo、20CrMnTi、30CrMnTi	渗碳	层深不小于模数的 0.18 倍,但不大于 2.1 mm,各种齿轮渗层深度的上、下限之差不大于 0.5 mm,硬度要求同序号 1、2
9	拖拉机曲轴正时齿轮、凸轮轴齿轮、喷油泵驱油齿轮	45	正火	156～217 HBW
			调质	217～255 HBW
		HT200		170～229 HBW
10	汽车、拖拉机油泵齿轮	40、45	调质	28～35 HRC

10.6 弹簧类零件的选材及热处理

1. 工作条件

弹性范围内工作,长期受到交变载荷的冲击。

2. 失效形式

失效形式包括疲劳断裂、表面磨损、弹性失效。

3. 性能要求

具有较高的弹性极限、屈服极限和屈强比,以及高的疲劳强度。

4. 弹簧类零件的选择

弹簧主要根据弹性极限和疲劳强度来进行选材。弹簧的工作条件复杂,有些弹簧还要求有良好的耐热性、高的蠕变极限,或者较低的低温冲击韧性和脆性转变温度。在腐蚀介质中工作的弹簧还需要有良好的耐蚀性。

5. 典型弹簧类零件

1）扭杆弹簧

扭杆弹簧在汽车、火车、坦克及装甲车方面获得广泛应用,如图 10-4 所示。汽车悬架扭杆弹簧选用的钢有 65Mn、70Mn、55Si2MnA、60Si2MnA、55CrVA、50CrMnMoVA 等,以及经电渣重熔的 SAE4340 钢。

图 10-4 扭杆弹簧

扭杆弹簧的制造工艺路线为:下料→镦锻→退火→端部加工→淬火→回火→喷丸处理→强扭处理→检验→防锈处理。

扭杆弹簧热处理后的喷丸和强扭处理,主要用于军用和公路重型汽车的悬架弹簧,轿车及一般载重汽车的悬架和稳定杆,可不用喷丸和强扭处理。

扭杆弹簧的热处理主要是调质处理(调质扭杆)、高频感应淬火(高频扭杆),后者工艺尚待完善。疲劳试验表明,当淬硬层在50%～70%时,可获得较高的疲劳极限和抗应力松弛性能。

2）汽车离合器膜片弹簧

膜片弹簧具有非线性工作特点,可使离合器工作性能稳定,不致因摩擦片的磨损而使其压紧力发生明显变化,如图10-5所示。膜片弹簧一般选用50CrVA、60Si2MnA钢板制造,其失效形式主要为早期断裂和应力松弛。因此,膜片弹簧要进行合适的热处理和强压处理后才能使用。

膜片弹簧的制造工艺路线为:剪板下料→车内圆→车外圆→冲孔槽→磨平面→车外圆倒角→冲内孔圆角→热冲压成型→淬火、回火→喷丸强化→6次强压→检验。

膜片弹簧的热处理为淬火、回火,硬度为42～46 HRC(组织为回火马氏体),热处理时应控制簧片的变形。强压处理主要是减小膜片弹簧工作过程中的松弛变形或弹力减退现象,以稳定其自由锥度。

图10-5　膜片弹簧

10.7　其他常见零件的选材及热处理

机架、箱体类零件包括常见机械的机身、底座、支架、横梁、工作台、齿轮箱、轴承座、阀体、泵体等。其中,机架、箱体类零件的特点是形状不规则,结构比较复杂,重量差异很大,工作条件也相差很大。如机身、底座等一般的基础零件以承压为主,并要求有较好的刚度和减振性;工作台、导轨等零件则要求有较好的耐磨性;有些机械的机身、支架往往同时承受压、拉和弯曲应力的联合作用,或者还有冲击载荷,一般受力不大,但要求有良好的刚度和密封性。

下面以机床导轨为例来分析这类零件的选材及热处理。

1. 机床导轨的工作条件和失效形式

在机床中导轨是其重要的工作基面,是整台机床的装配基础,也是机床工作精度的保证。机床导轨的失效形式主要是导轨工作面的磨损和擦伤,使其丧失平直度和表面粗化。为此,在日常生产中对机床导轨维修所占的工作量达整台机床维修工作量的40%～50%,可见其维护成本是很高的。因此,正确和合理地选择机床导轨的材料和热处理方式是提高其耐磨性、抗擦伤能力,保持机床精度,降低生产维护成本和延长使用寿命的重要措施之一。

2. 机床导轨的选材及热处理

普通机床的导轨传统上是采用铸铁经表面淬火,但这种材料易于产生滑动导轨的"爬行"。为了提高机床的定位精度,减小传动阻力,滚动导轨的应用日渐广泛。

为了克服铸铁导轨不能很好地适应滚动的点接触或接触载荷的缺点,可采用镶钢导轨,通过淬火、渗碳淬火、感应淬火和渗氮等表面硬化处理,来提高导轨的接触疲劳强度和承载能力。镶钢导轨常用的材料有:9Mn2V、GCr15、CrWMn、20Cr、38CrMoAl等。

目前,机床导轨用材有三个明显的趋势:硬化导轨的比例增加、镶钢导轨的比例增加及非金属导轨的比例增加。表10-6为现行机床常用的配合副及其工作条件。

表 10-6　现行机床常用的配合副及其工作条件

序　号	配　合　副	工　作　条　件
1	铸铁/铸铁导轨	—
2	铸铁/淬火钢导轨	淬硬导轨的磨损速率为不淬硬导轨的 1/2～1/3
3	铸铁/镶淬火钢导轨	镶轴承钢、渗碳钢、渗氮钢的优于序号 2
4	淬火床鞍/淬火床身导轨	对耐磨性要求特别高时,采用此种配合副,其总磨损速率仅为序号 1 的 1/4.5～1/5
5	铸铁/镀铬铸铁	在磨粒磨损的条件下,耐磨性比序号 1 高出 2～3 倍,摩擦因数小,运行平稳
6	塑料/铸铁导轨	适合在污染条件下工作,磨损量小于铸铁淬火钢,其中聚四氟乙烯基的干摩擦因数极低,吸振爬行性能好
7	铝基合金或锌基合金/铸铁导轨	上导轨为锡铝基合金或锌基合金,可减小摩擦,且有防止擦伤铸铁导轨的作用

10.8　工具类零件

切削加工使用的车刀、铣刀、钻头、丝锥、板牙等工具统称为刃具。

1. 工作条件

刃具切削材料时,受到被切削材料的强烈挤压,刃部受到很大的弯曲应力作用。某些刃具,比如钻头、铰刀,还会受到较大的扭转应力作用。机用刃具往往承受较大的冲击与振动。

2. 失效形式

失效形式包括:磨损、断裂、刃部软化。

3. 性能要求

性能要求为:高硬度、高耐磨性,硬度一般大于 62 HRC,以及高的红硬性、强韧度和淬透性。

4. 选材

制造刃具的材料有碳素钢、低合金刃具钢、高速钢、硬质合金和陶瓷等。根据刃具的使用条件和性能进行选材。

5. 典型刃具

1) 齿轮滚刀

齿轮滚刀是生产齿轮的常用刀具,用于加工外啮合的直齿和斜齿渐开线圆柱齿轮,如图 10-6 所示,材料选用高速钢（W18Cr4V）。

性能要求:形状复杂、精度要求高。

工艺路线:热轧棒材下料→锻造→球化退火→粗加工→淬火→回火→精加工→表面处理。

工艺路线中各项热处理的目的如下。

图 10-6　齿轮滚刀

锻造:成型、破碎、细化碳化物,均匀分布碳化物,防止成品刀具崩刃和掉齿。由于高速钢淬透性很好,锻后在空气中冷却即可得到淬火组织,因此锻后应慢慢冷却。

球化退化:细化晶粒,消除内应力。

淬火+回火:保证齿轮滚刀的强度及硬度。

表面处理:提高使用寿命。

图 10-7 板锉

2)板锉

板锉是钳工常用的工具,用于锉削其他金属,如图10-7所示,其材料选用 T12 钢。

性能要求:刃部表面要求有高的硬度(64~67 HRC),柄部要求硬度小于 35 HRC。

工艺路线:热轧钢板下料→锻柄部→球化退火→机加工→淬火→低温回火。

工艺路线中各项热处理的目的如下。

球化退火:使钢中碳化物呈粒状分布,细化组织,降低硬度,改善切削加工性能,同时为淬火做好组织准备工作,最终获得的成品组织中含有细小的碳化物颗粒,可提高钢的耐磨性。

淬火+低温回火:保证板锉的强度和硬度要求。

 ## 10.9 模具零件的选材及热处理

在现代汽车、拖拉机、电机及仪器仪表元器件等机械制造、冶金行业中,为了实现无切削或少切削生产,广泛使用模具。根据工作条件,常见的模锻、冷冲压、冷挤压、压铸、塑压等所用的模具可以归纳为冷作模具、热作模具和塑料模具等几类。

在选择模具材料前,应对模具的工作条件、失效形式及性能要求进行分析,综合各方面因素进行选材。模具选材的基本原则为:

(1)按照模具的性能要求选用钢材,不必局限于传统钢种。

(2)大批量生产中选用优质钢材,以提高模具的使用寿命,降低模具的成本。

(3)批量较小的简单模具选用价格便宜的钢材,也就是坚持经济性原则。

热处理是模具生产的关键。制订合理的加工工艺路线及热处理工艺,可减少模具生产中废品的产生,并且可有效地提高模具的使用寿命。

对于表面要求高硬度或耐蚀性的模具,还可采用适当的表面处理来提高其使用寿命,如渗氮、渗铬、渗硼等。

10.9.1 冷作模具

在常温下对材料进行压力加工的模具称为冷作模具。常用的冷作模具有:冲裁模、拉深模、拉丝模、冷镦模、冷挤压模等。

冷作模具在常温下使坯料变形,坯料的变形抗力很大,所以模具的工作条件很恶劣,工作部分也受到了强烈的挤压、摩擦和较大的冲击载荷作用。冷作模具使用时的温度一般不超过 200~300 ℃。

冷作模具正常的失效形式是磨损。但如果模具的选材、热处理或结构设计不当,常会因变形、崩刃、开裂而出现早期失效。为了使冷作模具不易变形,耐磨损,不开裂,在高应力作用下保持尺寸精度不发生变化,冷作模具用钢应该具有高强度、高硬度、高耐磨性和足够的韧性,并且要求冷、热加工工艺性要好,对热硬性要求不高。表 10-7 是常用冷作模具用钢的分类、牌号、特点及适用范围。

第 10 章 工程材料的合理选用

表 10-7　常用冷作模具用钢的分类、牌号、特点及适用范围

分　类		牌　号	特　点	适 用 范 围
化学成分	钢的性质			
碳素工具钢、低合金工具钢	低淬透性钢	T7A～T12A Cr2、9Cr2	加工性能好,在薄壳硬化状态有充分的韧性和疲劳抗力,但淬透性、耐回火性和耐磨性低	适于制作轻载冲裁模、一般成型模和压印模等
低合金工具钢	抗冲击性钢	4CrW2Si、5CrW2Si、60Si2Mn、6CrW2Si、65Mn	低碳中合金,抗冲击疲劳性极好,耐磨性、抗压强度较差	适于制作各种冲剪工具、精压模、冷镦模等
低合金工具钢	低变形性钢	9Mn2V、CrWMn、9Mn2、6CrNiSiMoV、7CrSiMnMoV、8Cr2MnSiMoV	淬透性较好,淬火操作简单,变形易于控制,但韧性、耐回火性及耐磨性仍不足	适于制作中、小批量,形状复杂的模具
高合金工具钢	微变形高耐磨性钢	Cr12、Cr12MoV、Cr4W$_2$MoV、Cr12Mo1V1(D2)、Cr5Mo1V	淬透性高,中等的耐回火性,耐磨性好,但变形抗力和冲击抗力较小	适于制作成批大量生产的冷冲模,中等载荷的冷挤、冷镦模
高合金工具钢	高强韧性钢	6W6Mo5Cr4V、5Cr4W5Mo2V、65Cr4W3Mo2VNb(65Nb)、5Cr4Mo3SiMnVAl(012Al)	属于高碳高合金钢,兼有高强度和高综合性能	适于制作各类重载冷冲模具
高速钢	高强度钢	W18Cr4V、W6Mo5Cr4V2	具有高的抗压强度、耐回火性和耐磨性,韧性较差	适于制作重载、使用寿命长的拉深模、冷挤压模

1．冲裁模的选材及热处理

冲裁模是一种带有刃口,被加工材料沿着模具刃口的轮廓发生分离的模具,包括落料、冲孔、切边、剪切模具等。

1) 工作条件、失效形式

根据板料的冲裁过程可分为:弹性变形、塑性变形、裂纹产生和裂纹扩展等四个阶段。由于被加工材料产生塑性变形,故冲裁模的工作部分,尤其是刃口会受到强烈的摩擦,所以冲裁模的主要失效形式是磨损。此外,冲裁模还受到一定的冲击力、剪切力和弯曲力的作用。有时因结构不合理或选材及热处理不当而出现崩刃、变形、折断等现象,从而导致模具过早失效。

2) 性能要求

为了保证冲裁模不因过早磨损而失效,冲裁模必须有高的硬度和耐磨性;为了防止冲裁模在工作过程中出现崩刃、折断现象,冲裁模应有较高的抗弯强度及一定的韧性。

3)选材原则

为了满足模具高硬度、高耐磨性和高强度的要求,所选用的钢材通常应具有较高的含碳量,并且还要考虑冲裁模所加工工件的材料种类、形状、尺寸及生产批量等因素。用于制造冲裁模的典型钢种有:碳素工具钢、低合金冷作模具钢、Cr12 型钢、高碳中铬钢、高速钢、低碳高速钢等。表 10-8 为常用冲裁模材料的选用及热处理后的硬度范围。

表 10-8 常用冲裁模材料的选用及热处理后的硬度范围

模 具 类 型	钢 号			热处理后的硬度/HRC
	简单(轻载)	复杂(轻载)	重载	
硅钢片冲模	CrWMn、Cr6WV、Cr4W2MoV、Cr12、Cr12MoV、Cr2Mn2SiWMoV	Cr6WV、Cr12、Cr12MoV、Cr4W2MoV、Cr2Mn2SiWMoV	—	56～62
钢板落料冲孔模	45、T7A～T12A、9Mn2V、Cr2、9SiCr	CrWMn、Cr6WV、Cr12MoV、Cr4W2MoV、Cr2Mn2SiWMoV	Cr12MoV、Cr4W2MoV、5CrW2Si	56～60
切边模	T7A～T12A	CrWMn	Cr12MoV	50～55
冲头	T10A、9Mn2V、9SiCr	9Mn2V、CrWMn、CrbWV、Cr12MoV	W18Cr4V、W6Mo5Cr4V2、6W6Mo5Cr4V	52～56
小冲头	T7A、T10A、9Mn2V	Cr6WV、Cr12MoV、Cr4W2MoV	W18Cr4V、W6Mo5Cr4V2、6W6Mo5Cr4V	54～58

4)应用举例——硅钢片冲模(四模)的选材及热处理

(1)选材。由于硅钢片加工批量大,因此保证模具使用寿命应当是首先考虑的要素,能满足此要求的钢种有很多,常用的是 Cr12 冷作模具钢。Cr12 冷作模具钢的含碳量高($w_C = 2\%～2.3\%$),可保证模具具有高的硬度、强度和极高的耐磨性。铬的加入可大幅度提高钢的淬透性(油淬临界直径为 200 mm),并使钢经高温淬火后残留奥氏体量增加,从而降低了钢淬火后的变形倾向。

(2)加工工艺路线。Cr12 冷作模具钢的加工工艺路线如下:

锻造→球化退火→切削→去应力退火→淬火→回火→磨削→检验

(3)热处理工艺说明。球化退火是为了消除锻造应力,降低硬度,方便切削,获得索氏体+碳化物组织,为淬火做组织准备;去应力退火可消除加工应力,减小模具淬火时的变形。淬火时应注意:要在两次盐炉中预热,然后进行分级淬火,以减小模具的应力和变形开裂倾向。

为了减少残留奥氏体、提高硬度,常在淬火后采用冷处理。

2. 拉深模的选材及热处理

拉深是变形区在一拉一压的应力状态作用下,使板料(浅的空心坯)成为空心件(深的空心件)而厚度基本不变的加工方法。拉深模主要由凸模、凹模和压边圈组成。图 10-8 为薄壁筒拉深示意图。

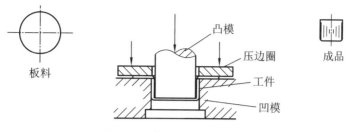

图 10-8　薄壁筒拉深示意图

1）工作条件、失效形式

拉深模在工作过程中,凹模承受强烈的摩擦和较大的径向应力,凸模承受摩擦和压缩应力。由于被加工材料的剧烈变形以及与型腔的摩擦,使得局部温度升高。高速拉深时,模具工作表面温度可达 400～500 ℃,使坯料与型腔表面焊合,撕裂后黏附在型腔表面,形成坚硬的"小瘤",造成黏模。模具表面的小瘤会造成产品表面的磨损和擦伤,从而降低工件的表面质量,故拉深模的主要失效形式为磨损和黏模。

2）性能要求

为了保证产品的外观,模具表面不允许出现磨损痕迹,故拉深模必须具有较低的表面粗糙度、良好的润滑条件及高的耐磨性。

3）选材原则

拉深模材料的选择应根据坯料种类、产品形状和批量大小来决定,应在保证产品数量和质量的基础上,尽可能地降低成本。对于直径小于 75 mm 的零件的小模具,应优先考虑材料性能,因为材料费用只占模具生产中很小的比例(即使是高合金工具钢,材料费用也不大于模具总成本的 5％);而制造直径大于 200 mm 的零件的模具时,材料费用很高,故选材时应综合权衡材料的成本和性能,如采用工具钢镶块制作或采用合金铸铁制作也不失为一种节省的选择。

对于圆形制品和小批量生产的模具,可采用碳素工具钢;对于中批量生产的模具,可采用低合金工具钢;对于形状不规则的产品或大批量生产的模具,可采用 Cr12MoV 钢;对于大批量生产的模具,可用硬质合金。拉深模的常用材料如表 10-9 所示。

表 10-9　拉深模的常用材料

制品类别	拉深材料	要求加工的零件数		
		10^4 个	10^5 个	10^6 个
小型	铝铜合金	T10A、9Mn2V、CrWMn	9Mn2V、CrWMn	Cr12MoV
	钢	T10A、9Mn2V、CrWMn	9Mn2V、CrWMn	Cr12MoV
	奥氏体不锈钢	T10A(镀铬)、铝青铜	铝青铜	Cr12MoV、硬质合金
中型	铝铜合金	合金铸铁	合金铸铁	镶嵌 Cr12MoV 钢
	钢	合金铸铁	镶嵌 Cr12 钢	镶嵌 Cr12MoV 钢
	奥氏体不锈钢	合金铸铁、镶嵌铝青铜	镶嵌 Cr12 钢、镶嵌铝青铜	镶嵌渗氮后的 Cr12MoV 钢

制品类别	拉深材料	要求加工的零件数		
		10^4 个	10^5 个	10^6 个
大型	铝铜合金	合金铸铁	合金铸铁	镶嵌 Cr12MoV 钢
	钢	合金铸铁	镶嵌 Cr12 钢	镶嵌 Cr12MoV 钢
	奥氏体不锈钢	合金铸铁、镶嵌铝青铜	镶嵌 Cr12 钢、镶嵌铝青铜	镶嵌渗氮后的 Cr12MoV 钢

4）应用举例——生产防尘盖（材料为 Cr6WV 钢）的拉深模的选材及热处理

（1）材料。原用材料为 GCr15，模具使用寿命为 5000 件。现选用 GW50 钢结硬质合金［以 WC 为硬质相，其余为黏结相（Fe 及少量的 C、Mo、Cr 等）］制造，可显著提高模具的使用寿命，使用寿命达几十万件。

与 GCr15 相比，GW50 钢结硬质合金材料具有极高的硬度、耐磨性、刚度、抗氧化性、耐蚀性和高的热硬性，可避免模具产生划痕，能保证产品的表面质量，提高了拉深模的使用寿命。

（2）热处理工艺。GW50 钢结硬质合金的淬火、回火工艺如图 10-9 所示，淬火、回火后可获得马氏体＋少量残留奥氏体＋WC＋合金碳化物，硬度为 65～68 HRC。

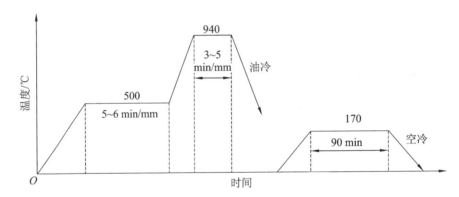

图 10-9　GW50 钢结硬质合金的淬火、回火工艺

3．冷镦模的选材及热处理

1）工作条件、失效形式

冷镦模在工作时具有高的作业速度和较大的冲击力。冷镦时，被加工材料产生剧烈的塑性变形，从而使模具受到很大的压力、摩擦力和冲击力。冷镦模常见的失效方式主要为：型腔表面磨损、压塌变形、黏附、模具断裂、崩块等。

2）性能要求

高的表面硬度，以抵抗表面磨损、压塌变形；高的强度和韧性，以保证模具能够承受较大的压力而不致破裂；良好的润滑条件，防止工作时产生黏模。

3）选材原则

为了保证冷镦模具有高的硬度和耐磨性，选用冷镦模钢材时碳的质量分数一般为 0.8％～1.15％。其中大型模具的韧性要求较高，碳的质量分数取下限，小型模具则取上限。高负载条件下工作的模具要求具有高的强度和低的硫、磷含量，故常选用高级优质工具钢。

冷镦模也可采用硬质合金或硬质合金镶块的组合式结构，这样既发挥了硬质合金高硬度、高耐磨性的特点,又可利用加套法施加预应力,从而节约金属,提高冷镦模的使用寿命。运用硬质合金或硬质合金镶块的组合式结构已成为冷镦模材料的发展方向。此外,硬质合金镶块模的模套材料,应具备高的强度、韧性和足够的淬透性。冷镦模的常用材料如表10-10所示。

表 10-10 冷镦模的常用材料

模具名称	结 构	规 格	常用牌号	工作硬度/HRC
凹模	整体式	<M6	9SiCr,Cr12MoV	59～61
		>M8	T10A	56～59
	组合式	模芯>M10	Cr12MoV	52～59
			W6Mo5Cr4V2	57～61
		模芯<M10	K20	—
		模套	T10A、GCr15	48～52
			60Si2Mn	44～48
成型冲头	凹穴冲头	中、小规格	60Si2Mn	57～59
			5CrMnMo	57～59
	外六角冲头	大、中规格	Cr12MoV	57～59
			C6WV	52～56
	内六角冲头	中、小规格	60Si2Mn	52～57
		大规格	W6Mo5Cr4V2、W18Cr4V	59～61
	十字冲头	小规格	W6Mo5Cr4V2、W18Cr4V	59～61
		大、中规格	60Si2Mn	55～77

4)应用举例——冷镦模(螺钉、螺母)的选材及热处理

(1)选材。在冷镦过程中,由于被挤压材料的剧烈变形,模具受到很大的反作用力和摩擦力。为了保证模具在工作时不产生变形和开裂,冷镦模应具有足够的强度和韧性;为了防止过度磨损,模具的工作表面应有高的硬度和耐磨性;为了防止模具脆断,模具应是"面硬心韧",心部不应淬硬。因此,T10A 钢比较合适。

(2)加工工艺路线。T10A 钢的加工工艺路线如下:

锻造→球化退火→粗加工→精加工→淬火→回火→磨孔

(3)热处理工艺说明。淬火工艺应在盐浴炉中加热至淬火温度 820～840 ℃,用喷水(盐水或水)专用夹具冷却顶模中的同心孔和两端部、光冲的两端(见图10-10),使之具有一定的淬硬层和较高的硬度,增加耐磨性。冷镦模淬火后的淬硬层分布如图10-11所示。

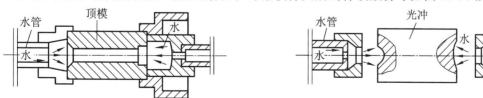

图 10-10 冷镦模的喷水淬火

图 10-11 冷镦模淬火后的淬硬层分布

4．挤压模的选材及热处理

挤压模是坯料在封闭模腔内受三向不均匀压应力作用而从模具的孔口或缝隙中挤出，使其横截面面积减小，成为所需制品的加工方法的模具，如图 10-12 所示。

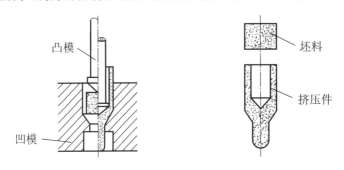

图 10-12 挤压示意图

1）工作条件、失效形式

金属的挤压成型是在巨大的三向压应力下进行的。模具在挤压过程中承受很大的压应力，凸模的受力大于凹模的受力。在高压作用下，金属产生剧烈的塑性变形，从而使工件与模具之间发生强烈摩擦，凹模在挤压时受到很大的挤压应力，并在挤压过程中产生热效应，使工件和模具的温度升高，局部温度甚至可达 400 ℃以上。此外，由于凸模的偏心，凸模在工作过程中还将受到一定的弯曲应力，故凸模的受力情况极为复杂，其主要失效形式为磨损、脆断、软化和啃伤等。

2）性能要求

为了防止模具变形并减少表面磨损，要求模具有很高的硬度和耐磨性，硬度一般为 61～63 HRC，足够的耐热疲劳性和热硬性；为了防止由于冲击、偏心弯曲载荷和应力集中而引起的折断，模具还必须具备很高的强韧性。

3）选材原则

为了保证模具有高的硬度和耐磨性，挤压模通常选用高碳工具钢。由于挤压模要求有较高的强度，故常选用淬透性较高的合金钢，如 9SiCr、CrWMn 等。由于高速工具钢既具有高的硬度、耐磨性，又具有高的热硬性，能保证挤压模在高温下保持高的硬度，所以高速工具钢经常作为挤压模用钢。

当挤压件数量在 50 万以上时，可选用硬质合金作为模具材料，以保证模具不被很快磨损，从而提高模具的使用寿命，但必须做成嵌入式，以保证模具具有足够的韧性。

挤压模的常用材料如表 10-11 所示。

表 10-11　挤压模的常用材料

模 具 类 型		采用的模具材料
铝件冷挤压模	凸模	CrWMn、Cr12MoV、W18Cr4V、W6Mo5Cr4V2
	凹模	9SiCr、CrWMn、Cr12MoV、W18Cr4V、W6Mo5Cr4V2、K20、K30
	凸模	Cr12、W18Cr4V、W6Mo5Cr4V2、钢结硬质合金
	凹模	K10、K20、K30
铜件冷挤压模		CrWMn、Cr12MoV、W18Cr4V、W6Mo5Cr4V2
钢件冷挤压模		W6Mo5Cr4V2、6W6Mo5Cr4V、65Nb、012Al

4）应用举例——缝纫机梭架（被挤压材料为 20Cr）挤压凸模的选材及热处理

（1）选材。零件冷挤压成型简图如图 10-13 所示。在挤压过程中,由于被挤压材料的剧烈变形,模具受到很大的反作用力和摩擦力,故挤压模应具有足够的强度、韧性、高的硬度、耐磨性及热硬性。W6Mo5Cr4V2 是常用的高速钢,高碳、高合金保证了模具有高的硬度、耐磨性及热硬性。钢模可采用分级淬火等方法,以减小淬火变形、开裂倾向。

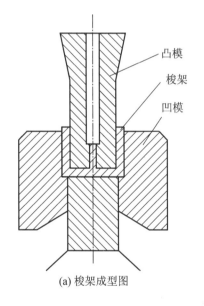

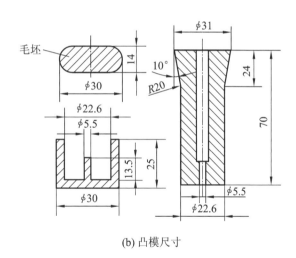

(a) 梭架成型图　　　　　　　　　　　　　(b) 凸模尺寸

图 10-13　零件冷挤压成型简图

（2）加工工艺路线。W6Mo5Cr4V2 钢的加工工艺路线如下:

锻造→球化退火→粗加工→去应力退火→精加工→淬火→回火→磨削

（3）热处理工艺说明。为了避免产生较大应力,球化退火时应缓慢加热（15~20 ℃/h）,退火后获得索氏体＋碳化物,硬度为 26~28 HRC。

为了提高凸模的韧性,防止凸模碎裂,可采用较低温度（1190 ℃）加热淬火,并在淬火后立即进行多次高温回火。回火组织为回火马氏体＋碳化物＋少量残留奥氏体,回火硬度为62~64 HRC。缝纫机梭架挤压凸模的淬火、回火工艺如图 10-14 所示。

10.9.2　热作模具

热作模具是用于制造经加热的固态或液态金属在压力下热成型的零件的模具。前者称

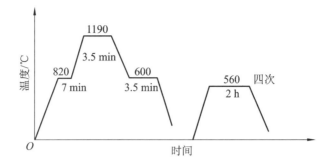

图 10-14 缝纫机梭架挤压凸模的淬火、回火工艺

为热锻模(包括热挤压模),后者称为压铸模。热作模具在高温(400~1000 ℃)下工作,并且模腔和模具表面经常摩擦,要求其在工作温度下能保持足够的强度、韧性、耐磨性、硬度,以及较高的热疲劳抗力。因为这类模具尺寸往往较大,故模具还应具有好的导热性、耐回火性及淬透性。

1. 热锻模的选材及热处理

1)工作条件、主要失效形式

热锻模不仅工作温度高,而且还要在反复受热和冷却的条件下进行工作。热锻模工作时,除了受到较大的摩擦力以外,还承受很大的冲击,其主要失效形式为磨损、龟裂、断裂。

2)性能要求

高的硬度和耐磨性,高的热硬性,较高的强度、韧性及抗热疲劳性能,良好的淬透性,热处理变形小。

3)应用举例——大型热锻模的选材及热处理

(1)选材。5CrMnMo、5CrNiMo 是典型的热锻模材料。其中 5CrNiMo 主要用于大、中型热锻模,中碳是为了保证热锻模经淬火、中温或高温回火后具有足够的强度和韧性。

(2)加工工艺路线。5 CrNiMo 钢的加工工艺路线如下:

锻造→退火→切削→淬火→回火→检验

(3)热处理工艺说明。淬火工艺为:在 400 ℃装炉后,缓慢加热至 600~650 ℃预热,避免因急剧加热而产生热应力,然后浸入 850~900 ℃的盐浴炉中加热,出炉预冷后油淬。为了保证淬火质量,避免淬火开裂,应严格控制热锻模在油中的停留时间(小型热锻模 15~25 min,中型热锻模 25~45 min,大型热锻模 45~70 min)和出油温度(150~200 ℃)。

锻件淬火后,需立即在箱式炉或井式炉中整体加热至 500 ℃,保温 7~9 h,退火后硬度为 26~28 HRC。回火的目的是消除淬火应力,降低淬火后的硬度,增加韧性。

2. 压铸模的选材及热处理

1)工作条件、主要失效形式

压力铸造(简称压铸)是指熔融金属在高压下高速充型,并在压力下凝固的铸造方法。压铸模的工作条件是与高温金属接触,易产生化学反应而腐蚀。同时在高压下工作,其工作温度高达 600~1000 ℃,且是在反复受热和冷却的条件下进行工作的。在工作时,模具受到坯料变形的机械应力和坯料之间的强烈摩擦作用。压铸模常见的失效形式为模腔变形(塌陷)、磨损、热疲劳(龟裂)、化学腐蚀。

2）性能要求

良好的高温强韧性，高的耐热疲劳能力和热磨损能力，高的淬透性，热处理变形小及高的耐蚀性。

3）应用举例——铜、铝合金压铸模的选材及热处理。

（1）选材。3Cr2W8V 是典型的压铸模材料。低的含碳量可保证压铸模经淬火、高温回火后具有足够的强度和韧性。合金元素 Cr、W、V 的加入可提高钢的淬透性、热硬性、耐磨性、耐蚀性等性能。

（2）加工工艺路线。3Cr2W8V 钢的加工工艺路线如下：

锻造→退火→切削→去应力退火→淬火→多次高温回火→磨削→检验

（3）热处理工艺说明。淬火工艺要经过两次在盐浴炉中预热（小型模具可不预热），回火采用 560 ℃ 三次回火，获得回火马氏体＋碳化物组织，硬度为 42～46 HRC。

10.9.3　塑料模具

塑料制品在工业及日常生活中得到广泛应用。塑料常采用压制、挤出、注射、吹塑、浇注等方法成型。压制成型大多用于热固性塑料；注射成型适用于热塑性塑料或流动性较大的热固性塑料；挤出成型适用于热塑性塑料的管材、棒材及丝、网、薄膜的生产，还可用于电线、电缆的包覆等。

无论是热塑性塑料还是热固性塑料，其成型过程都是在加热加压条件下完成的，但一般加热温度不高（150～250 ℃），成型压力也不大（大多为 40～200 MPa）。因此，塑料模具用钢的常规力学性能要求不高，但对塑料模具材料的加工工艺性能却要求高，如要求材料变形小，易切削，研磨抛光性能好，表面粗糙度低，花纹图案的刻蚀性、耐蚀性等均要求较高，而且要求有较好的焊接性和比较简单的热处理工艺等。

然而，伴随着塑料制品向精密复杂化、大型化和多型腔化的方向发展，对塑料模具用钢的性能要求越来越高。

热固性塑料（以酚醛塑料为例）模具的选材及热处理

1）工作条件、主要失效形式

酚醛塑料模主要用于压制各种酚醛塑料（电木或胶木）粉，即将酚醛塑料粉加入压模中加热至 150～200 ℃ 而热压成型。酚醛塑料模在工作过程中不但受热、受力大，易磨损，易侵蚀，手工脱模时还受到冲击和碰撞，故模具的主要失效形式为长期受热、受压而产生的皱纹、凹陷、麻点、棱角堆塌等缺陷，使模具尺寸精度降低。

2）性能要求

（1）较好的机加工成型性能及低的表面粗糙度，即易抛光性好，注重钢材材质纯净、组织致密。

（2）较高的硬度和耐磨性，表面硬度为 48～53 HRC，并有一定的热硬性。

（3）足够的强度和韧性，良好的耐蚀性，热处理变形微小。

3）选材及热处理

酚醛塑料模常用钢种按化学成分分为：渗碳钢（如 20、20Cr、12CrNi3A）、调质钢（如 45 钢、40Cr、4Cr5MoSiV1）、碳素工具钢（如 T7A、T10A）、硫系精密模具钢（如 8Cr2MnWMoVS、5NiSCa）等。酚醛塑料模常用钢种及应用范围如表 10-12 所示。

表 10-12　酚醛塑料模常用钢种及应用范围

钢　　种	应 用 范 围
20	冷挤压成型的小凹模、外套及其他导引用的辅助部件
T7A、T10A	小型轻载模(10 kg 以下),表面镀铬后可用于中型模具
CrWMn	中型复杂模具(10～20 kg),也可用于使用寿命较长的小模具
45	调质处理后用于简单件、小批量生产
40Cr	经渗氮处理后用于小型复杂模具或使用寿命不长的模具
GCr15	用于尺寸精度要求不严的中、小型复杂模具
30Cr13	用于耐蚀性要求较高的模具

10.10　工程材料的应用举例

10.10.1　汽车零件用材

1. 缸体、缸盖用材

缸体常用的材料有灰口铸铁和铝合金两种。缸盖应采用导热性好、高温强度高、能承受反复热应力、铸造性能良好的材料来制造。目前使用的缸盖材料有两种:一种是灰口铸铁或合金铸铁,另一种是铝合金。

2. 缸套用材

常用缸套材料为耐磨合金铸铁,主要有高磷铸铁、硼铸铁、合金铸铁等。

3. 活塞、活塞销和活塞环用材

活塞材料一般用 20 钢或 20Cr,20CrMnTi 等低碳合金钢。活塞销外表面应进行渗碳或碳氮共渗处理,以满足外表面硬而耐磨、材料内部韧而耐冲击的要求。

4. 连杆用材

连杆材料一般采用 45 钢、40Cr 或者 40MnB 等调质钢。

5. 气门用材

气门材料应选用耐热、耐蚀、耐磨的材料。进气门一般可用 40Cr、35CrMo、38CrSi、42Mn2V 等合金钢制造;而排气门则要求用高铬耐热钢制造,如 4Cr10Si2Mo。

6. 半轴用材

中、小型汽车的半轴一般用 45 钢、40Cr 钢制造,而重型汽车用 40MnB、40CrNi 或40CrMnMo 等淬透性较高的合金钢制造。

7. 保险杠、刹车盘、纵梁等用材

这些部件通常采用 08、20、25 和 Q345 钢板制造。热轧钢板主要用来制造一些承受一定载荷的结构件。一些形状复杂、受力不大的机械外壳、驾驶室、轿车的车身等覆盖零件也用上述钢种的冷轧钢板来制造。

10.10.2　机床零件用材

1. 机身、底座用材

机身和底座常采用灰口铸铁制造,其牌号是 HT150、HT200 及孕育铸铁 HT250、

HT300、HT350、HT400 等。机身、箱体等大型零部件在单件或小批量生产时,也可采用普通碳素钢来制造,如 Q215、Q235、Q255,其中 Q235 用得最多。

2. 齿轮用材

齿轮常采用 HT250、HT300 和 HT400 等灰口铸铁制造。由于灰口铸铁容易制造复杂形状的零件和具有成本低的优点,因此灰口铸铁常常成为首选材料。在无润滑情况下,钢只能制作小齿轮,常用普通碳素钢 Q235、Q255 和 Q275 制造;强度要求高的齿轮多采用 40 钢、45 钢等经正火或调质处理的中碳优质钢制造;高速、重载或受强烈冲击的齿轮,宜采用 40Cr 等调质钢或 20Cr、20CrMnTi 等渗碳钢制造。

3. 轴类零件用材

一般采用正火或调质处理的 45 钢等优质碳素钢来制造轴类零件。不重要的或受力较小的轴及一般较长的传动轴,可以采用 Q235、Q255 或 Q275 等普通碳素钢制造;承受载荷较大,且要求直径小、质量小或要求提高轴颈耐磨性的轴,可以采用 40Cr 等合金调质钢、20Cr 等合金渗碳钢制造。曲轴和主轴常采用 QT600-3、KTZ650-02 等球墨铸铁和可锻铸铁制造。

4. 螺纹连接件用材

螺纹连接件可由螺栓、多头螺栓、紧固螺钉等连接零件构成。无特殊要求的一般螺纹连接件,常用低碳或中碳的普通碳素钢 Q235、Q255、Q275 制造。用 35 钢、45 钢等优质碳素结构钢制造的螺栓,常用于中等载荷以及精密的机床上。合金结构钢 40Cr、40CrV 等主要用于制作受重载的高速的极重要的连接螺栓。

5. 螺旋传动用材

螺旋传动如丝杠螺旋传动,不进行热处理的螺旋传动件用 45 钢、50 钢制造,进行热处理的螺旋传动件用 T10、65Mn、40Cr 等钢材制造。制造螺母的材料为铸造锡青铜,其中 ZCuSnl0Zn2、ZCuSn6Zn6Pb3 使用得最为广泛。在较小载荷及低速传动中的螺母用耐磨铸铁制造。

6. 蜗轮传动用材

制造蜗轮的材料有铸造锡青铜、铸造铝青铜和铸铁。当滑动速度 $v \geqslant 3$ m/s 时,常采用铸造锡青铜 ZCuSn10Pb1 或 ZCuSnZn26Pb3 等。为了节约贵重的铜合金,直径为 $100 \sim 200$ mm 的青铜蜗轮,应采用青铜轮缘与灰口铸铁轮芯分别加工,再组装成一体的结构。蜗轮材料一般为碳钢和合金钢,如用 15 钢、20 钢、15Cr 钢、20Cr 钢,表面渗碳淬硬到 $56 \sim 62$ HRC,或用 45 钢、40Cr 钢,调质后表面高频淬火到 $45 \sim 50$ HRC。

7. 滑动轴承用材

(1) 金属材料:包括轴承合金(巴氏合金、铜基轴承合金)和铸铁。

(2) 粉末冶金材料:可用于制造含油轴承。

(3) 塑料轴承:常用的塑料轴承有 ABS 塑料、尼龙、聚甲醛、聚四氟乙烯等。

8. 滚动轴承用材

滚动轴承的内、外圈和滚动体一般用 GCr19、GCr15、GCr15SiMn 等高碳铬或铬锰轴承钢和 GSiMnV 等无铬轴承钢制造。

9. 机床其他零件用材

(1) 凸轮用材:一般尺寸不大的平板凸轮可用 45 钢制造,并进行调质处理;要求高性能的凸轮可用 45 钢和 40Cr 钢制造,并进行表面淬火,硬度可达 $50 \sim 60$ HRC;尺寸较大的凸轮

（直径大于 300 mm 或厚度大于 30 mm），一般采用 HT200、HT250 或 HT300 等灰口铸铁或耐磨铸铁制造。

（2）刀具用材：包括碳素工具钢、合金工具钢、高速钢和硬质合金。

10.10.3　仪器仪表用材

1. 壳体材料

（1）金属材料：低碳结构钢（如 Q195、Q215、Q235），再用油漆防锈和装饰；铬不锈钢、铬镍奥氏体不锈钢（如 1Cr13、1Cr18Ni9、1Cr18Ni9Ti）。

（2）非金属材料：例如 ABS 塑料，易电镀和易成型，力学性能良好，是制造管道、储槽内衬、电机外壳、仪表壳、仪表盘等的优秀材料。

2. 轴类零件用材

轴类零件用 Q235 等普通碳素钢、聚甲醛塑料等工程塑料制造。硬铝 LY12、LY11 和黄铜 HMn58-2 多用于制造重要且要求具有耐蚀性的轴销等零件。

3. 凸轮用材

仪器中多数凸轮所用材料为中碳钢或中碳合金钢。一般尺寸不大的平板凸轮可用 45 钢制造，并进行调质处理；要求高性能的凸轮可用 45 钢或 40Cr 钢制造，并进行表面淬火。

4. 齿轮用材

用普通碳素钢 Q275 制造齿轮，一般不需热处理。QAl10-4-4 青铜可用来制造在 400 ℃以下工作的齿轮、阀座，QAl11-6-6 青铜可用来制造在 500 ℃以下工作的齿轮、套管及其他减磨和耐蚀的零件。硅青铜 QSi3-1 有高的弹性、强度和耐磨性，耐蚀性良好，可用来制造耐蚀件及齿轮、制动杆等。

5. 蜗轮、蜗杆用材

QAl11-6-6 青铜可用来制造在 500 ℃以下工作的蜗轮、套管及其他减磨和耐蚀的零件；硅青铜 QSi3-1 有高的弹性、强度和耐磨性，耐蚀性良好，可用来制造蜗轮、蜗杆及耐蚀件等；聚碳酸酯等工程塑料可制造轻载蜗轮、蜗杆等零件。

思考与练习题

1. 工程技术人员一般在哪些场合会遇到选材的问题？合理选材有何重要意义？

2. 选材的一般原则是什么？在处理实际的选材问题时应如何正确地运用这些原则？

3. "经济性原则就是指在满足使用性和工艺性要求的条件下，选用价格最便宜的材料"，这种说法对吗？应该如何全面、准确地理解选材的经济性原则？

4. 用流程图（程序框图）的形式表述选材的一般步骤以及其中各步骤之间的相互关系。

5. 零件的失效形式主要有哪些？失效分析对零件选材有什么意义？

6. 以你在金工实习中见过或用过的几种零件或工具为例，来说明它们的选材方法。

7. 在零件选材时应注意哪些问题？应如何考虑材料的尺寸效应对选材的影响？

8. 某一模具可用甲、乙两种材料制造。用这两种材料制造该模具的成本和使用寿命分别列于下表中，试分析采用哪种材料较为合理。

表 10-13   两种材料制造模具的成本和使用寿命

材　　料	材料价格/(元·kg⁻¹)	材料单耗/kg	加工费用/元	使用寿命/件
甲	15	24.5	3600	140 000
乙	9	26.8	3900	80 000

9. 齿轮类零件常见的失效形式有哪些? 试分析之。

10. 何谓表面损伤失效? 它包含哪些失效内容? 如何提高这类失效抗力?

11. 试确定下列工作条件下的齿轮材料,并提出热处理工艺名称和技术条件(硬度):

(1) 齿轮尺寸较大($d_分 > 600$ mm),轮坯形状复杂,不易锻造时($d_分$为分度圆直径);

(2) 表面要求耐磨的一般精度的机床齿轮;

(3) 当齿轮承受较大的载荷,要求硬的齿面和强韧的齿心时;

(4) 高速传动的精密齿轮。

12. 分析下列要求能否达到,为什么?

(1) 图样上用 45 钢制造直径为 20 mm 的轴类零件,表面硬度要求为 50~55 HRC,产品升级后,此轴类零件直径增加到 40 mm,为达到原表面硬度,改用 40Cr 制造;

(2) 制造小直径的零件(如连杆螺栓),原经调质处理时采用了中碳钢,现拟改用低碳合金钢经淬火后使用;

(3) 原刀具要求耐磨但形状简单,选用 T12A 钢制造,硬度为 60~62 HRC,现因料库缺料,改用 T8A 钢制造;

(4) 汽车、拖拉机齿轮原选用 20CrMnTi 经渗碳淬火、低温回火后使用,现改用 40Cr 钢经调质、高频感应淬火后使用;

(5) 要求低碳钢不经化学热处理,只经淬火,得到高硬度 58~60 HRC;

(6) 要求 T12A 钢制刀具淬硬到 70 HRC。

13. 从失效抗力出发,下列零件应考虑哪些性能指标? 应选择何种类型的材料?

(1) 承受复杂应力的重要结构件,如发动机曲轴;

(2) 弹性零件,如传递大功率的齿轮;

(3) 耐磨结构零件,如传递大功率的齿轮;

(4) 600 ℃以上高温受力结构件,如涡轮机叶片。

14. 为下列零件选材并说明理由,制订其加工工艺路线,并说明其中各热处理工序的作用:

(1) 机床主轴;

(2) 镗床镗杆;

(3) 燃气轮机主轴;

(4) 汽车、拖拉机曲轴;

(5) 中压汽轮机后级叶片;

(6) 钟表齿轮;

(7) 内燃机的火花塞;

(8) 赛艇艇身。

15. 指出下列工件应采用所给材料中的哪一种,并选定其热处理工艺方法。

工件:铰刀、汽车变速箱齿轮、受力不大的精密丝杠、冷冲裁模。

材料:20Mn2B、Cr12MoV、T12、W18Cr4V。

参 考 文 献

［1］胡凤翔,于艳丽.工程材料及热处理[M].2版.北京:北京理工大学出版社,2012.

［2］谷莉,徐宏彤.金属材料及热处理[M].北京:中国水利水电出版社,2011.

［3］孙齐磊,邓化凌.工程材料及其热处理[M].2版.北京:机械工业出版社,2014.

［4］王琨.工程材料[M].武汉:华中科技大学出版社,2012.

［5］朱明,王晓刚.工程材料及热处理[M].北京:北京师范大学出版社,2010.

［6］梁耀能.机械工程材料[M].2版.广州:华南理工大学出版社,2011.

［7］朱征.机械工程材料[M].2版.北京:国防工业出版社,2011.

［8］张彦华.工程材料学[M].北京:科学社出版,2010.

［9］王章忠.机械工程材料[M].2版.北京:机械工业出版社,2011.

［10］崔明铎,刘河洲.机械制造技术[M].北京:机械工业出版社,2013.

［11］赵忠魁.金属材料学及热处理技术[M].北京:国防工业出版社,2011.

［12］崔明铎.工程实训教学指导[M].北京:高等教育出版社,2010.

［13］姜敏凤.金属材料及热处理知识[M].2版.北京:机械工业出版社,2015.